绿色建筑
全主体全过程全要素
评价研究

刘晓君　胡　伟　著

中国建筑工业出版社

图书在版编目（CIP）数据

绿色建筑全主体全过程全要素评价研究／刘晓君，胡伟著．—北京：中国建筑工业出版社，2023.2
ISBN 978-7-112-28448-1

Ⅰ.①绿… Ⅱ.①刘… ②胡… Ⅲ.①生态建筑－建筑设计－评估 Ⅳ.①TU201.5

中国国家版本馆CIP数据核字（2023）第114774号

本书以绿色公共建筑、绿色居住建筑为例，以采暖区的政府和绿色建筑建设单位、消费者、供热单位、物业单位为研究主体，分别对绿色建筑全寿命期、全产业链、全参与主体的性能及边际费用效益评价和不同参与主体的利益协同问题进行了深入研究。

本书可作为工程管理专业的硕士研究生、博士研究生，建筑设计研究院、建筑施工企业、建筑部品生产企业技术人员和相关政府部门管理人员的参考用书。

责任编辑：张　晶　牟琳琳
书籍设计：锋尚设计
责任校对：党　蕾

绿色建筑全主体全过程全要素评价研究
刘晓君　胡　伟　著

*

中国建筑工业出版社出版、发行（北京海淀三里河路9号）
各地新华书店、建筑书店经销
北京锋尚制版有限公司制版
建工社（河北）印刷有限公司印刷

*

开本：787毫米×960毫米　1/16　印张：16¼　字数：271千字
2023年6月第一版　2023年6月第一次印刷
定价：**56.00**元
ISBN 978-7-112-28448-1
（40861）

前言

2021年12月28日《国务院关于印发“十四五”节能减排综合工作方案的通知》中提出，到2025年，城镇新建建筑全面执行绿色建筑标准。2022年6月17日生态环境部、发展改革委、工业和信息化部、住房城乡建设部、交通运输部、农业农村部、能源局7部门联合印发《减污降碳协同增效实施方案》，其中明确指出，多措并举提高绿色建筑比例，推动超低能耗建筑、近零碳建筑规模化发展。然而，当前我国绿色建筑评价标准仍局限于性能评价，对经济、环境、社会效益因素考虑较少，全寿命期、全产业链、全参与主体研究不全面，引发绿色建筑示范、推广中的政策保障度低、建筑性能达成度低、产业匹配度低、利益相关主体协同度低。对此，本研究以绿色公共建筑、绿色居住建筑为例，以采暖区的政府和绿色建筑建设单位、消费者、供热单位、物业单位为研究主体，分别对绿色建筑全寿命期、全产业链、全参与主体的性能及边际费用效益评价和不同参与主体的利益协同问题进行了深入研究。本研究的主要工作如下：

（1）建立了绿色建筑全寿命期、全产业链、全参与主体的性能及边际费用效益综合评价模型。依据《绿色建筑评价标准》GB/T 50378—2019对绿色建筑设计、建造、运营、评价等的新要求，补充绿色建筑的边际建设管理、销售费用，拓展绿色建筑的碳、污染物净减排边际环境效益的识别范围、阶段，采用暴露—反应函数，分析绿色建筑的健康宜居边际社会效益，考虑绿色建筑的城市洪涝灾害减灾边际社会效益，对绿色建筑全寿命期、全产业链、全参与主体的边际费用及边际经济、环境、社会效益进行更新、补充、完善。最后，采用价值工程理论，建立绿色建筑全寿命期、全产业链、全参与主体的性能及边际费用效益综合评价模型。研究表明：绿色建筑全寿命期、全产业链、全参与主体性能及边际费用效益可通过绿色建筑边际性价比表示。

（2）建立了绿色建筑全寿命期、全产业链、不同参与主体的边际效益与边际费用匹配度及利益协同度评价模型。在测算绿色建筑全寿命期、全产业链、全参与主体边际费用及边际经济、环境、社会效益的基础上，考虑不同主体之间的转移支付和交易，分析绿色建筑产业链上政府、建设单位、消费者、供热单位、物业单位的边际效益与边际费用，并采用效益费用比法，建立不同参与主体的边际效益与边际费用匹配度评价模型和利益协同度评价模型。研究表明：政府经济激励不足是不同参与主体利益协同度低的重要原因。

（3）提出了绿色建筑节能性能动态监测技术体系。为了向绿色建筑全寿命期、全产业链、全参与主体和不同参与主体的有关效益测算提供数据支撑，并加强绿色建筑能效管理，从绿色建筑能耗数据采集、传输、集成三方面，提出了"建筑性能设计—室外气象环境—室内热舒适度—室内人员活动—建筑能源消耗"五位一体的绿色建筑节能性能动态监测技术体系，并建设了示范工程。最后，采用问卷调查法和广义定序Logit模型，分析了不同类型政策工具对绿色建筑节能性能动态监测技术推广的影响。研究表明：命令控制型、自愿型政策工具对当前绿色建筑节能性能动态监测技术推广具有显著影响。

（4）提出了绿色建筑全寿命期、全产业链、不同参与主体的成本分摊方法。为了提高绿色建筑产业链不同参与主体的利益协同水平，首先根据社会偏好理论，将绿色建筑建设单位、供热单位、物业单位的社会偏好假设由仅考虑差异厌恶偏好，拓展为同时考虑差异厌恶偏好、利他偏好。其次，借鉴公平理论，引入边际效益与边际费用匹配度指标，改进差异厌恶社会福利最大化模型，构建不同单位的效用函数，建立消费者支付意愿下政府和绿色建筑建设单位、供热单位、物业单位一对多演化博弈模型。再次，通过分析不同博弈主体的演化稳定策略，提出不同参与主体的成本分摊方案。研究表明：政府应考虑绿色建筑建设单位、供热单位、物业单位的差异厌恶偏好，根据不同单位的边际效益与边际费用匹配度，对不同单位实施协同经济激励；通过激发不同单位的利他偏好，可以减轻政府的经济激励负担。

（5）设计了面向绿色建筑全寿命期、全产业链、不同参与主体的多层面激励机制。首先，基于得出的不同参与主体的成本分摊方案，提出面向绿色建筑建设单位、消费者、供热单位、物业单位的激励逻辑，并确定了包括政府经济激励、主体利他偏好的10项面向绿色建筑建设单位、消费者、供热单位、物业单位的激励机制要素。其次，采用社会网络分析方法，探究了不同要素之间的相互影响关系。研究表明：面向绿色建筑建设单位、消费者、供热单位、物业单位的激励需要从不同主体本身、全产业链多层面开展，其中政府经济激励、主体利他偏好发挥着关键作用。在此基础上，提出了面向绿色建筑建设单位、消费者、供热单位、物业单位的培育激励机制、经济激励机制、保障激励机制。

本书系统呈现了本研究的主要成果，由刘晓君、胡伟共同撰写，由刘晓君统稿。课题的合作单位中国建筑西北设计研究院有限公司、陕西省建筑设计研究院集团有限公司、西安建筑科技大学建筑设计研究总院、陕西建工控股集团有限公司对研究工作的开展给予了大力支持。西安建筑科技大学管理学院博士研究生孙勇凯、刘晓丹参与完成了本书第5章的内容。

本书获陕西省重点研发计划项目“绿色建筑全寿命期性能及经济、环境效益评价体系研究”（2018ZDCXL-SF-03-04）资助。

尽管本研究成果在广泛听取同行专家反馈意见的基础上，进行了多轮修改完善，但由于学识有限、经验不足，不妥之处还请读者提出宝贵意见和建议。

目录

1 引言

1.1 研究背景

自1750年以来，由人类活动造成的全球温室气体浓度增加导致全球变暖不断提速。全球变暖使得气候系统平均状态、气候事件、极端事件均发生变化，从而引发巨大风险。为了应对全球变暖引发的气候变化，全球已有30个国家（地区）制定了净零排放或碳中和的目标。我国也提出力争于2030年前实现碳达峰、2060年前实现碳中和。建筑领域的能耗约占中国总能耗的46.7%，建筑领域的节能减排可以为中国在2030年前达到碳排放峰值的目标贡献50%以上的节能量。因此，推动建筑绿色发展将为中国实现碳达峰、碳中和的目标作出重要贡献。

2004年，“全国绿色建筑创新奖”评选活动的启动，标志着中国绿色建筑进入全面发展的阶段。2006年，中国首个绿色建筑评价标准——《绿色建筑评价标准》GB/T 50378—2006正式颁布。2008年，中国首个绿色建筑标识被正式授予。截至2016年9月底，中国共有绿色建筑项目4515个，累计建筑面积52317万m^2，其中不同年份绿色建筑的新建数量，如图1-1所示。

虽然经过多年发展，中国绿色建筑依然存在总量规模偏小，特别是获得运行标识的项目数量偏少的问题。截至2016年9月，中国获得运行标识的绿色建筑项目数量仅占绿色建筑项目总量的6%，获得运行标识的绿色建筑面积仅占绿色建

图 1-1　2008 年—2016 年 9 月不同年份绿色建筑的新建数量

筑面积总量的7%。造成以上问题的原因主要体现在绿色建筑全寿命期、全产业链、全参与主体和全寿命期、全产业链、不同参与主体两个层面，其中在绿色建筑全寿命期、全产业链、全参与主体层面，我国目前实施的绿色建筑评价标准局限于建筑的绿色性能评价，导致部分绿色建筑在追求绿色性能时，对费用、效益因素考虑不够，从而引起部分绿色建筑全寿命期、全产业链、全参与主体的费用偏高、效益不佳；在绿色建筑全寿命期、全产业链、不同参与主体层面，在绿色建筑发展重建设、轻运营背景下，政府仅对绿色建筑建设单位实施经济激励，使得绿色建筑供热单位（采暖区）和物业单位的边际效益与边际费用不匹配，引发绿色建筑的运行实效与设计目标存在差距。多主体利益不协同，使得绿色建筑产业链运行存在堵点。以上两个层面的问题，已经成为制约绿色建筑进一步发展的瓶颈。

然而，在绿色建筑全寿命期、全产业链、全参与主体层面，已有文献在构建绿色建筑全寿命期、全产业链、全参与主体性能及边际费用效益评价体系时，存在性能评价和边际费用效益评价割裂的问题，一体化的全寿命期、全产业链、全参与主体性能及边际费用效益综合评价模型尚未构建。同时，2019年8月1日正式实施的《绿色建筑评价标准》GB/T 50378—2019对绿色建筑的设计、建造、运营、评价提出了新要求，既有基于《绿色建筑评价标准》GB/T 50378—2006、《绿色建筑评价标准》GB/T 50378—2014的绿色建筑全寿命期、全产业链、全参与主体边际费用和边际经济、环境、社会效益的研究，在新标准背景下表现出不适用性。同时，已有文献对绿色建筑边际建设管理费用、销售费用考虑不足，绿色建筑的碳、大气和水污染物净减排边际环境效益的测算有待完善，绿色建筑室内环境质量改善引起的消费者健康宜居边际社会效益和场地雨水径流控制引起的城市洪涝灾害减灾边际社会效益也不明确。此外，现有的绿色建筑节能性能动态监测体系对室内热舒适度、室内人员数量考虑不足，导致现有的绿色建筑能耗与室内外因素的耦合规律还不精确，使得现有绿色建筑节能性能动态监测体系对绿色建筑节能诊断、能效管理的支撑不足。在绿色建筑全寿命期、全产业链、不同参与主体层面，针对绿色建筑产业链不同参与主体的边际费用效益分析与评价，已有的文献对政府、建设单位、消费者的边际费用效益分析较多，对供热单位、物业单位等运营主体的边际费用效益分析较少，而且针对不同主体的边际费用效益评价多集中于个体层面的边际效益和边际费用大小比较，不同主体之间的利益协同度评价模型还未构建。针对绿色建筑产业链上不同主体的成本分摊问题，已有文献分别从绿色建筑供给侧、需求侧、运营侧不同的视角，提出了政府对有关主体的激励方案，但未能兼顾各方的利益提出政府和绿色建筑建设单位、消费者、供热单位、物业单位的成本分摊方案，同时已有的激励方案对建设单位、供热单位、物业单位的边际效益与边际费用匹配度和利他偏好也涉及较少。在绿色建筑建设单位、消费者、供热单位、物业单位的激励机制方面，已有的文献主要从不同个体层面开展研究，不同主体本身、全产业链多层面的激励机制尚不清晰。

综上，已有理论在解决绿色建筑全寿命期、全产业链、全参与主体的性能及边际费用效益评价问题和全寿命期、全产业链、不同参与主体的利益协同问题还存在不足。因此，本研究以绿色公共建筑和绿色居住建筑为例，以采暖区政府和绿色建筑建设单位、消费者、供热单位、物业单位为研究主体，在绿色建筑全寿命期、全产业链、全参与主体层面，结合《绿色建筑评价标准》GB/T 50378—2019，建立绿色建筑全寿命期、全产业链、全参与主体性能及边际费用效益评价模型，同时综合考虑室内热舒适度、室内人员数量等因素，完善当前绿色建筑节能性能动态监测体系。在绿色建筑全寿命期、全产业链、不同参与主体层面，测算不同主体的边际费用和边际效益，构建不同主体的边际效益与边际费用匹配度、利益协同度评价模型，并依据不同主体的边际效益与边际费用匹配度，提出不同主体的成本分摊方法。最后，从不同主体本身、全产业链多层面设计面向绿色建筑建设单位、消费者、供热单位、物业单位的激励机制。

1.2 研究意义

1.2.1 理论意义

本研究基于价值工程理论，构建出绿色建筑全寿命期、全产业链、全参与主体性能及边际费用效益综合评价模型，改进了已有文献开展绿色建筑全寿命期、全产业链、全参与主体性能评价和边际费用效益评价相互割裂的状况。同时，本研究根据社会偏好理论，将绿色建筑建设单位、供热单位、物业单位的社会偏好假设由仅考虑差异厌恶偏好拓宽为同时考虑差异厌恶偏好和利他偏好，并借鉴公平理论，引入不同主体的边际效益与边际费用匹配度，改进了绿色建筑建设单位、供热单位、物业单位的效用函数，对推动社会偏好理论的发展作出了贡献。此外，本研究突破了政府和绿色建筑供给侧、需求侧、运营侧不同主体利益关系分析割裂的局面，在绿色建筑供给侧、需求侧、运营侧整体视角下，提出了政府和绿色建筑建设单位、消费者、供热单位、物业单位的成本分摊方法，拓展了政府激励问题的研究场景。

1.2.2 现实意义

（1）为开展绿色建筑全寿命期、全产业链、全参与主体性能及边际费用效益评价提供了方法。本研究根据《绿色建筑评价标准》GB/T 50378—2019，测算了绿色建筑全寿命期、全产业链、全参与主体的边际费用及边际经济、环境、社会效益，建立了绿色建筑全寿命期、全产业链、全参与主体性能及边际费用效益评价模型，为开展绿色建筑全寿命期、全产业链、全参与主体性能及边际费用效益评价提供了依据。

（2）为测算政府和绿色建筑建设单位、消费者、供热单位、物业单位的利益协同度提供了模型。本研究测算了绿色建筑产业链上政府、建设单位、消费者、供热单位、物业单位的边际费用和边际效益，建立了不同主体的边际效益与边际费用匹配度模型，并基于此构建出不同主体的利益协同度评价模型，为测算出政府和绿色建筑建设单位、消费者、供热单位、物业单位的利益协同度提供了依据。

（3）为面向绿色建筑建设单位、消费者、供热单位、物业单位制定多层面激励机制提供了参考。本研究确定了10项绿色建筑建设单位、消费者、供热单位、物业单位的激励机制要素，并采用社会网络分析方法，分析了不同机制要素之间的相互影响关系。在此基础上，本研究从培育激励机制、经济激励机制、保障激励机制三方面提出了绿色建筑建设单位、消费者、供热单位、物业单位激励机制的具体内容，为面向不同主体制定多层面激励机制提供了依据。

1.3 国内外研究现状

1.3.1 绿色建筑评价体系

自1990年世界上第一部绿色建筑评价体系BREEAM颁布以来，截至目前，经世界绿色建筑委员会认证的绿色建筑评价体系已经多达45个。由于不同地域气候特征、地理条件等的不同，不同国家（地区）对绿色建筑的性能要求也不同，全球范围内还没有一个统一的绿色建筑评价体系。其中，英国BREEAM自颁布以来，已在77个国家累计认证绿色建筑项目565790个，占全球认证绿色建筑项目总量的80%，是全球累计认证项目数量最多的绿色建筑评价体系。美国LEED自1998年颁布以来，已在全球167个国家得到应用，是目前应用范围最广的绿色建筑评价体系。

不同绿色建筑评价体系主要表现为评价指标不同、指标权重不同、评价方法不同、评价等级不同等。其中，在评价指标方面，当前绿色建筑评价体系主要关注建筑的环境性能，对社会性能的评价主要集中在邻里、社区、城镇发展方面，对经济性能的考虑还十分有限。近年来，虽然不同绿色建筑评价体系不断完善，但仍未有一部评价体系能对建筑的可持续性进行综合评价。在指标权重方面，“水”“材料”“能源”“室内环境”“场地”“土地和室外环境”“创新”是现有绿色建筑评价体系最为关注的指标，不同指标的权重大概呈现出“能源”>“场地”>“室内环境”>“土地和室外环境”>“材料”>“水”>“创新”的关系。具体到不同评价体系中，不同指标因不同国家对绿色建筑的绿色性能要求不同而呈现出不同的权重。例如，日本CASBEE主要关注建筑的舒适与安全，指标“水”的权重仅为3%。然而，在澳大利亚Green Star中，指标“水”的权重却高达10%。在评价方法和评价等级方面，BREEAM、加拿大GB Tool等根据指标得分及指标权重计算最终得分；LEED等不设指标权重，而是通过计算评价指标的累计得分计算最终评价得分；CASBEE通过对建筑环境质量、建筑环境负荷两类指标进行加权求和，计算建筑环境效率值确定评价等级。目前，国际主流评价体系大多采用四级以上的评价等级，唯有法国HQE不设评价等级。由于不同评价体系采用不同的评价规则，当采用不同评价体系对同一栋建筑的绿色性能进行评价时，评价结果往往差异较大。

2005年，建设部、科学技术部联合印发《绿色建筑技术导则》（建科〔2005〕199号），给出绿色建筑的中国概念，同时提出了“节能、节水、节材、节地与环境保护”的绿色建筑评价框架。2006年6月，建设部、国家质量监督检验检疫总局联合发布了中国第一部绿色建筑国家标准——《绿色建筑评价标准》GB/T 50378—2006。此后，住房和城乡建设部分别于2015年1月、2019年8月发布了《绿色建筑评价标准》GB/T 50378—2014、《绿色建筑评价标准》GB/T 50378—2019。在以上三个版本的评价标准中，与前两版相比，2019版评价标准在绿色建筑内涵、评价指标体系、性能要求、评价方法、评价时间、评价等级方面表现出较大不同。其中，在绿色建筑内涵方面，2019版评价标准更加强调绿色建筑中人与环境的关系，丰富了绿色建筑的内涵，更新了绿色建筑的定义。在指标体系方面，2019版评价标准重构了评价指标体系，其中沿用2014版评价标准条文9条、引申条文69条、新增条文32条、减少条文30条。在性能要求方面，部分2014版评价标准的评分项变为2019版评价标准的控制项，部分沿用2014版评价标准评分项的要求提高、分值加重，同时2019版评价标准还新增了安全设计、建筑产业化、智慧建筑、健康建筑等方面的要求。在评价方法方面，2019版评价标准不再设置指标权重，评价计分方式更加简化。在评价时间方面，2019版评价标准规定绿色建筑评价在建筑工程竣工后进行，在建筑工程施工图设计完成后，可进行预评价，不再区分设计评价和运行评价。在评价等级方面，2019版评价标准新增了基本级，同时规定的一、二、三星级最低得分要求分别较2014版评价标准提高10分、10分、5分。历经三个版本，中国绿色建筑评价标准的指标体系更加合理、评价条文数量更加简练、评价方法更加科学实用。

经过多年的发展，虽然绿色建筑评价体系取得了长足的进步，但已有的绿色建筑评价体系多适用于建筑的绿色性能评价，对绿色建筑的边际费用效益因素考虑较少，绿色建筑全寿命期、全产业链、全参与主体的性能及边际费用效益综合评价体系尚未形成。

1.3.2 绿色建筑全寿命期、全产业链、全参与主体和不同参与主体的边际费用效益评价

为明确绿色建筑全寿命期、全产业链、全参与主体的经济可行性和产业链不同主体的收益水平，已有的研究主要从绿色建筑全寿命期边际费用效益评价和产业链不同主体的边际费用效益评价展开。其中，在绿色建筑全寿命期边际费用效益评价方面，已有的文献首先识别了绿色建筑全寿命期的边际费用和边际经济、环境、社会效益，其次构建了绿色建筑全寿命期的边际费用效益评价模型。

绿色建筑全寿命期边际费用包括边际设计和模拟费用、咨询费用、认证费用、边际建筑安装工程费用（边际建筑结构、材料、设备、景观美化等费用）、边际运营费用（边际人工、用能、设备维修和更新等费用）、边际拆除费用（绿色设备拆除、废旧物循环利用等费用）和其他隐性费用。由于当前绿色建筑数量偏少且建筑具有地域性，已有文献就绿色建筑全寿命期边际费用的大小未达成共识，具体不同绿色建筑的边际费用受建筑特征、建设者经验水平、认证要求、认证等级、认证分值可得性等的影响。伴随建筑规范要求更加严格，绿色材料、设备供应链日趋成熟，行业提供具有成本效益的绿色建筑设计方案更加熟练，绿色建筑全寿命期的边际费用呈下降趋势。叶祖达等（2013）基于《绿色建筑评价标准》GB/T 50378—2006，在对55个已获得绿色建筑标识的建筑项目进行研究的基础上，得出一星级、二星级、三星级绿色住宅项目的平均边际成本分别为15.98元/m^2、35.18元/m^2、67.98元/m^2；一星级、二星级、三星级绿色公建项目的平均边际成本分别为28.82元/m^2、136.42元/m^2、162.33元/m^2。住房和城乡建设部通过对《绿色建筑评价标准》GB/T 50378—2006的应用进行实物验证，得出一星级、二星级、三星级绿色住宅项目的边际成本分别为33元/m^2、73元/m^2、222元/m^2；一星级、二星级、三星级绿色公建项目的边际成本分别为40元/m^2、52元/m^2、282元/m^2。

绿色建筑全寿命期边际经济效益包括市场价值提升（售价或租金溢价）、运营费用（暖通空调费用、照明费用、用水费用、设施设备维修费用）减少、屋顶农业效益等。为了确定绿色建筑的价格溢价，研究者通常采用陈述偏好法、显示偏好法两种方法。目前绝大多数研究表明，绿色建筑的价格溢价为正，而且一般来说，溢价伴随绿色建筑认证等级的提高而增加。Li Q W等（2018）根

据《绿色建筑评价标准》GB/T 50378—2014的要求，通过在中国5个一线城市开展调查，得出消费者愿意支付的最大溢价为51 ~ 100元/m^2。叶祖达等（2013）通过大量调查已获得绿色建筑标识的住房项目，得出一星级、二星级、三星级绿色住房的平均节能率分别为54.7%、57.4%、61.8%，平均节水量分别为0.18m^3/（m^2·a）、0.44m^3/（m^2·a）、0.63m^3/（m^2·a）。

绿色建筑全寿命期边际环境效益包括碳减排效益、污染物减排效益、雨水排水质量提升效益、热岛效应缓解效益、城市降噪效益、洪水风险降低效益、生物多样性保护和自然栖息地提供效益等。由于便于对分析结果进行对比、评价，已有文献多采用货币化的方法对绿色建筑的环境效益进行分析。其中，碳减排效益主要根据碳排放权的交易价格或碳捕获和封存技术的成本进行计算。污染物减排效益主要局限于SO_2、NO_x、烟尘3种大气污染物的减排效益，具体效益大小则根据不同污染物排放的收费标准或引起的经济损失进行计算。同时，碳减排效益、污染物减排效益的计算主要聚焦于绿色建筑运营阶段能源消耗减少引起的效益，具体减排量多采用因子分析法计算。2018年1月1日，《中华人民共和国环境保护税法》正式实施，征税范围覆盖了61种水污染物、44种大气污染物，环境保护部制定的不同行业污染物排放量计算方法，对有关行业生产的污染物排放系数进行了明确。同时，《IPCC 2006年国家温室气体排放清单指南 2019修订版》进一步完善了有关能源生产的碳排放系数。碳、污染物排放收费标准、排放系数的进一步完善对测算绿色建筑新增材料、设备使用引起的碳、污染物减排负效益，以及明确绿色建筑全寿命期碳、污染物净减排效益提供了基础。Manso M等（2021）通过对绿色屋顶和绿色墙体缓解城市热岛效应、降低噪声污染、降低雨水径流、改善空气质量等效益进行文献综述，发现相关量化研究还很少。由于不是所有的环境影响都能货币化，目前绿色建筑全寿命期环境效益的测算还存在不完整性。

绿色建筑全寿命期边际社会效益包括室内舒适度提升、居民健康和生活质量改善、休闲和娱乐空间拓展、城市景观和美学提升、基础设施投资减少、拉动就业等。一些研究表明，由于缺乏明确定义的指标和数据，很难对绿色建筑室内舒适度提升、居住健康和生活质量改善进行全面的财务核算。MacNaughton P等（2018）根据绿色建筑的碳、空气污染物减排使得人们过早死亡、住院、哮喘加重、呼吸系统症状、工作缺席、上学缺席的情况减少，衡量了绿色建筑的健康效益。目前，基础设施投资减少效益主要根据绿色建筑运营阶段用暖、用电、用水排水等减少分别引起的热源、电力、给水排水设施投资减少进行计算。

针对绿色建筑全寿命期边际费用效益评价，有关学者多采用边际净现值、边际内部收益率、边际投资回收期、边际效益费用比等评价指标，也有学者采用价值工程理论、DEA（数据包络分析）等方法开展评价。在全寿命期视角下，目前大多数研究认为绿色建筑在社会层面上具有经济可行性，但也提出绿色技术的应用需因地制宜。此外，有关研究也注意到绿色建筑预测性能与实际性能之间存在差距。例如，Ade R和Rehm M（2019）发现虽然按照Homestar（新西兰绿色独栋住宅评价体系）建造住房可以节省运营成本，但许多住房并不能达到新西兰绿色建筑委员会宣称的成本节约幅度。对此，有关研究表示，缺乏有效的运营和维护是性能差距存在的主要原因。

针对绿色建筑产业链不同主体的边际费用效益评价，由于开发主体和消费者是绿色建筑供应和需求的最终决策者，已有文献主要对绿色建筑开发主体、消费者的边际费用和边际效益进行了分析与评价。在开发主体方面，开发主体开发绿色建筑的边际费用主要包括绿色建筑的边际设计和模拟费用、咨询费用、认证费用、边际建筑安装工程费用。开发主体开发绿色建筑的边际费用受到开发经验、开发能力的影响。开发主体开发绿色建筑的边际效益主要包括销售价格或租金溢价、企业声誉提升、政府补贴，除此之外，对于持有和出租绿色建筑的开发主体来说，其还享有绿色建筑更高的入住率、更低的折旧率。由于缺少绿色建筑开发边际费用的系统证据，开发主体开发绿色建筑的边际效益是否足以弥补边际费用仍存在争议。在消费者方面，消费者购买或租赁绿色建筑的边际费用主要包括绿色建筑的销售价格或租金溢价，边际效益主要包括运营费用减少、室内舒适度提升、居住健康和生活质量改善等。然而，由于绿色建筑室内舒适度提升、居住健康和生活质量改善等效益难以量化，消费者购买绿色建筑的边际效益与边际费用的大小尚未达成共识。

虽然已有文献针对绿色建筑全寿命期、全产业链、全参与主体和不同参与主体的边际费用效益评价开展了大量的研究，但在绿色建筑全寿命期、全产业链、全参与主体边际费用效益评价方面，已有的文献多以《绿色建筑评价标准》GB/T 50378—2006、《绿色建筑评价标准》GB/T 50378—2014为研究依据。在《绿色建筑评价标准》GB/T 50378—2019实施的背景下，已有的研究便表现出不适用性。同时，已有的研究忽略了绿色建筑的边际建设管理、销售费用，对绿色建筑的碳、大气和水污染物减排环境效益的测算依然不完善，绿色建筑室内环境质量改善引起的健康宜居社会效益和场地雨水径流控制引起的城市洪涝灾害减灾社会效益仍然不明确。在绿色建筑产业链不同参与主体的边际费用效益评价方面，已有文献针对绿色建筑供热单位、物业单位等运营主体的边际费用效益分析还不充分，同时已有的评价多局限于不同主体的边际费用和边际效益大小比较，不同主体之间的利益协同度评价模型尚未建立起来，致使当前不同主体的利益协同水平难以被测度。

1.3.3 绿色建筑节能性能动态监测方法

为了为绿色建筑全寿命期、全产业链、全参与主体的节能效益测算提供数据支撑，已有的文献对绿色建筑节能性能动态监测方法开展了大量的研究。为了获取绿色建筑的能耗数据并探究能耗的影响因素，相关文献在开展绿色建筑的节能性能动态监测研究时，除了收集电耗、水耗、燃气消耗、热耗等能耗数据外，还收集了室内外环境、室内人员活动等指标数据。其中，室内外环境指标包括室外温度、湿度、太阳辐射和室内温度、湿度、二氧化碳浓度等。室内人员活动指标包括开关窗/门/灯行为、空调使用行为等。绿色建筑的能耗及其影响因素的数据收集主要通过数据采集、传输、集成三方面的技术实现。

在数据采集技术方面，已有的研究通常采用电表、水表、燃气表、热表等表具采集能耗数据，采用温度、湿度、风速等传感器采集室内外环境指标数据，采用摄像机、被动红外传感器等采集室内人员的行为数据。此外，气象站也往往被用于采集室外环境指标数据。

在数据传输方面，现有的数据传输技术主要有两种：有线传输技术和无线传输技术。有线传输技术包括SDH/MSTP 有线传输技术、分组传送网技术。无线传输技术包括ZigBee技术、Wi-Fi技术、GPRS技术。有线传输技术的传输信号受外界环境的干扰较小、信号可靠性强、保密性强，但缺点是建设费用高、维护不方便。无线传输技术具有综合成本低、安装周期短、性能稳定、维护方便、扩容能力强等优点。因此，无线传输技术更受人们的偏爱。然而，由于传输环境通常是开放的空间，无线传输的信号容易受到干扰，并且受传输距离的限制，随着传输距离的增加，无线传输的信号会越来越弱，导致能耗数据缺失较多。

在数据集成方面，为便于数据的统一管理，通常采用接口/规约技术对数据进行转化和整合。在国家的大力支持下，北京、天津、深圳、江苏、重庆等省市均建立了办公建筑和大型公共建筑能耗监测平台。然而，在一个区域中，通常有多个分散的能耗监测平台进行数据收集、分析，缺乏一个综合性的平台将区域所有的能耗监测数据进行整合。不同能耗监测平台对指标数据的分类标准不统一，使得不同平台的各类建筑能耗数据的对比分析存在困难。

为了加强绿色建筑的节能诊断、能效管理，已有文献基于绿色建筑节能性能的动态监测技术，为了加强绿色建筑的能效管理，在开展绿色建筑能耗动态监测领域的研究时，除采集绿色建筑的能耗数据外，还采集了围护结构等性能设计、室内外环境、室内人员活动等数据，并探究了围护结构等性能设计、室内外环境、室内人员活动等因素对绿色建筑能耗的影响规律。其中，在室内外环境维度，已有的文献探究了室外温度、湿度、雾霾和室内温度、湿度、通风等因素对绿色建筑能耗的影响。在建筑和设备维度，已有的文献探究了建筑材料、建筑面积、房间数量、设备数量、设备能效等因素对绿色建筑能耗的影响。在室内人员活动维度，已有的研究结合问卷调查和数据监测两种方式，探讨了开关窗/门/灯行为、电气设备的选择和使用行为、低碳用能行为等对绿色建筑能耗的影响。

虽然已有的文献基于现行的绿色建筑节能性能动态监测方法，对绿色建筑的能耗影响因素进行了广泛探讨，但在分析绿色建筑能耗与不同影响因素的耦合规律时，已有的文献较少考虑室内热舒适度和室内人员数量因素对绿色建筑能耗的影响，“建筑性能设计—室外气象环境—室内热舒适度—室内人员活动（包括室内人员数量）—建筑能源消耗”的耦合规律还不清晰，致使现有的绿色建筑节能性能动态监测体系对绿色建筑节能诊断、能效管理等提供的支撑不足，“建筑性能设计—室外气象环境—室内热舒适度—室内人员活动（包括室内人员数量）—建筑能源消耗”五位一体的绿色建筑节能性能动态监测技术体系尚未构建出来。此外，已有学者采用比较分析、多元回归分析、结构方程模型、文本分析等方法，评估了不同类型的政策工具对推广不同绿色建筑技术的效果。由于不同地区的实际情况不同，不同绿色建筑技术本身也存在差异，具体哪一种类型的政策工具对推广哪一种绿色建筑技术最有效，尚缺乏定论。面对当前中国绿色建筑节能性能动态监测技术推广不畅的现状，不同类型的政策工具对绿色建筑节能性能动态监测技术推广的作用效果还不清晰。

1.3.4 绿色建筑产业链不同参与主体成本分摊

针对绿色建筑产业链不同参与主体的成本分摊，现有的研究主要围绕新建绿色建筑和既有建筑节能改造两方面展开。其中，在新建绿色建筑产业链不同参与主体的成本分摊方面，已有文献多采用演化博弈理论，从绿色建筑的供给侧、需求侧、运营侧三个维度展开研究。其中，在供给侧方面，已有学者构建了开发主体和绿色技术研发主体、开发主体和建材生产主体、开发主体和施工主体、政府和开发主体、政府和施工主体的演化博弈模型；在需求侧方面，已有学者构建了开发主体和消费者、政府和消费者的演化博弈模型；在运营侧方面，已有学者建立了消费者和物业服务主体的演化博弈模型。

在新建绿色建筑产业链不同参与主体成本分摊研究方面，除了经济人假设下的相关研究外，Meng Q F等（2021）、王颖林和刘继才（2019）还分别结合前景理论、社会偏好理论探讨了非理性心理因素对有关主体策略选择的影响。社会偏好理论指出，人们不仅关注自身的利益，还会关心他人的利益。具体而言，人们的社会偏好包括差异厌恶偏好、利他偏好、互惠偏好，其中利他偏好的突出表现是社会福利偏好。公共物品博弈实验对以上三种类型社会偏好的存在及其稳定性进行了证明。目前，社会偏好理论在供应链管理领域已经得到了广泛应用。然而，王颖林和刘继才（2019）的研究仅探究了社会偏好中差异厌恶偏好对开发主体策略选择的影响，对其他类型的社会偏好对开发主体策略选择的影响还研究得不足。同时，在探讨差异厌恶偏好对开发主体策略选择的影响时，仅依据收益的绝对值判断主体的收益公平感知，忽略了收益相对值（不同主体边际效益与边际费用匹配度）的影响。

在既有建筑节能改造产业链不同参与主体成本分摊方面，现有研究所涉及的利益相关主体主要包括政府、金融机构、业主、节能服务公司、供热主体等，采用的成本分摊研究方法包括Shapley值法、修正的Shapley值法、模糊区间Shapley值法、支付模糊Shapley值法以及讨价还价博弈模型、“委托—代理”模型、Stackelberg双寡头博弈模型。

虽然已有文献从新建绿色建筑供给侧、需求侧、运营侧不同的视角，建立了新建绿色建筑产业链有关参与主体的演化博弈模型，探讨了新建绿色建筑产业链不同参与主体的成本分摊方案，但有关研究仅局限在新建绿色建筑产业链的局部范围，新建绿色建筑供给侧、需求侧、运营侧整体视角下考虑利益协同度和利他偏好的不同参与主体的成本分摊方案还不清晰。

1.3.5 绿色建筑产业链不同参与主体激励机制

为了缓解绿色建筑建设单位、消费者、供热单位、物业单位的边际效益与边际费用不匹配和多主体利益不协同，已有文献从政府、市场两方面对绿色建筑供给侧、需求侧、运营侧主体的激励机制展开了研究。其中，政府激励包括经济激励、非经济激励。政府经济激励主要是指货币激励，包括财政补贴、税费激励等。其中，税收激励既可以作为补贴，分担绿色建筑相关主体的边际费用，产生良好的财务效益，又可以作为惩罚措施，抑制非可持续性行为。经济激励是政府提供的最常见的绿色建筑激励措施，可以直接为不同利益相关主体带来财务效益。2010年，马来西亚政府启动绿色科技融资计划，为绿色技术的发明者和使用者提供贷款激励。受该计划影响，2009～2013年，马来西亚的绿色建筑项目从1个增加到137个。Hendricks J S和Calkins M（2006）也指出，政府补贴奖励有效提升了芝加哥和印第安纳波利斯的建筑业主和建筑师采用绿色屋顶的可能性。政府非经济激励通常赋予有关主体在满足某些条件时超出正常允许范围的权利或额外权利，包括绿色审批、容积率奖励、技术援助、商业计划支持、营销援助、项目担保等。其中，绿色审批、技术援助等可以节约建筑开发的时间，减少建筑开发风险；容积率奖励允许开发主体建造比通常约束更多面积的建筑，以弥补绿色建筑开发的边际费用。新加坡的绿色建筑标志面积奖励计划规定，获得白金级的绿色建筑，可最高获得项目总建筑面积2%的容积率奖励。非经济激励政策可以根据不同区域的具体情况制定，使用较为灵活，且不会增加政府的支出，因此政府大多偏好这一类的激励手段。部分国家采用的政府激励政策类型及其效果见表1-1。市场激励的方式包括开展碳排放权交易、水权交易、用能权交易和设立绿色信贷、绿色证券、绿色债券、绿色保险、绿色基金等。市场激励的发展对缓解政府财政压力具有重要作用。虽然市场激励的发展已经取得了长足进步，但当前市场在提供绿色建筑激励措施方面仍落后于政府。

部分国家采用的激励政策类型及其效果 **表1-1**

激励类型	国家	激励效果
减税、免税、退税	西班牙	显著降低绿色建筑的开发成本，对绿色建筑发展产生积极影响，效果明显可见
	马来西亚	对促进绿色建筑发展意义重大，但效果不突出
	美国	对绿色建筑发展产生积极影响
补贴	中国	2011～2013年，二星级和三星级的绿色建筑面积分别增长了84%和70%
	新加坡	全面资助了102个建设项目，其中62个项目获得黄金级认证，14个项目获得黄金加级认证，26个项目获得钻石级认证，64.5%的专家认为它是有效的
贷款激励	马来西亚	2009～2013年，马来西亚的绿色建筑项目从1个增加到137个
	美国	能够有效吸引消费者，但没有税收激励政策有效
容积率奖励	美国	是获得LEED认证的项目数量快速增长的主要原因
	新加坡	在该计划实施后的4年（2009～2013年）里，绿色建筑的总面积增加了3420万m^2，而在2005～2009年，绿色建筑的总面积仅增加了1420万m^2
绿色审批	美国	比经济激励更具有吸引力
减费	美国	有效，但没有减税政策有效

政府激励和市场激励均被证明是协调绿色建筑产业链有关参与主体利益的有效方式，但二者哪一个更有效还不清晰。针对激励政策的改进，已有学者提出激励政策应与当地经济和环境条件相匹配，否则容易出现激励失败或资源浪费的现象。由于绿色建筑仅有在全寿命期视角下才具有经济优势，针对当前绿色建筑激励措施短视的问题，有关学者指出从长远角度，制定稳定、持久的激励政策，对促进绿色建筑发展更有效。

虽然已有文献从政府激励、市场激励两方面对绿色建筑产业链有关参与主体的激励机制进行了广泛探讨，但绿色建筑产业链不同市场主体的行为策略受主体本身特征、主体之间协同运行、产业环境保障多层面因素的影响，已有研究构建的激励机制还不全面。同时，发挥关键作用的激励机制要素也不明晰。

1.3.6 文献评述

当前，国内外学者在绿色建筑全寿命期、全产业链、全参与主体层面，建立了不同的绿色建筑性能评价体系，开展了绿色建筑全寿命期、全产业链、全参与主体的边际费用效益评价，同时提出了绿色建筑节能性能动态监测方法；在绿色建筑全寿命期、全产业链、不同参与主体层面，开展了部分参与主体的边际费用和边际效益大小比较，采用演化博弈理论，探讨了不同参与主体的成本分摊方案，并从政府、市场两方面设计了面向有关参与主体的激励机制，为本研究的开展奠定了坚实的基础。然而，已有文献在解决中国绿色建筑全寿命期、全产业链、全参与主体性能及边际费用效益评价和全寿命期、全产业链、不同参与主体利益协同问题方面，还存在以下不足：

（1）绿色建筑全寿命期、全产业链、全参与主体性能及边际费用效益综合评价模型未构建出来。当前，我国绿色建筑评价标准仅适用于建筑的绿色性能评价，绿色建筑全寿命期、全产业链、全参与主体性能评价和边际费用效益评价研究相互割裂。同时，在绿色建筑全寿命期、全产业链、全参与主体边际费用效益评价方面，面对《绿色建筑评价标准》GB/T 50378—2019对绿色建筑设计、建造、运营、评价等的新要求，已有基于《绿色建筑评价标准》GB/T 50378—2006、《绿色建筑评价标准》GB/T 50378—2014的绿色建筑全寿命期、全产业链、全参与主体的边际费用效益分析便表现出不适用性。同时，已有的研究对绿色建筑的边际建设管理、销售费用考虑得不充分，绿色建筑全寿命期、全产业链、全参与主体的碳、大气污染物、水污染物净减排边际环境效益的测算方法有待完善，绿色建筑室内环境质量改善引起的消费者健康宜居边际社会效益和场地雨水径流控制引起的城市洪涝灾害减灾边际社会效益也不明确。绿色建筑全寿命期、全产业链、全参与主体的性能及边际费用效益综合评价模型未构建出来。

（2）政府和绿色建筑建设单位、消费者、供热单位、物业单位的利益协同度评价模型尚未构建出来。现有的研究对政府和绿色建筑建设单位、消费者的边际费用和边际效益分析较多，对绿色建筑供热单位、物业单位等运营主体的边际费用和边际效益分析不充分。同时，有关主体的边际费用效益评价多聚焦于不同主体的边际费用和边际效益大小比较，政府和绿色建筑建设单位、消费者、供热单位、物业单位的利益协同度评价模型还未构建出来。

（3）“建筑性能设计—室外气象环境—室内热舒适度—室内人员活动（包括室内人员数量）—建筑能源消耗”五位一体的绿色建筑节能性能动态监测技术体系未构建出来。现有的绿色建筑节能性能动态监测技术体系，较少考虑室内热舒适度和室内人员数量因素，“建筑性能设计—室外气象环境—室内热舒适度—室内人员活动（包括室内人员数量）—建筑能源消耗”的耦合规律不清，导致现有的绿色建筑节能性能动态监测技术对绿色建筑节能诊断、能效管理等提供的支撑不足。面对当前绿色建筑节能性能动态监测技术推广不畅的现状，不同类型的政策工具对绿色建筑节能性能动态监测技术推广的作用效果仍不清晰。

（4）政府和绿色建筑建设单位、消费者、供热单位、物业单位的成本分摊方案尚不明确。政府实施经济激励可以有效分摊绿色建筑供给侧、需求侧、运营侧主体的边际费用，缓解有关主体承担边际费用过高的问题。虽然已有文献分别从绿色建筑供给侧、需求侧、运营侧的研究视角，探究了政府对有关主体的经济激励问题，但未能兼顾各方的利益，在绿色建筑供给侧、需求侧、运营侧整体视角下，提出政府和绿色建筑建设单位、消费者、供热单位、物业单位的成本分摊方案。同时，现有文献在探究政府对绿色建筑供给侧、需求侧、运营侧不同主体的经济激励问题时，对不同主体的边际效益与边际费用匹配度和利他偏好考虑得也不足。

（5）面向绿色建筑建设单位、消费者、供热单位、物业单位的激励机制有待完善。当前，已有文献从政府、市场两个层面，探讨了面向绿色建筑供给侧、需求侧、运营侧主体的激励机制。然而，绿色建筑建设单位、消费者、供热单位、物业单位的行为策略受不同主体本身、不同主体协同运行、产业环境保障多维度因素的影响，因此仅从政府、市场激励两方面探讨面向绿色建筑建设单位、消费者、供热单位、物业单位的激励问题并不充分。此外，发挥关键作用的激励机制要素也未被揭示出来。

1.4 研究目标、研究内容及解决的关键科学问题

1.4.1 研究目标

针对当前中国绿色建筑全寿命期、全产业链、全参与主体的评价标准仍局限于建筑的绿色性能评价，对费用、效益因素考虑较少，以及绿色建筑全寿命期、全产业链、不同参与主体利益不协同的问题，在绿色建筑全寿命期、全产业链、全参与主体层面，结合《绿色建筑评价标准》GB/T 50378—2019对绿色建筑设计、建造、运营、评价的新要求，构建绿色建筑全寿命期、全产业链、全参与主体的性能及边际费用效益综合评价模型，同时充分考虑室外气象环境、室内人员活动（包括室内人员数量）、室内热舒适度等室内外因素，完善绿色建筑节能性能动态监测技术体系，并探讨不同类型的政策工具对绿色建筑节能性能动态监测技术推广的作用效果。在绿色建筑全寿命期、全产业链、不同参与主体层面，分别分析政府和绿色建筑建设单位、消费者、供热单位、物业单位的边际效益与边际费用，构建不同主体的边际效益与边际费用匹配度、利益协同度评价模型，并结合不同主体的边际效益与边际费用匹配度和利他偏好，提出政府和绿色建筑建设单位、消费者、供热单位、物业单位的成本分摊方案。在此基础上，揭示发挥关键作用的绿色建筑建设单位、消费者、供热单位和物业单位的激励机制要素，并从多层面设计面向绿色建筑建设单位、消费者、供热单位和物业单位的激励机制。

1.4.2 研究内容

（1）绿色建筑全寿命期、全产业链、全参与主体性能及边际费用效益综合评价模型构建。首先，结合《绿色建筑评价标准》GB/T 50378—2019对绿色建筑设计、建造、运营、评价等的新要求，补充绿色建筑的边际建设管理、销售费用，拓展绿色建筑的碳、大气污染物、水污染物净减排边际环境效益的识别范围、阶段。其次，考虑绿色建筑的健康宜居、城市洪涝灾害减灾边际社会效益，对绿色建筑全寿命期、全产业链、全参与主体的边际费用及边际经济、环境、社会效益

进行更新、补充、完善。最后，根据价值工程理论，构建绿色建筑全寿命期、全产业链、全参与主体的性能及边际费用效益综合评价模型。

（2）绿色建筑全寿命期、全产业链、不同参与主体边际费用效益评价模型和利益协同度评价模型构建。首先，在测算绿色建筑全寿命期、全产业链、全参与主体边际费用效益的基础上，考虑政府和绿色建筑建设单位、消费者、供热单位、物业单位之间的转移支付和交易过程，测算绿色建筑产业链上政府、建设单位、消费者、供热单位、物业单位的边际费用和边际效益。其次，采用效益费用比法，建立不同参与主体的边际效益与边际费用匹配度评价模型，进而构建不同参与主体之间的利益协同度评价模型。

（3）绿色建筑节能性能动态监测技术体系与工程示范。为了向绿色建筑全寿命期、全产业链、全参与主体的节能效益测算提供数据支撑并加强绿色建筑的能效管理，首先，针对绿色建筑的用能情况，从能耗数据采集、数据传输、数据集成三个方面，提出"建筑性能设计—室外气象环境—室内热舒适度—室内人员活动（包括室内人员数量）—建筑能源消耗"五位一体的绿色建筑节能性能动态监测技术体系。其次，利用西安建筑科技大学教学楼等建设示范工程，分析示范工程的用能规律。再次，针对当前绿色建筑节能性能动态监测技术推广不畅的现状，探讨不同类型政策工具对绿色建筑节能性能动态监测技术推广的效果。

（4）绿色建筑全寿命期、全产业链、不同参与主体成本分摊分析。为提高不同参与主体的利益协同度，首先根据社会偏好理论，将绿色建筑建设单位、供热单位、物业单位的社会偏好假设由仅考虑差异厌恶偏好拓展为同时考虑差异厌恶偏好、利他偏好。其次，借鉴公平理论，引入不同参与主体的边际效益与边际费用匹配度指标，改进差异厌恶社会福利最大化模型，构建建设单位、供热单位、物业单位不同策略选择的效用函数。再次，综合考虑政府和绿色建筑建设单位、消费者、供热单位、物业单位的利益关系，建立消费者支付意愿下政府和绿色建筑建设单位、供热单位、物业单位的一对多演化博弈模型，分析不同博弈主体的演化稳定策略，并提出政府和绿色建筑建设单位、消费者、供热单位、物业单位的成本分摊方案。

（5）绿色建筑全寿命期、全产业链、不同参与主体的多层面激励机制设计。为促使政府和绿色建筑建设单位、消费者、供热单位、物业单位达到帕累托最优均衡，首先，根据政府和绿色建筑建设单位、消费者、供热单位、物业单位的成本分摊方案，从绿色建筑产业链不同主体本身、不同主体之间和全产业链三个层面，确定面向绿色建筑建设单位、消费者、供热单位、物业单位的激励机制要素。其次，利用社会网络分析方法，构建不同层面、不同要素的关系网络模型，探究不同要素之间的相互影响关系，揭示出发挥关键作用的激励机制要素。在此基础上，从不同层面提出面向绿色建筑建设单位、消费者、供热单位、物业单位的培育激励机制、经济激励机制、保障激励机制。

（6）案例分析。以西安市的YD项目为例，在绿色建筑全寿命期、全产业链、全参与主体层面，开展YD项目全寿命期、全产业链、全参与主体性能及边际费用效益综合评价。同时，在绿色建筑全寿命期、全产业链、不同参与主体层面，测算YD项目产业链上政府、建设单位、消费者、供热单位、物业单位的边际费用和边际效益，测算不同主体的边际效益与边际费用匹配度、利益协同度，开展不同主体的演化博弈均衡分析，并提出面向YD项目建设单位、消费者、供热单位、物业单位的激励策略。

1.4.3 解决的关键科学问题

（1）绿色建筑全寿命期、全产业链、全参与主体性能及边际费用效益综合评价。根据《绿色建筑评价标准》GB/T 50378—2019对绿色建筑设计、建造、运营、评价的新要求，如何测算绿色建筑全寿命期、全产业链、全参与主体的边际费用和边际经济、环境、社会效益，并根据价值工程理论，建立绿色建筑全寿命期、全产业链、全参与主体的性能及边际费用效益综合评价模型，是本研究解决的科学问题之一。

（2）政府和绿色建筑建设单位、消费者、供热单位、物业单位利益协同度测算。在测算绿色建筑全寿命期、全产业链、全参与主体边际费用及边际经济、环境、社会效益的基础上，如何考虑不同主体的转移支付和交易过程，测算政府和绿色建筑建设单位、消费者、供热单位、物业单位的边际费用和边际效益，提出不同主体的边际效益与边际费用匹配度、利益协同度评价模型，是本研究解决的科学问题之二。

（3）“建筑性能设计—室外气象环境—室内热舒适度—室内人员活动（包括室内人员数量）—建筑能源消耗”五位一体的绿色建筑节能性能动态监测技术体系。综合考虑建筑、环境、人等因素，如何从能耗数据采集、能耗数据传输、能耗数据集成三个方面，提出“建筑性能设计—室外气象环境—室内热舒适度—室内人员活动（包括室内人员数量）—建筑能源消耗”五位一体的绿色建筑节能性能动态监测技术体系，是本研究解决的科学问题之三。

（4）消费者支付意愿下政府和绿色建筑建设单位、供热单位、物业单位一对多演化博弈模型的构建。根据政府和绿色建筑建设单位、消费者、供热单位、物业单位之间的利益关系，如何结合建设单位、供热单位、物业单位的边际效益与边际费用匹配度以及利他偏好，构建消费者支付意愿下政府和绿色建筑建设单位、供热单位、物业单位的一对多演化博弈模型，是本研究解决的科学问题之四。

（5）绿色建筑建设单位、消费者、供热单位、物业单位的激励机制设计。根据政府和绿色建筑建设单位、消费者、供热单位、物业单位的成本分摊方案，如何从不同主体本身、全产业链等多层面确定绿色建筑建设单位、消费者、供热单位、物业单位的激励机制构成要素，构建不同激励机制要素的关系网络模型，揭示不同机制要素之间的相互影响关系，并在此基础上从不同层面提出面向绿色建筑建设单位、消费者、供热单位、物业单位的激励机制内容，是本研究解决的科学问题之五。

1.5 研究方法、技术路线及研究创新点

1.5.1 研究方法

在绿色建筑全寿命期、全产业链、全参与主体性能及边际费用效益综合评价模型构建方面，本研究首先依据《绿色建筑评价标准》GB/T 50378—2019，结合费用效益分析理论，采用市场交易价格法测算绿色建筑全寿命期、全产业链、全参与主体的边际费用和边际经济效益；结合因子分析法和假设成本法，测算绿色

建筑全寿命期、全产业链、全参与主体的边际环境效益；采用市场交易价格法、假设成本法、陈述偏好法测算绿色建筑全寿命期、全产业链、全参与主体的边际社会效益。再次，根据价值工程理论，建立绿色建筑全寿命期、全产业链、全参与主体的性能及边际费用效益综合评价模型。

在绿色建筑全寿命期、全产业链、不同参与主体边际费用效益评价模型及利益协同度评价模型构建方面，在测算绿色建筑全寿命期、全产业链、全参与主体边际费用及边际经济、环境、社会效益的基础上，考虑不同主体之间的转移支付和交易过程，结合外部性理论，分别测算绿色建筑产业链上建设单位、消费者、供热单位、物业单位、政府的边际效益和边际费用，并采用效益费用比法，提出不同主体的边际效益与边际费用匹配度评价模型，进而构建不同主体的利益协同度评价模型。

在绿色建筑节能性能动态监测技术体系和工程示范方面，本研究采用无线网络通信技术提出绿色建筑能耗数据的传输方法，采用接口/规约技术提出绿色建筑能耗数据的集成方法，并在西安建筑科技大学草堂校区学府城9号教学楼、西安市鄠邑区草堂营村建设了示范工程。针对当前绿色建筑节能性能动态监测技术推广的障碍，本研究采用问卷调查法和广义有序Logit模型，分析了命令控制型、经济激励型、自愿型政策对绿色建筑节能性能动态监测技术推广的作用效果。

在绿色建筑全寿命期、全产业链、不同参与主体成本分摊方面，本研究首先根据社会偏好理论，将绿色建筑建设单位、供热单位、物业单位的社会偏好假设由仅考虑差异厌恶偏好拓展为同时考虑差异厌恶偏好、利他偏好，并根据公平理论，引入不同主体的边际效益与边际费用匹配度指标，改进差异厌恶社会福利最大化模型，构建建设单位、供热单位、物业单位不同策略选择的效用函数。其次，采用演化博弈理论，构建消费者支付意愿下政府和绿色建筑建设单位、供热单位、物业单位的一对多演化博弈模型，得到政府和绿色建筑建设单位、消费者、供热单位、物业单位的成本分摊方案。

在绿色建筑全寿命期、全产业链、不同参与主体多层面激励机制设计方面，本研究根据政府和绿色建筑建设单位、消费者、供热单位、物业单位的成本分摊方案，提出面向绿色建筑建设单位、消费者、供热单位、物业单位的激励逻辑，并确定激励机制的构成要素。同时，采用社会网络分析方法，构建不同激励机制要素的关系网络模型，分析不同要素之间的相互影响关系。在此基础上，提出绿色建筑建设单位、消费者、供热单位、物业单位激励机制的具体内容。最后，采用案例分析，对本研究设计的激励机制进行实证检验。

1.5.2 技术路线图

本研究的技术路线图如图1-2所示。

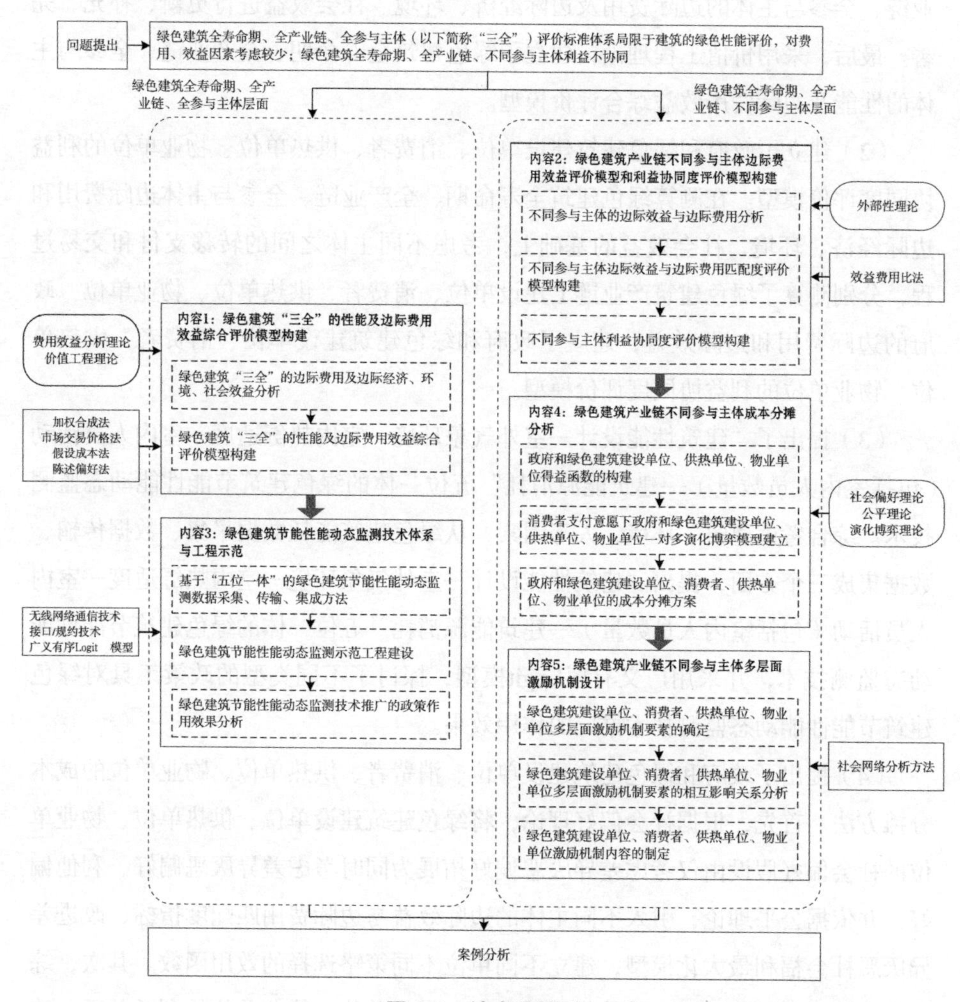

图 1-2 技术路线图

1.5.3 研究创新点

（1）建立了绿色建筑全寿命期、全产业链、全参与主体的性能及边际费用效益综合评价模型。基于《绿色建筑评价标准》GB/T 50378—2019对绿色建筑设计、建造、运营、评价等的新要求，补充绿色建筑的边际建设管理、销售费用，拓展绿色建筑的碳、污染物净减排边际环境效益的识别范围、阶段，考虑了绿色建筑的健康宜居、城市洪涝灾害减灾边际社会效益，对绿色建筑全寿命期、全产业链、全参与主体的边际费用及边际经济、环境、社会效益进行更新、补充、完善。最后，采用价值工程理论，建立了绿色建筑全寿命期、全产业链、全参与主体的性能及边际费用效益综合评价模型。

（2）建立了政府和绿色建筑建设单位、消费者、供热单位、物业单位的利益协同度评价模型。在测算绿色建筑全寿命期、全产业链、全参与主体边际费用和边际经济、环境、社会效益的基础上，考虑不同主体之间的转移支付和交易过程，分别测算了绿色建筑产业链上建设单位、消费者、供热单位、物业单位、政府的边际费用和边际效益，建立了政府和绿色建筑建设单位、消费者、供热单位、物业单位的利益协同度评价模型。

（3）提出了“建筑性能设计—室外气象环境—室内热舒适度—室内人员活动（包括室内人员数量）—建筑能源消耗”五位一体的绿色建筑节能性能动态监测技术。综合考虑建筑、环境、人等因素，从绿色建筑能耗数据采集、数据传输、数据集成三个方面，提出“建筑性能设计—室外气象环境—室内热舒适度—室内人员活动（包括室内人员数量）—建筑能源消耗”五位一体的绿色建筑节能性能动态监测技术，并采用广义有序Logit模型，探讨了不同类型的政策工具对绿色建筑节能性能动态监测技术推广的作用效果。

（4）提出了政府和绿色建筑建设单位、消费者、供热单位、物业单位的成本分摊方法。首先，根据社会偏好理论，将绿色建筑建设单位、供热单位、物业单位的社会偏好假设由仅考虑差异厌恶偏好拓展为同时考虑差异厌恶偏好、利他偏好，并依据公平理论，引入不同主体的边际效益与边际费用匹配度指标，改进差异厌恶社会福利最大化模型，建立不同单位不同策略选择的效用函数。其次，综合考虑政府和绿色建筑建设单位、消费者、供热单位、物业单位的利益关系，建立了消费者支付意愿下政府和绿色建筑建设单位、供热单位、物业单位的一对多演化博弈模型，提出了政府和绿色建筑建设单位、消费者、供热单位、物业单位的成本分摊方案。

（5）设计出面向绿色建筑建设单位、消费者、供热单位、物业单位的激励机制。根据政府和绿色建筑建设单位、消费者、供热单位、物业单位的成本分摊方案，从不同主体本身、不同主体之间和全产业链三个层面，确定绿色建筑建设单位、消费者、供热单位、物业单位激励机制的构成要素，并采用社会网络分析方法，构建不同要素的关系网络模型，揭示不同要素之间的相互影响关系。在此基础上，从培育激励机制、经济激励机制、保障激励机制三个方面提出绿色建筑建设单位、消费者、供热单位、物业单位激励机制的具体内容。

2 相关概念与理论框架

2.1 相关概念界定

2.1.1 绿色建筑

当前，与绿色建筑相关的概念包括节能建筑、被动式超低能耗建筑、近零能耗建筑、低碳建筑、健康建筑、生态建筑、装配式建筑、智慧建筑等。其中，节能建筑、被动式超低能耗建筑、近零能耗建筑、低碳建筑主要强调建筑的节能减排性能，是指在建筑全寿命期内减少能耗、提升能效、减少碳排放的建筑。健康建筑是指更加关注居住者生理、心理、社会适应等健康的建筑。2017年，中国颁布了协会标准《健康住宅评价标准》T/CECS 462—2017。目前，已有十余个住宅项目获得“HiH健康标识”。与节能建筑、被动式超低能耗建筑、近零能耗建筑、低碳建筑、健康建筑相比，生态建筑的内涵较广，其不仅需要满足资源节约、健康舒适的性能要求，还需要满足建筑与周围生态环境相协调的要求。装配式建筑强调通过采用工业化的生产方式，减少建筑的材料、能源等浪费。智慧建筑更加关注建筑设施和环境空间的自进化和自适应管控能力，以提高建筑节能、安全、健康、高效、人性化性能。虽然以上建筑均有建筑绿色化发展的属性，但其仅体现了绿色建筑的部分特征。

绿色建筑兴起于20世纪70年代的石油危机。已有文献从多个方面对绿色建筑的概念进行了界定。国际可持续建筑环境倡议指出，绿色建筑是一种高性能建筑，具体表现在低能耗和低排放、低生态影响和良好室内环境等关键参数上。美国环境保护署（2016）将绿色建筑视为高性能建筑设计的一种发展，其主要考虑通过节能和节水以应对环境衰退、气候变化和自然资源减少。参照《绿色建筑评价标准》GB/T 50378—2019对绿色建筑的定义，本研究认为绿色建筑是指在全寿命期内，节约资源、保护环境、减少污染、为人们提供健康、适用、高效的使用空间，最大限度实现人与自然和谐共生的高质量建筑，即本研究的绿色建筑是执行《绿色建筑评价标准》GB/T 50378—2019的建筑。本书研究的绿色建筑包括绿色居住建筑和绿色公共建筑两种类型，其中针对绿色居住建筑，本书主要研究销售型商品房。

2.1.2 绿色建筑全寿命期

绿色建筑全寿命期可划分为决策阶段、设计阶段、发包阶段、制造阶段、建造阶段、交付阶段、运营阶段、拆除阶段共8个阶段，具体如图2-1所示。

图 2-1 绿色建筑全寿命期的阶段划分图

（1）决策阶段。绿色建筑决策阶段的主要工作内容包括依法获取土地使用权，开展调查研究、规划设计、方案比选，确定绿色建筑开发规模与等级，以及开展可行性研究报告编制、环境影响评估、实施策划等。在该阶段，实现效益最大化的投资额度被明确。此外，《国家发展改革委 住房城乡建设部关于推进全过程工程咨询服务发展的指导意见》（发改投资规〔2019〕515号）指出，在决策阶段，通过采用投资决策综合性咨询，可以有效提高投资决策的科学性和投资效益。

（2）设计阶段。绿色建筑设计阶段的主要工作内容包括方案设计、初步设计、施工图设计、绿色建筑预评价等。在该阶段，根据建设单位开发绿色建筑的规模和等级要求，设计单位结合区域气候环境、项目地形地貌、项目定位等方面的信息，根据《绿色建筑评价标准》GB/T 50378—2019，明确技术指标和应采取的绿色技术措施，完成绿色建筑设计方案。在施工图设计完成后，施工图审查机构审查施工图设计文件是否符合绿色建筑标准。此后，由建设单位向住房城乡建设主管部门或绿色建筑评价机构申请开展绿色建筑预评价。

（3）发包阶段。绿色建筑发包阶段的主要工作内容是以一定的方式向施工单位委托绿色建筑的建造任务。工程建造发包包括平行发包和施工总承包两种模式。平行发包是指将绿色建筑的建造任务发包给若干家施工单位的模式。施工总承包是指将绿色建筑全部建造任务发包给施工总承包单位的模式。与工程建造平行发包模式相比，施工总承包模式可以避免不同施工单位之间推卸责任，更有利于保障绿色建筑的绿色性能、运行效益。在办理施工许可手续前，建设单位还需完成工程质量潜在缺陷保险投保。

（4）制造阶段。绿色建筑制造阶段的主要工作内容是根据绿色建筑设计要求，生产绿色建筑所用的工业化部品、构件及绿色材料、设备等并将其运抵绿色建筑建造现场。采用工业化部品、构件等对降低部品、构件等生产的材料、能源消耗，提高绿色建筑建造的绿色化水平，对提升绿色建筑绿色性能具有重要意义。当前，《绿色建筑评价标准》GB/T 50378—2019从节材与绿色建材和提高与创新两个方面对绿色建筑采用装配式结构体系和建筑构件作出了要求。

（5）建造阶段。绿色建筑建造阶段的主要工作内容包括按照绿色建筑设计要求编制绿色建造方案并组织实施，开展工程监理，完成竣工验收等。建造阶段是绿色建筑形成工程实体的阶段，绿色建筑的建造质量直接影响到绿色建筑绿色性能的实现。因此，与普通建筑相比，绿色建筑对建造质量要求更高。此外，建筑建造仍然是当前大气扬尘、噪声等环境污染的重要来源，施工单位可依据《建筑工程绿色施工评价标准》GB/T 50640—2010提高建筑建造的绿色化水平。

（6）交付阶段。绿色建筑交付阶段的主要工作内容包括申报绿色建筑评价标识，向消费者交付绿色建筑等。在绿色建筑竣工后，建设单位向住房城乡建设主管部门或绿色建筑评价机构申报绿色建筑评价标识。此后，在建设单位向消费者交付绿色建筑时，消费者根据绿色建筑的绿色性能和全装修质量验收方法，对绿色建筑进行验收。此外，《住房和城乡建设部 国家发展改革委 教育部 工业和信息化部 人民银行 国管局 银保监会关于印发绿色建筑创建行动方案的通知》（建标〔2020〕65号）指出，鼓励将住宅绿色性能设计和全装修质量相关指标纳入商品房买卖合同、住宅质量保证书和住宅使用说明书，明确质量保修责任和纠纷处理方式。此举对保证绿色建筑运行实效具有重要意义。

（7）运营阶段。绿色建筑运营阶段的主要工作内容包括开展绿色物业管理、热计量供暖等。在该阶段，物业单位基于能耗监测系统，科学运营绿色建筑，在保证居民居住安全、舒适的同时，实现绿色建筑的绿色性能。此外，在采暖区，供热单位依据气象环境、居民需求和历年供热系统运行规律，科学调控供热系统，开展热计量供暖，为实现绿色建筑的采暖节能效益提供现实条件。

（8）拆除阶段。绿色建筑由于采用了灵活的室内空间布局以及耐久性强的建筑材料、部品、部件，与普通建筑相比，绿色建筑的平均寿命往往较长。绿色建筑较长的使用年限，能够缓解城镇化建设大拆大建引发的资源浪费问题。同时，在该阶段，建筑拆除单位通过实施绿色拆除，可以减少拆除施工扬尘、噪声等的产生；建材回收单位通过回收利用建筑材料，可以提高建筑材料的循环利用和再利用次数。

此外，根据《国家发展改革委 住房城乡建设部关于推进全过程工程咨询服务发展的指导意见》（发改投资规〔2019〕515号），建设单位在绿色建筑设计、发包、制造、建造阶段，采用工程建设全过程咨询服务，可以增强绿色建筑建设过程的协同性，从而提高建设效率和效益。

2.1.3 绿色建筑产业链

产业链的概念较早出现于赫希曼的《经济发展战略》中。后来，伴随价值链、供应链等概念的兴起，产业链的概念逐渐被弱化。国内对产业链的研究始于20世纪80年代中期，有关学者已经从价值链、供应链、战略联盟、分工协作、产业链关联等多个角度，对产业链的概念进行了界定。目前，产业链一词在国内应用较多。结合已有定义，本研究认为产业链是围绕某一最终产品或服务而发生一系列有序关联活动所涉及不同主体及其关系构成的集合。

根据绿色建筑全寿命期的阶段划分，绿色建筑产业链结构图如图2-2、图2-3所示。以图2-2为例，在绿色建筑决策阶段，建设单位根据政府要求和市场需求，确定绿色建筑的开发规模和等级，并委托全过程工程咨询单位提供咨询服务。在绿色建筑设计阶段，建设单位委托设计单位完成绿色建筑的方案设计、初步设计和施工图设计。在施工图设计完成后，施工图审查机构负责审查施工图设计文件。此后，建设单位向绿色建筑评价机构申请开展绿色建筑预评价。在绿色建筑发包阶段，基于确定的发包模式，建设单位委托施工单位建造绿色建筑。同时，在办理施工许可手续前，建设单位根据政府要求和需要完成工程质量潜在缺陷保险投保。在绿色建筑制造阶段，建设单位或施工单位根据绿色建筑的标准化设计要求，向装配式构件厂订购所用的工业化部品、构件，同时向材料、设备等供应商订购有关材料、设备。在绿色建筑建造阶段，施工单位根据绿色建筑设计要求，编制绿色施工方案，并在监理单位的监督下完成绿色建筑建造。在绿色建筑交付阶段，建设单位首先向绿色建筑评价机构申报绿色建筑评价标识。此后，建设单位向消费者交付绿色建筑。在绿色建筑运营阶段，消费者接受供热单位和物业单位提供的绿色运营服务。在绿色建筑拆除阶段，政府与消费者签订拆迁协议。在消费者搬迁后，建筑拆除单位、建材回收单位根据政府的委托，开展建筑拆除和建材回收。

与绿色居住建筑不同，绿色公共建筑的建设主体有时也是使用主体，当绿色公共建筑为建设单位自持使用型时，绿色公共建筑的产业链结构如图2-3所示。

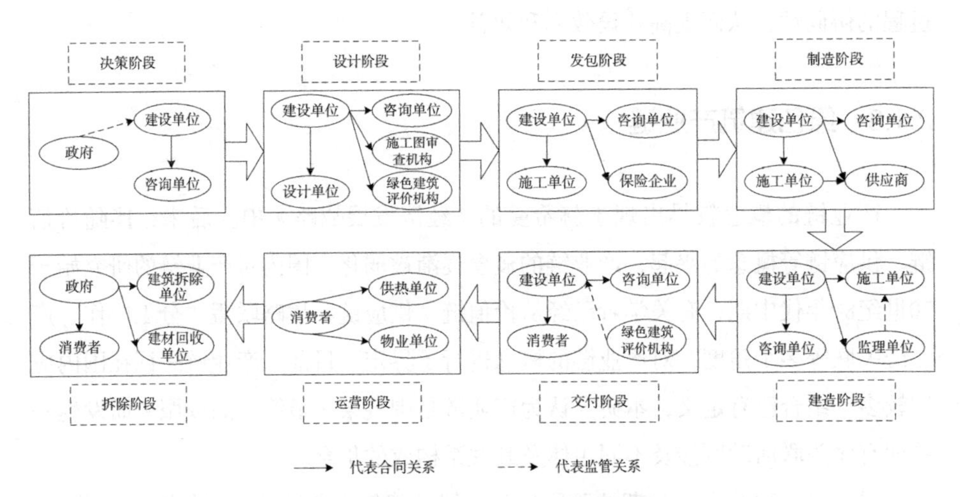

图 2-2　绿色居住建筑产业链结构图

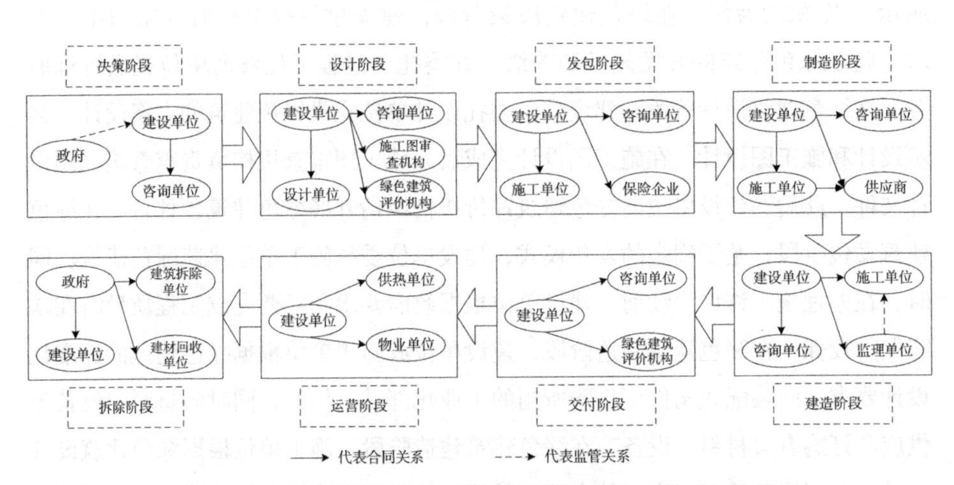

图 2-3　绿色公共建筑（建设单位自持使用型）产业链结构图

2.1.4 绿色建筑产业链多主体及其相互关系

本研究以采暖区的政府和绿色建筑建设单位、消费者、供热单位、物业单位作为具体研究主体。其中，政府是绿色建筑发展的管理主体，建设单位是绿色建筑的开发主体，消费者是绿色建筑的购买和使用主体，供热单位、物业单位是绿色建筑的运营主体。不同的主体在绿色建筑发展过程中都起着重要作用。

绿色建筑是在建筑全寿命期提高建筑能源消耗效率，同时改善人居环境的一种尝试。绿色建筑通过采用节能设备和系统减少资源（能源、土地、水、材料等）使用，并通过采用再生钢材等耐用产品减少废弃物产生。鉴于绿色建筑良好的环境、社会效益，中国绿色建筑的发展采用了自上而下的推广模式。截至目前，中国已经颁布三个版本的绿色建筑评价标准，省会以上城市保障性安居工程已全面执行绿色建筑评价标准。Li H Y等（2018）通过探究中国绿色建筑不同利益相关主体对绿色建筑使用后绩效的影响，得出政府的影响作用最大。Low S P等（2014）的研究也表明，政府政策在促进绿色建筑发展方面具有不可替代的作用。

绿色建筑的用途、经济属性决定了市场化发展是其推广的主要途径。良好的供应是绿色建筑市场化发展的基本前提。建设单位是绿色建筑的供给主体，建设单位的开发意愿对绿色建筑的性能和规模具有重要影响。He C C等（2021）指出，在有关政府、消费者、建设单位的驱动因素中，绿色建筑扩散主要受建设单位的收益驱动。其中，建设单位的收益对二星级、三星级绿色建筑的扩散具有最大正影响，建设单位的环保投资是一星级绿色建筑扩散的关键驱动因素。作为绿色建筑的建设主体，建设单位理应承担环境保护的社会责任。

消费者是绿色建筑最终的使用主体，因此充足的需求是绿色建筑市场化发展的持续动力，较高的使用满意度被认为是消费者接受绿色建筑的关键。王肖文和刘伊生（2014）通过探究绿色建筑市场化发展的驱动机理，指出消费者满意度、收入水平、人口结构与数量对绿色建筑的消费量具有明显的正向影响。其中，消费者满意度的影响最大。此外，消费者在绿色建筑运营期还承担同意支付公共维修资金对共用绿色设施设备等进行大修、更新的义务，而这一点，在已有的文献中常常被忽视。因此，消费者需求对提高绿色建筑规模经济效益，促进绿色建筑可持续发展具有重要作用。

80%的建筑能耗发生在建筑实际使用阶段，绿色建筑的运营期性能很大程度上决定了其整体的可持续性水平。《绿色建筑评价标准》GB/T 50378—2019颁布后，绿色建筑评价改为在建筑工程竣工后进行，热源能耗独立分项计量成为评价的控制项，物业管理成为评价的评分项。同时，《绿色建筑标识管理办法》指出，绿色建筑运营单位或业主应强化绿色建筑运行管理，加强申报指标与运行指标的对比，同时每年将运行主要指标上传绿色建筑标识管理信息系统。供热单位和物业单位作为绿色建筑的运营主体，对保障绿色建筑的绿色性能发挥着重要作用。

政府和绿色建筑建设单位、消费者、供热单位、物业单位之间的关系如图2-4所示。

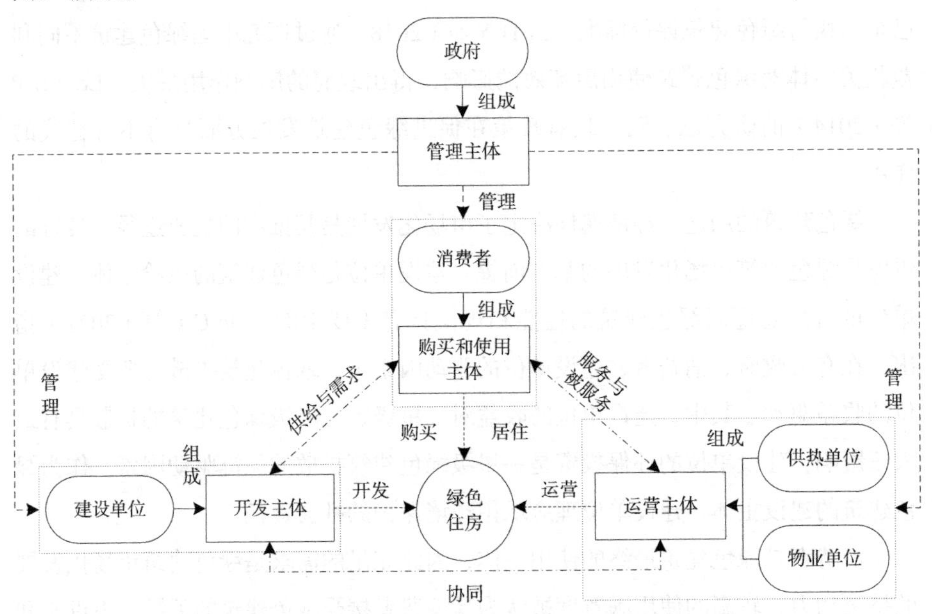

图 2-4　绿色建筑产业链不同参与主体关系图

2.1.5　绿色建筑产业链多主体边际费用效益

在阐述绿色建筑产业链多主体边际费用效益的内涵之前，本研究首先界定“基准建筑”的概念，以作为绿色建筑全寿命期、全产业链、全参与主体及不同参与主体边际费用和边际效益分析的基准点。《绿色建筑评价标准》GB/T 50378—2019包含控制项、评分项、加分项三类指标，其中所有控制项指标将全部纳入正在编制的39本国家全文强制性工程规范。在满足全部控制项指标要求的基础上，通过满足评分项、加分项指标的要求，当总评价得分分别达到60分、70分、85分且满足相关技术要求时，绿色建筑等级分别为一星级、二星级、三星级。因此，本研究将满足《绿色建筑评价标准》GB/T 50378—2019的全部控制项指标要求，但不满足任一评分项、加分项指标要求的建筑作为“基准建筑”。与基准建筑全寿命期、全产业链、全参与主体相比，绿色建筑全寿命期、全产业链、全参与主体所增加的费用为边际费用，所增加的效益为边际效益。绿色建筑全寿命期、全产业链、全参与主体的边际费用和边际效益是从全社会的角度识别绿色建筑的边际费用和边际效益，是分析绿色建筑全寿命期、全产业链、不同参与主体边际费用和边际效益的基础，绿色建筑全寿命期、全产业链、全参与主体边际费用效益评价的达标也是实现全产业链、不同参与主体利益协同的前提。在明确绿色建筑全寿命期、全产业链、全参与主体边际费用和边际效益的基础上，考虑不同主体之间的转移支付与交易过程，与基准建筑全寿命期、全产业链、不同参与主体相比，绿色建筑全寿命期、全产业链、不同参与主体从事与绿色建筑相关的活动所增加的费用为不同参与主体的边际费用，所增加的效益为不同参与主体的边际效益。

2.2 理论基础

2.2.1 价值工程理论

价值工程，又称价值分析，是以最低的全寿命期费用，可靠地实现所研究对象的必要功能，从而提高对象价值的思想方法和管理技术。价值工程的对象，是指凡为获取功能而发生费用的事物，如产品、工艺、工程、服务或它们的组成部分。价值工程这一定义中，涉及价值工程的三个基本概念，即价值、功能和费用

（也称“价格”）。

（1）价值

价值工程中的“价值”是指分析对象具有的功能与获得该功能和使用该功能的全部费用之比。设对象（产品、系统、服务等）的功能为F，其价格为C，价值为V，则价值的计算公式为：

$$V=\frac{F}{C} \tag{2-1}$$

价值工程中的价值不同于经济学中的交换价值和使用价值。在经济学中，凝结在产品中的社会必要劳动时间越多，产品在市场上越是供不应求，其交换价值就越大；使用价值是对象能够满足人们某种需要的程度，及功能或效用，功能或效用越大，使用价值就越大。价值工程中的价值是一种比较价值或相对价值的概念，对象的效用或功能越大，价格越低，价值就越大。

在实际价值工程活动中，一般功能F、价格C和价值V都用某种系数表示。

（2）功能

功能指分析对象更能够满足某种需求的一种属性。一种产品往往有几种不同的功能，为了便于功能分析，需要对功能进行分类，其目的在于确保必要功能，消除不必要功能。

1）必要功能和不必要功能

必要功能是为了满足使用者的需求而必须具备的功能；不必要功能是对象所具有的、与满足使用者的需求无关的功能；

2）不足功能和过剩功能

不足功能是对象尚未满足使用者需求的必要功能；过剩功能是对象所具有的、超过使用者需求的功能。不足功能和过剩功能具有相对性，同样一件产品对甲消费者而言，可能功能不足，而对乙消费者而言，功能却可能已过剩了。

3）基本功能和辅助功能

基本功能是与对象的主要目的直接有关的功能，是决定对象性质和存在的基本因素；辅助功能是为了更有效地实现基本功能而附加的功能。一般来说，基本功能是必要的功能，辅助功能有些是必要的功能，有些则可能是多余的功能。

4）使用功能和品位功能

使用功能是指对象所具有的与技术经济用途直接有关的功能；品位功能是指与使用者的精神感觉、主观意识有关的功能，如贵重功能、美学功能、外观功能、欣赏功能等。使用功能和品位功能产品往往是兼而有之，但根据用途和消费者的要求不同而有所侧重。例如地下电缆、地下管道、设备基础等主要是使用功能；工艺美术品、装饰品等主要是品位功能。

对于一类产品而言，不同的消费者要求的功能是有差异的，为了使每件产品到达用户手中时，其功能都是满足消费者需要的必要功能，通常生产厂家需要针对不同的目标消费群体将产品开发成系列，达到增加销量的目的；对一类消费者而言，生产厂家应对市场进行细分，对目标消费群体进行定位，尽可能减少产品的功能过剩和功能不足，使产品满足消费者的需要，达到占领市场的目的。针对绿色建筑而言，绿色建筑的功能是指在全寿命期内，为了达到节约资源、保护环境、减少污染、为人们提供健康、适用、高效的使用空间的目的，最大限度实现人与自然和谐共生的性能。

（3）价格

从对象被研究开发、设计制造、用户使用直到报废为止的整个时期，称为对象的寿命周期。对象的寿命周期一般可分为自然寿命和经济寿命。价值工程一般以经济寿命来计算和确定对象的寿命周期。

价格是指从对象被研究开发、设计制造、销售使用直到停止使用的经济寿命期间所发生的各项成本费用之和。产品的寿命周期价格包括生产成本和使用成本两部分。生产成本是产品在研究开发、设计制造、运输施工、安装调试过程中发生的成本；使用成本是用户在使用产品过程中发生的费用总和，包括产品维护、保养、管理、能耗等方面的费用。

（4）提高价值的途径

价值取决于功能和价格两个因素，因此提高价值的途径可归纳如下：

1）保持产品的必要功能不变，降低产品价格，以提高产品的价值。即：$\frac{F\rightarrow}{C\downarrow}=V\uparrow$。

2）保持产品价格不变，提高产品的必要功能，以提高产品的价值。

即：$\frac{F\uparrow}{C\rightarrow}=V\uparrow$。

3）价格稍有增加，但必要的功能增加的幅度更大，使产品价值提高。

即：$\frac{F\uparrow\uparrow}{C\uparrow}=V\uparrow$。

4）在不影响产品主要功能的前提下，适当降低一些次要功能，大幅度降低产品价格，提高产品价值。即：$\frac{F\downarrow}{C\downarrow\downarrow}=V\uparrow$。

5）运用高新技术，进行产品创新，既提高必要功能，又降低价格，以大幅度提高价值。即$\frac{F\uparrow}{C\downarrow}=V\uparrow\uparrow$，这是提高产品价值的理想途径。

（5）价值工程的特征

1）目标上的特征

着眼提高价值，即以最低的寿命周期成本实现必要的功能的创造性活动。

2）方法上的特征

功能分析是价值工程的核心，即在开展价值工程中，以使用者的功能需求为出发点。

3）活动领域上的特征

侧重于在产品的研制与设计阶段开展工作，寻求技术上的突破。

本研究主要探究绿色建筑的边际性价比。绿色建筑的边际性价比代表绿色建筑的边际相对价值，等于绿色建筑的边际性能评价值与边际价格之比，其中绿色建筑的边际性能评价值等于绿色建筑的性能评价总得分与满足所有控制项要求的基础得分之差，绿色建筑的边际价格等于绿色建筑全寿命期、全产业链、全参与主体的边际费用和边际经济、环境、社会效益之和。绿色建筑的边际性能评价值越大、边际价格越低，绿色建筑的边际相对价值越大。

2.2.2 费用效益分析理论

费用效益分析理论是站在政府部门层面上，采用影子价格体系，通过分析不同方案的成本和效益来帮助决策者作出方案选择的理论。当不同方案的成本和效益都可以采用货币衡量时，不同方案的成本和效益可以进行直接比较。一般来说，决策者会选择效益最大幅度大于成本的方案。美国是较早将费用效益分析理论应用到工程项目投资决策的国家。例如，其在《河流与港口法》《洪水控制法》中，均对工程项目的费用效益分析作出了规定。同时，美国也较早将费用效益分析理论应用于工程项目的环境影响评价。例如，其在《水和土地资源规划原则和标准》中指出，费用效益分析应涵盖社会福利、区域发展、环境质量等方面。费用效益分析理论在美国《清洁空气法》的制定过程中，也扮演了重要角色。

费用效益分析理论以帕累托法则为理论基础。当社会资源配置引起的社会效益大于造成其他社会成员的损失时，社会的福利增加。也就是说，当社会资源配置的受益者对受损者进行补偿后依然有剩余，则被认为对社会是有益的。当社会资源配置引起的社会效益与造成其他社会成员损失的差值最大时，社会资源配置的效率最高。

绿色建筑是在基准建筑的基础上，通过采取安全耐久、健康舒适、生活便利、资源节约、环境宜居、提高与创新措施，提高绿色性能的建筑。当特定绿色建筑建造、运营方案下绿色建筑全寿命期、全产业链、全参与主体的效益大于费用时，绿色建筑的建造、运营方案被认为是可行的。绿色建筑全寿命期、全产业链、全参与主体的效益不仅体现在经济方面，同样也体现在环境、社会方面。因此，采用费用效益分析理论，全面分析特定建设、运营方案下绿色建筑全寿命期、全产业链、全参与主体的环境、社会效益，可以为政府对产业链不同主体开展补偿提供依据。此外，通过费用效益分析，还可以明确绿色建筑产业链不同主体的边际费用和边际效益，为判断特定建设、运营方案下绿色建筑产业链不同主体的利益协调水平提供了基础。

2.2.3 外部性理论

外部性是指一方经济个体的行为影响了其他主体的利益，但是不能通过市场机制的内在自发行为开展相应补偿的情况。1890年，Marshall A在《The Principles of Economics》中从企业内外部因素对企业生产费用减少的角度，提出了外部经济和内部经济的概念。其中外部经济是指企业外部因素，例如市场容量、交通运输条件、其他相关企业水平等，导致企业生产费用减少的现象；内部经济是指企业内部因素，例如管理水平、内部分工、员工技能等，导致企业生产费用减少的现象。1920年，Pigou A C在《The Economics of Welfare》中，从企业对外部环境影响的角度，采用边际分析法，系统阐述了外部性问题。Pigou A C认为当企业的经济活动不存在外部性时，企业开展经济活动的边际私人成本等于边际社会成本，社会资源配置效率达到最佳；当企业的经济活动对其他主体产生了负的外部性时，社会承担了经济活动的部分成本，导致企业的边际私人成本小于边际社会成本。此时若企业按照边际私人成本决策，则会增大经济活动的产量，从而增加自身的收益。当企业的经济活动对其他主体产生了正的外部性时，社会分享了经济活动的部分收益，导致企业的边际私人收益小于边际社会收益。此时，若企业按照边际私人收益决策，会减少经济活动的产量，从而减少自身的损失。外部性的存在，会导致私人决策和社会决策的不一致，从而导致资源配置的无效率。为此，Pigou A C提出了庇古税理论，即通过对产生负外部性的企业进行征税，对产生正外部性的企业进行补贴，促使企业边际私人成本与边际社会成本、企业边际私人收益与边际社会收益一致，改进社会资源配置的效率。1960年，Coase R H发表了《The Problem of Social Cost》，对庇古税理论进行了批判和完善。Coase R H认为，外部性的存在并不能成为政府干预市场的依据，解决外部性的关键在于界定产权；当交易成本为零时，市场可以通过内在的自发机制实现资源的最优配置；当交易成本不为零时，政府最终采取的措施需要根据不同措施实施的成本和效益对比决定，此时庇古税不一定是最好的选择。

绿色建筑的外部性具有以下特征：从产生的效果来看，绿色建筑不仅产生正外部性，同样产生负外部性，其中正外部性源于绿色建筑全寿命期、全产业链、全参与主体节材、节水、节能产生的二氧化碳、大气污染物、水污染物减排等，负外部性源于绿色建筑新增材料、设施设备使用等产生的二氧化碳、大气污染物、水污染物排放等。从产生的阶段来看，绿色建筑的外部性既在开发阶段产生，也在运营阶段产生，但大部分外部性在运营阶段产生。从产生的时空维度来看，绿色建筑的外部性是在绿色建筑全寿命期、全产业链、全参与主体持续产生的，绿色建筑外部性的产生是一个动态持续的过程。从产生的稳定性来看，绿色建筑外部性的产生受到建设单位、消费者、供热单位、物业单位等行为的影响，当前绿色建筑运营期的绿色性能与设计目标往往存在差距，因此目前绿色建筑的外部性存在不稳定性。绿色建筑的外部效益主要由政府获得，政府通过补贴激励的方式可以实现绿色建筑外部性的内部化，因此绿色建筑的外部性是一种制度外部性。

2.2.4 演化博弈理论

演化博弈理论是一种融合经典博弈理论与动态演化过程分析的理论，能够充分刻画和反映有限理性群体之间博弈行为发展的动态均衡。作为博弈理论的重要分支，演化博弈理论与经典博弈理论在以下方面表现出不同：首先，由于人们认知、感知和表达的有限性，演化博弈理论假设所有的局中人均是有限理性的，而不是完全理性的。其次，演化博弈理论以群体为研究对象，个体通过观察、学习等方式在多次博弈过程中逐步修改策略，最终达到稳态。完整的演化博弈理论分析框架主要包括博弈收益矩阵、复制动态系统和演化稳定策略三部分：

（1）博弈收益矩阵。博弈收益矩阵是演化博弈分析的基础。在所有局中人的不同策略组合下，不同主体各自的收益可以被确定并以矩阵的形式表示出来。

（2）复制动态系统。复制动态系统由复制动态方程构成，复制动态方程是每个局中人选择的策略与适应度之间的映射关系。适应度是指每次博弈后选择某种策略的个体数量增长率。

（3）演化稳定策略。演化稳定策略体现了经典博弈理论中的均衡概念，即不同的局中人在多次博弈过程中通过观察、学习等，逐步调整策略，最终达到稳态。当所有局中人都达到稳态时，不同局中人选择策略的组合被称为演化稳定策略。

政府、建设单位、消费者、供热单位、物业单位利益需求的差异性和矛盾性，使得不同主体之间存在着博弈关系。作为推动绿色建筑发展的管理主体，政府追求长期经济、环境、社会综合效益的最大化。作为绿色建筑的开发主体，建设单位在履行社会责任的同时，主要追求经济效益。作为绿色建筑的需求主体，消费者主要追求居住效用的最大化。因此，政府、建设单位、消费者之间存在着博弈关系。作为绿色建筑的运营主体，供热单位、物业单位在履行社会责任的同时，同样主要追求经济效益。然而，供热单位的供热收费标准由政府制定，物业服务收费标准一般执行政府指导价。因此，政府和供热单位、物业单位存在博弈关系。然而，面对绿色建筑系统内外复杂多变的环境，由于角色、认知、信息获取等方面的差异，政府、建设单位、消费者、供热单位、物业单位表现出明显的有限理性特征，从而影响其决策行为，最终通过互动影响绿色建筑的开发、使用、运营。面对供给侧、需求侧、运营侧整体视角下绿色建筑产业链多主体成本分摊方案不清的问题，本研究基于政府和绿色建筑建设单位、消费者、供热单位、物业单位的边际费用和边际效益，利用演化博弈理论，构建消费者支付意愿下政府和绿色建筑建设单位、供热单位、物业单位的一对多演化博弈模型，探究政府在消费者支付意愿下对绿色建筑建设单位、供热单位、物业单位的经济激励方案，从而明确政府和绿色建筑建设单位、消费者、供热单位、物业单位的成本分摊方案。

2.2.5 社会偏好理论

实验经济学对传统经济人假设的系统反驳促使了社会偏好理论的诞生。最后通牒实验、信任投资博弈实验、公共品博弈实验表明人们在日常生活中会表现出追求公平、信任交易、自发合作等亲社会行为。亲社会行为的出现表明人们不仅拥有自利偏好，还拥有关心他人利益的社会偏好。社会偏好理论的诞生为揭示人们的行为决策机理提供了新思路。Ottone S（2016）指出，社会偏好主要包括差异厌恶偏好、利他偏好、互惠偏好三种。其中，差异厌恶偏好是指当处于劣势不公平或优势不公平时，人们会产生效用损失的心理，而且处于劣势不公平的效用损失大于处于优势不公平的效用损失。利他是与自利相对应的概念，利他偏好的突出表现是社会福利偏好，即他人的利益与自身的效用正相关。以增进他人福利为最终目标，以心理满足为动机和结果的利他是纯粹利他。与差异厌恶偏好相比，利他偏好是一种无条件的社会偏好。

目前，社会偏好理论在供应链管理领域已经得到了广泛应用。相关研究主要以两个或多个主体组成的供应链为例，探讨了集中、分散决策模式下，不同类型供应链上不同主体的差异厌恶偏好、利他偏好、互惠偏好对不同主体的行为及供应链运行效率的影响。其中，在探讨差异厌恶偏好对不同主体行为决策的影响时，已有文献采用了Nash讨价还价模型、Shapley值法等确定收益公平参考点。同时，有关学者还探讨了互惠、利他双重社会偏好下供应链不同主体的行为决策机理。然而，差异厌恶、利他双重社会偏好下供应链有关主体行为决策机理的研究还较少。在绿色建筑产业链多主体激励机制领域，虽然王颖林和刘继才（2019）探讨了差异厌恶偏好对建设单位策略选择的影响，但二者的研究对社会偏好中利他偏好对建设单位策略选择的影响考虑得还不够。本研究将基于社会偏好理论，将绿色建筑建设单位、供热单位、物业单位的社会偏好类型由仅考虑差异厌恶偏好拓展为同时考虑差异厌恶偏好、利他偏好，构建不同企业不同策略选择的效用函数，以探究不同单位的双重社会偏好对政府和绿色建筑建设单位、消费者、供热单位、物业单位成本分摊的影响，其中在差异厌恶偏好方面，本研究主要探究劣势不公平厌恶偏好。

2.2.6 公平理论

公平理论由Adams J S于1965年提出，主要探究人的动机与感知公平之间的关系。公平理论方面的研究包括结果公平（分配公平）、程序公平、互动公平等。其中，在结果公平方面，公平理论指出，人们的工作动机除受到收益绝对值的影响外，还受到收益相对值的影响。通过横向与纵向比较，人们可以判断收益是否公平。其中，横向比较是指与他人的比较，纵向比较是指与自身过去收益的比较。假设OP表示人们对自身收益的感知，IP表示人们对自身投入的感知，OS表示人们对他人收益的感知，IS表示人们对他人投入的感知，Adams J S采用以下公式描述收益公平对人们行为的影响：

（1）当$OP/IP = OS/IS$时，人们认为收益是公平的并继续实施有关行为；

（2）当$OP/IP < OS/IS$时，人们便产生收益不公平的感知，从而对其行为产生消极影响；

（3）当$OP/IP > OS/IS$时，收益的增加会对人们产生有效的激励，但过高的收益会增加人们的不安全感。

程序公平主要强调决策制定过程的公平性，而互动公平主要强调尊严感知的公平性和信息传递的公平性。社会偏好理论指出人们具有差异厌恶偏好，而分析差异厌恶偏好对人们行为影响的关键在于确定收益公平参考点。公平理论指出，人们的工作动机除受到收益绝对值的影响外，还受到收益相对值的影响，而且人们的公平感知来自于纵向与横向的比较，这一观点为本研究确定双重社会偏好下不同单位效用函数的收益公平参考点提供了参考。

2.2.7 协同治理理论

协同治理理论是在协同理论和治理理论的基础上发展起来的交叉理论。然而，当前学术界尚未对协同治理的内涵作出统一的界定，不同学者从不同的角度给出了不同的定义。其中，以《Our Global Neighborhood: The Report Of The Commission On Global Governance》给出的界定最具代表性和权威性，即协同治理是个人、各种公共或私人机构管理其共同事务的诸多方式的总和，它是使相互冲突的不同利益主体得以调和并且采取联合行动的持续过程，其中既包括具有法律约束力的正式制度和规则，也包括各种促成协商与和解的非正式制度安排。目前，协同治理理论在公共危机化解、公共服务供给、基层治理、跨区域合作等领域均得到了应用。虽然不同学者对协同治理的理解不同，但均认为协同治理存在以下特征：

（1）治理主体的多元性。社会问题的公共性和复杂性，迫切需要多主体共同参与问题治理。协同治理强调多元主体共同管理公共事务，以追求治理效能的最大化。因此，协同治理的主体不仅包括政府，还包括企业、社会组织、消费者等社会主体。

（2）治理方式的协作性。协同治理注重政府、企业、社会组织、消费者等主体在治理过程中的自愿平等与协作。虽然政府在协同治理过程中依然起主导作用，但其不再依赖强制力，而是通过与其他主体相互合作、协商对话的方式实现治理目标。

（3）治理过程的动态性。协同治理是不同主体的资源要素在主体间进行重新分配的过程。同时，不同主体还需根据组织内外部环境的变化，对治理体系作出适应性优化，因此协同治理的过程是动态且持续的。

（4）治理目标的趋同性。协同治理理论更加侧重实现多主体的整体利益，即不同主体在协同治理的过程中，通过不同主体的功能互补，追求整体治理效果的最优，最终达到维护和增进公共利益的目的。

（5）治理规则的统一性。多主体组织的良好运行和整体利益的实现需要制订统一的运行规则。统一内外部运行规则的制定，对保持主体间的相互信任、促进和维系不同主体的合作关系具有重要意义。

政府和绿色建筑建设单位、消费者、供热单位、物业单位的成本分摊方案不清，导致不同主体之间存在利益冲突，产业链运行效率不高。基于协同治理理论，根据研究得出的不同主体的成本分摊方案，提出政府对绿色建筑建设单位、消费者、供热单位、物业单位的激励逻辑，设计政府激励机制，对缓解多主体的利益冲突，促进多主体达到帕累托最优均衡具有重要意义。

2.3 理论框架

基于对价值工程理论、费用效益分析理论、外部性理论、演化博弈理论、社会偏好理论、公平理论、协同治理理论的分析，本研究提出如图2-5所示的研究理论框架。

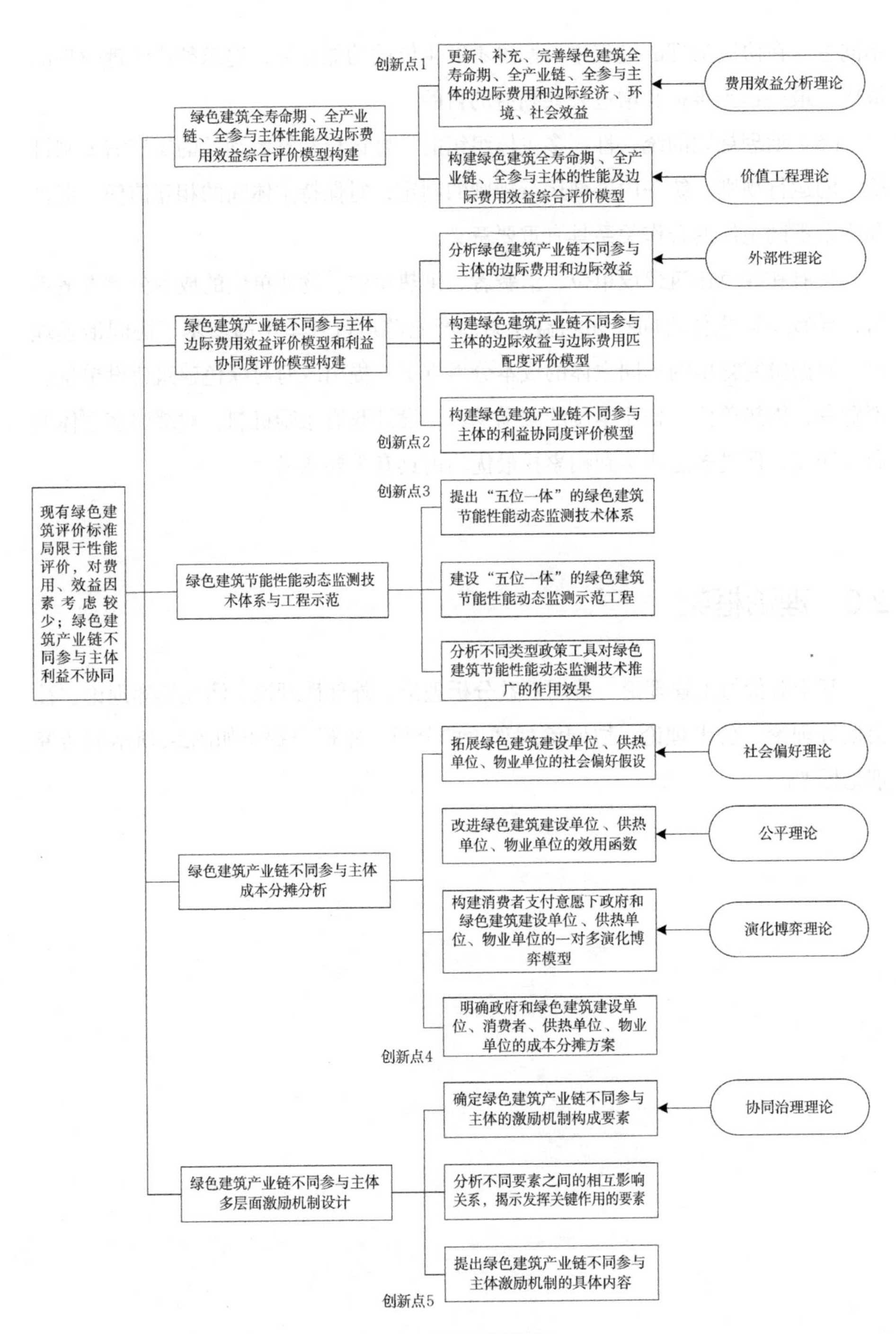
现有绿色建筑评价标准局限于性能评价，对费用、效益因素考虑较少；绿色建筑产业链不同参与主体利益不协同
绿色建筑全寿命期、全产业链、全参与主体性能及边际费用效益综合评价模型构建
创新点1
更新、补充、完善绿色建筑全寿命期、全产业链、全参与主体的边际费用和边际经济、环境、社会效益
费用效益分析理论
构建绿色建筑全寿命期、全产业链、全参与主体的性能及边际费用效益综合评价模型
价值工程理论
绿色建筑产业链不同参与主体边际费用效益评价模型和利益协同度评价模型构建
分析绿色建筑产业链不同参与主体的边际费用和边际效益
外部性理论
构建绿色建筑产业链不同参与主体的边际效益与边际费用匹配度评价模型
构建绿色建筑产业链不同参与主体的利益协同度评价模型
创新点2
绿色建筑节能性能动态监测技术体系与工程示范
创新点3
提出“五位一体”的绿色建筑节能性能动态监测技术体系
建设“五位一体”的绿色建筑节能性能动态监测示范工程
分析不同类型政策工具对绿色建筑节能性能动态监测技术推广的作用效果
绿色建筑产业链不同参与主体成本分摊分析
拓展绿色建筑建设单位、供热单位、物业单位的社会偏好假设
社会偏好理论
改进绿色建筑建设单位、供热单位、物业单位的效用函数
公平理论
构建消费者支付意愿下政府和绿色建筑建设单位、供热单位、物业单位的一对多演化博弈模型
演化博弈理论
明确政府和绿色建筑建设单位、消费者、供热单位、物业单位的成本分摊方案
创新点4
绿色建筑产业链不同参与主体多层面激励机制设计
确定绿色建筑产业链不同参与主体的激励机制构成要素
协同治理理论
分析不同要素之间的相互影响关系，揭示发挥关键作用的要素
提出绿色建筑产业链不同参与主体激励机制的具体内容
创新点5

图 2-5　研究理论框架

3 绿色建筑全寿命期、全产业链、全参与主体性能及边际费用效益评价模型构建

《绿色建筑评价标准》GB/T 50378—2019为本研究构建绿色建筑全寿命期、全产业链、全参与主体的性能及边际费用效益评价模型提供了依据。本研究首先以绿色居住建筑为例，根据绿色建筑评价时点的不同，分别构建绿色建筑全寿命期、全产业链、全参与主体的性能预评价、评价指标体系、评价模型，测算绿色性能提升引起的绿色建筑全寿命期、全产业链、全参与主体的边际费用及边际经济、环境、社会效益，构建绿色建筑全寿命期、全产业链、全参与主体的性能及边际费用效益综合评价模型。其次，分析绿色公共建筑和绿色居住建筑在全寿命期、全产业链、全参与主体性能及边际费用效益综合评价的区别。

3.1 全寿命期、全产业链、全参与主体边际费用分析

绿色建筑全寿命期、全产业链、全参与主体的边际费用包括绿色建筑决策阶段、设计阶段、发包、制造、建造阶段、交付阶段、运营阶段、拆除阶段全过程发生的各项边际费用。

3.1.1 决策阶段边际费用

决策阶段的边际费用主要是指开展绿色建筑调查研究、规划设计、方案比选、可行性研究、环境影响评估、实施策划以及工程咨询等的边际费用，本研究记为$c_{决策}$。陶鹏鹏（2018）以新疆两栋绿色住房（建筑总面积8678m^2）为例，得出绿色建筑前期调查与咨询的边际费用为3万元。

为保证绿色建筑建设质量和运营实效，当绿色建筑采用全过程工程咨询服务时，《国家发展改革委 住房城乡建设部关于推进全过程工程咨询服务发展的指导意见》（发改投资规〔2019〕515号）指出，全过程工程咨询服务费可按各专项服务费叠加后再增加相应统筹管理费计取，也可按照人工成本加酬金的方式计取。在当前不同地区全过程工程咨询服务的计费方式中，浙江、江苏、湖南、四川、

福建、广东均采取了基本酬金加奖励的计费方式。其中，不同省份对基本酬金计费方式的规定不同，但均指出可采用各专项咨询服务费分项计算后叠加的计费方式，奖励则根据全过程工程咨询服务引起投资节约的一定比例计取。深圳市在此基础上增加了全过程工程项目管理费，并给出了参考费率，具体见表3-1。本研究将采用全过程工程咨询服务所付出的基本酬金、全过程工程项目管理费、奖励等作为采用全过程工程咨询服务的费用。

深圳市全过程工程项目管理费参考费率表　　表3-1

工程总概算（单位：万元）	10000以下	10001～50000	50001～100000	100000以上
费率（%）	3	2	1.6	1

3.1.2 设计阶段边际费用

设计阶段的边际费用包括绿色建筑边际设计费用、绿色建筑预评价工程咨询费用、绿色建筑边际施工图审查费用、BIM技术应用费用、绿色建筑预评价费用。

（1）绿色建筑边际设计费用

针对绿色建筑的边际设计费用，参照广东省建筑节能协会2013年发布的《绿色建筑工程咨询、设计及施工图审查收费标准（试行）》（粤建节协〔2013〕09号），其计算标准见表3-2。

绿色建筑边际设计费的收费标准　　表3-2

星级	设计费收费标准
一星级	基准建筑收费标准加收5%
二星级	基准建筑收费标准加收10%
三星级	基准建筑收费标准加收20%

（2）绿色建筑预评价工程咨询费用

更高的绿色建筑性能要求，使得绿色建筑对工程咨询产生了需求。绿色建筑工程咨询包括绿色建筑预评价工程咨询和绿色建筑评价工程咨询，其中预评价工程咨询在绿色建筑预评价前进行，评价工程咨询在预评价后、评价前进行。广东省建筑节能协会2013年发布的《绿色建筑工程咨询、设计及施工图审查收费标准（试行）》（粤建节协〔2013〕09号），为绿色建筑预评价工程咨询费用的计费提供了依据。针对绿色建筑预评价工程咨询费用，参照该标准中的设计标识认证咨询收费标准，当建筑面积小于等于2万m^2时，绿色建筑预评价工程咨询费用按楼栋计算；当建筑面积大于2万m^2时，绿色建筑预评价工程咨询费用按楼栋+面积增量计算，具体见表3-3。根据市场调研，与一星级相比，基本级的绿色建筑预评价工程咨询费用减少约12.5%。

绿色建筑预评价工程咨询收费标准 表3-3

星级	单栋（单位：万元）	建筑群（2万m^2以上）
一星级	20	在单栋收费标准的基础上每新增1m^2加收1元
二星级	30	在单栋收费标准的基础上每新增1m^2加收1.2元
三星级	40	在单栋收费标准的基础上每新增1m^2加收1.5元

（3）绿色建筑边际施工图审查费用

除审查建筑施工图符合一般的法律、法规要求外，绿色建筑边际施工图审查还需审查建筑施工图执行《绿色建筑评价标准》GB/T 50378—2019的情况。参照《绿色建筑工程咨询、设计及施工图审查收费标准（试行）》（粤建节协〔2013〕09号）的有关规定，绿色建筑边际施工图审查费用可根据表3-4计算。

绿色建筑边际施工图审查费收费标准 表3-4

星级	增量施工图审查费收费标准
一星级	以原审图收费标准加收5%
二星级	以原审图收费标准加收10%
三星级	以原审图收费标准加收20%

（4）BIM技术应用费用

BIM技术应用可以有效避免数据不通畅带来的重复性劳动，从而提高工程的效率，降低工程成本。BIM技术应用目前已经成为《绿色建筑评价标准》GB/T 50378—2019的加分项。当前，上海、浙江、广东、广西、山西等省、自治区、直辖市颁布的有关计价参考依据为BIM技术应用计费提供了参考标准。其中，上海市保障性住房采用了计价基础×单价的计费方式，计价基础是指计费时所取的建筑面积，单价与BIM技术应用的阶段、内容有关。上海市规定的保障性住房实施BIM技术应用的费用标准具体见表3-5。

上海市保障性住房实施BIM技术应用的费用标准（单位：元/m^2） 表3-5

应用阶段、内容	费用标准
设计、施工阶段（含构件加工）	15
施工阶段（含构件加工）	10
构件信息模型用于工厂预制生产	5
基于BIM的运营管理系统	5

注：当建筑面积小于10万m^{2}时，按10万m^{2}计算；当建筑面积大于30万m^{2}时，按30万m^{2}计算。

虽然广东省、山西省也采用了计价基础×单价的BIM技术应用的计费方式，但是与上海市相比，两省对不同阶段、不同工程范围应用BIM技术的计费标准规定得更为详细。其中，广东省工业与民用建筑应用BIM技术的费用基价见表3-6。此外，广东省还规定了BIM技术应用咨询费用的计费标准，即BIM技术应用费用的10%。

广东省工业与民用建筑应用BIM技术的费用基价（单位：元/m^2） 表3-6

内容	单项工程应用	单独土建工程应用	单独机电安装工程应用	单独室内装饰装修工程应用
设计、施工、运维三阶段应用	35	17.5	24.5	21
单阶段应用				
设计阶段应用	17.5	8.75	12.25	10.50
施工阶段应用	19.25	9.63	13.48	11.55
运维阶段应用	15.75	7.88	11.03	9.45

续表

内容	单项工程应用	单独土建工程应用	单独机电安装工程应用	单独室内装饰装修工程应用
两阶段联合应用				
设计、施工阶段联合应用	31.24	15.62	21.87	18.74
施工、运维阶段联合应用	29.75	14.88	20.83	17.85

注：当建筑面积小于2万m^2时，按2万m^2计算。基价的上下浮动幅度为20%。

与上海市、广东省、山西省相比，浙江省采用了计价基础×单价×调整系数的计费方式，同时其进一步规定了不同阶段、不同应用等级下BIM技术应用的费用基价，为BIM技术应用的计费提供了更为详细的参考，具体见表3-7。

浙江省新建民用建筑工程项目应用BIM技术的费用基价（单位：元/m^2）表3-7

应用等级	阶段	模型深度	服务内容（应用选项）	费用标准
一级	设计阶段	模型细度达到LOD300	建模、性能分析、仿真漫游、面积及构件统计	2
	施工阶段	同上	施工模拟及仿真漫游	1
	运维阶段	同上	楼层巡视	1
二级	设计阶段	模型细度达到LOD300	建模、性能分析、面积统计、冲突检测、辅助施工图设计、仿真漫游、工程量统计	8
		可包括粗勘、详勘，根据钻孔资料建立三维地质模型	拟合地层曲面及地表建筑物、构筑物	按勘测费15%计取，不少于5000元/项目
	施工阶段	在设计模型基础上进行深化，建立施工模型，模型细度达到LOD400	施工深化、冲突检测、施工模拟、仿真漫游、施工工程量统计	8
	运维阶段	根据竣工资料和现场实测调整施工模型成果，获得与现场安装实际一致的运维模型，模型细度不小于LOD400	运维仿真漫游	3

续表

应用等级	阶段	模型深度	服务内容（应用选项）	费用标准
三级	设计阶段	模型细度达到LOD300	建模、性能分析、面积统计、冲突检测、辅助施工图设计、仿真漫游、工程量统计	18
		可包括粗勘、详勘。根据钻孔资料建立三维地质模型	拟合地层曲面及地表建筑物、构筑物	按勘测费15%计取，不少于5000元/项目
	施工阶段	在设计模型基础上进行深化，建立施工模型，模型细度达到LOD400	施工深化、冲突检测、施工模拟、仿真漫游、施工工程量统计	18
	运维阶段	根据竣工资料和现场实测调整施工模型成果，获得与现场安装实际一致的运维模型，模型细度不小于LOD400	运维仿真漫游、3D数据采集和集成、设备设施管理	15

注：住宅小区地上建筑乘以0.8的系数。同一BIM技术服务商提供设计、施工、运维全寿命期的BIM应用服务的费用，在各阶段费用累加的基础上乘以0.85的系数。

广西壮族自治区采用了建筑面积×30元/m^2×应用范围取费系数×应用阶段调整系数×造价咨询调整系数的BIM技术应用费用计费方式，即通过不同系数的调整实现不同阶段、不同工程范围应用BIM技术的计费，不同系数的具体规定见表3-8。

广西壮族自治区建筑工程项目应用BIM技术的取费系数和调整系数　表3-8

BIM技术应用范围	取费系数	BIM技术应用阶段	调整系数
单项工程应用	1	设计阶段	0.6
单独的土建工程应用	0.4	施工阶段	0.5
单独的安装工程应用	0.6	运维阶段	0.4
单独的室内装饰装修工程应用	0.5		

注：当建筑面积小于3万m^{2}时，按3万m^{2}计算；当建筑面积大于30万m^{2}时，按30万m^{2}计算。当同时提供设计阶段和施工阶段（施工阶段和运维阶段）的BIM技术应用服务时，按设计阶段调整系数和施工阶段调整系数（施工阶段调整系数和运维阶段调整系数）之和的75%计算；当同时提供设计、施工、运维三个阶段BIM技术应用服务时，调整系数为1。BIM技术应用费用可上下浮动20%。当造价咨询中未包含BIM技术应用时，造价咨询调整系数为0.9。

（5）绿色建筑预评价费用

与之前通过施工图审查后进行设计评价不同，《绿色建筑评价标准》GB/T 50378—2019取消了设计评价，并规定在施工图设计完成后进行预评价。与之前进行绿色建筑运行评价无需先通过设计评价不同，当前进行绿色建筑评价必须先通过预评价。预评价主要起优化设计方案的作用。《住房城乡建设部关于进一步规范绿色建筑评价管理工作的通知》（建科〔2017〕238号）指出，绿色建筑评价推行第三方评价，且由住房城乡建设主管部门组织开展绿色建筑评价标识工作的，采取政府购买服务等方式委托评价机构对绿色建筑性能等级进行评价。参照2019～2022年广州市建筑节能与墙材革新管理办公室采购绿色建筑评价服务的价格，绿色建筑预评价费用可取9853元/项目。

综上，绿色建筑设计阶段的边际费用（$c_{设计}$）为：

$$c_{设计} = c_{yzx} + c_{sj} + c_{sc} + c_{sBIM} + c_{ypj} \tag{3-1}$$

其中，c_{yzx}为绿色建筑预评价工程咨询费用；c_{sj}为绿色建筑边际设计费用；c_{sc}绿色建筑为边际施工图审查费用；c_{sBIM}为设计阶段BIM技术应用费用；c_{ypj}为绿色建筑预评价费用。

3.1.3 发包、制造、建造阶段边际费用

发包、制造、建造阶段的边际费用包括边际建筑安装工程费用、BIM技术应用费用。

（1）边际建筑安装工程费用

为提高绿色建筑的安全耐久、健康舒适、生活便利、资源节约、环境宜居等性能，与基准建筑相比，绿色建筑的分部分项工程项目、措施项目发生较大变化，并引发了边际建筑安装工程费用。基于工程量清单法，绿色建筑的边际建筑安装工程费用（Δc_{az}）可根据公式（3-2）计算。

$$\Delta c_{az} = \sum_{i=1}^{n} Q_i \times P_i - \sum_{j=1}^{m} Q_j \times P_j \tag{3-2}$$

其中，n代表绿色建筑的分项工程数量；m代表基准建筑的分项工程数量；Q_i为绿色建筑第i项分项工程的工程量；P_i为绿色建筑第i项分项工程的综合单

价；Q_j 为基准建筑第 j 项分项工程的工程量；P_j 为基准建筑第 j 项分项工程的综合单价。

通过调查已经通过绿色建筑预评价的绿色居住建筑，可得不同案例单位建筑面积的边际建筑安装工程费用，见表3-9。

不同等级绿色居住建筑的边际建筑安装工程费用　　表3-9

项目名称	所在地	建筑结构	预评价等级	边际建筑安装工程费用
JLPT项目	陕西省西安市	剪力墙结构	一星级	18.67元/m^2
JMJY项目	陕西省咸阳市	剪力墙结构	一星级	26.25元/m^2
GJSQSTC项目	陕西省西安市	剪力墙结构、框架结构	一星级	47.18元/m^2
DDJ项目	陕西省西安市	剪力墙结构、框架结构	二星级	67.07元/m^2
XPGY项目	陕西省西安市	剪力墙结构、框架结构	二星级	72.73元/m^2
NFHJXDG项目	陕西省西安市	框架剪力墙结构	二星级	112.61元/m^2

（2）BIM技术应用费用

当绿色建筑在制造、建造阶段应用BIM技术时，根据3.1.2介绍的有关计费标准计算BIM技术应用费用。

综上，绿色建筑发包、制造、建造阶段的边际费用为边际建筑安装工程费用和BIM技术应用费用之和，本研究记为$c_{发包、制造、建造}$。

3.1.4　交付阶段边际费用

交付阶段的边际费用包括绿色建筑评价工程咨询费用、绿色建筑评价费用、边际销售费用。

（1）绿色建筑评价工程咨询费用

参照《绿色建筑工程咨询、设计及施工图审查收费标准（试行）》（粤建节协〔2013〕09号），绿色建筑评价工程咨询费用与预评价工程咨询费用的计算规则相同，但一、二、三星级绿色建筑评价工程咨询费中单栋楼的取费标准分别为30万元/栋、40万元/栋、50万元/栋。

（2）绿色建筑评价费用

《绿色建筑评价标准》GB/T 50378—2019规定，绿色建筑评价应在建筑工程竣工后进行。《住房和城乡建设部关于印发绿色建筑标识管理办法的通知》（建标规〔2021〕1号）指出，绿色建筑由住房和城乡建设管理部门认定。根据《住房城乡建设部关于进一步规范绿色建筑评价管理工作的通知》（建科〔2017〕238号）中的有关规定，参照2019～2022年广州市建筑节能与墙材革新管理办公室采购绿色建筑评价服务的价格，绿色建筑评价费用取49555元/项目。

（3）边际销售费用

边际销售费用是指绿色建筑销售过程中所发生的边际费用。2019年，长沙市发展和改革委员会颁布的《关于明确我市成本法监制商品住房价格构成有关事项的通知》（长发改价调〔2019〕296号），为计算绿色建筑的边际销售费用提供了参考依据。根据该文件的有关规定，边际销售费用可按决策、设计、发包、制造、建造阶段边际费用（除绿色建筑预评价费用外）和绿色建筑评价工程咨询费用之和的2%计算，本研究记为$c_{销售}$。由于缺乏统一的量化标准，该部分边际费用在已有文献中往往被忽略。

综上，绿色建筑交付阶段的边际费用（$c_{交付}$）为：

$$c_{交付} = c_{pzx} + c_{pj} + c_{销售} \tag{3-3}$$

其中，c_{pzx}为绿色建筑评价工程咨询费用；c_{pj}为绿色建筑评价费用。

除了上述分析的绿色建筑决策阶段、设计阶段、发包、制造、建造阶段及交付阶段的边际费用外，为了组织绿色建筑决策、设计、发包、制造、建造、交付，绿色建筑还发生了边际建设管理费用。借鉴长沙市发展和改革委员会颁布的《关于明确我市成本法监制商品住房价格构成有关事项的通知》（长发改价调〔2019〕296号）中有关管理费用的计算规定，绿色建筑边际建设管理费用可按决策、设计、发包、制造、建造阶段边际费用（除绿色建筑预评价费用外）和绿色建筑评价工程咨询费用之和的5%计算。本研究将绿色建筑决策阶段、设计阶段、发包、制造、建造阶段及交付阶段的边际建设管理费用记为$c_{建设管理}$。由于缺乏统一的量化标准，该部分边际费用在已有文献中往往被忽略。

3.1.5 运营阶段边际费用

运营阶段的边际费用主要是指绿色建筑新增设施设备的运行能耗费、材耗费、人工费和设施设备的维护、小修、中修、大修、更新费及BIM技术应用费用等。根据边际费用发生的周期不同，运营阶段的边际费用可以划分为年度周期费用和非年度周期费用。其中，新增设施设备的运行能耗费、材耗费、人工费、维护费、小修费和BIM技术应用费用等属于年度周期费用；新增设施设备的中修、大修、更新费属于非年度周期费用。根据边际费用的类型不同，绿色建筑运营阶段的边际费用可以采用以下公式计算：

$$\Delta c_{运营}=\sum_{p=1}^{Q_1}\sum_{s=1}^{t}c_{\mathrm{p}}(s)+\sum_{q=1}^{Q_2}\sum_{k=1}^{N_t}c_{\mathrm{q}}(k) \tag{3-4}$$

$$c_{\mathrm{p}}(s)=R_{\mathrm{p}}\left(\frac{1+r_{\mathrm{p}}}{1+i_{\mathrm{c}}}\right)^{s},\ c_{\mathrm{q}}(k)=R_{\mathrm{q}}\left(\frac{1+r_{\mathrm{q}}}{1+i_{\mathrm{c}}}\right)^{t_{\mathrm{q}}^{(k)}} \tag{3-5}$$

其中，$\Delta c_{运营}$为运营阶段的边际费用；t为绿色建筑的设计使用年限；Q_1为年度周期费用的项数；Q_2为非年度周期费用的项数；$c_{\mathrm{p}}(s)$为第p项年度周期费用在第s年的值；$c_{\mathrm{q}}(k)$为第q项非年度周期费用在第k次发生的值；N_t代表第q项非年度周期费用发生的次数；$t_{\mathrm{q}}^{(k)}$为第q项非年度周期费用在第k次发生的年度；i_{c}为折现率；R_{p}为第p项费用的初始取值；r_{p}为R_{p}的年均涨幅；R_{q}为第q项费用的初始取值；r_{q}为R_{q}的年均涨幅。

根据调研，绿色建筑信息与控制系统的维护费约为其造价的2%～4%，更新周期一般为6～8年；机械电气设备的维护费约为其造价的2%～3%，更新周期一般为8～10年。当绿色建筑在运营阶段应用BIM技术时，根据3.1.2介绍的有关内容计算BIM技术应用产生的费用。

3.1.6 拆除阶段边际费用

绿色建筑的绿色拆除对减少建筑拆除过程中产生的环境污染，实施建筑材料的回收和循环利用具有重要意义。《建筑工程绿色施工规范》GB/T 50905—2014对拆除工程的绿色施工进行了详细的规定。绿色建筑拆除阶段的边际费用主要是指因新增分部分项工程拆除施工和采取绿色施工措施而增加的拆除费用，拆除阶段边际费用的计算方法与边际建筑安装工程费用的计算方法相同，本研究将拆除阶段的边际费用记为$c_{拆除}$。

综上，绿色建筑全寿命期、全产业链、全参与主体的边际费用（c）为

$$c = c_{决策} + c_{设计} + c_{发包、制造、建造} + c_{交付} + c_{建设管理} + c_{运营} + c_{拆除} \tag{3-6}$$

其中，$c_{决策}$、$c_{设计}$、$c_{发包、制造、建造}$、$c_{交付}$、$c_{运营}$、$c_{拆除}$分别为绿色建筑决策阶段、设计阶段、发包、制造、建造阶段、交付阶段、运营阶段、拆除阶段的边际费用；$c_{建设管理}$为绿色建筑的边际建设管理费用。

3.2 全寿命期、全产业链、全参与主体边际经济效益分析

绿色建筑全寿命期、全产业链、全参与主体的边际经济效益是指绿色建筑采用的安全耐久、健康舒适、生活便利、资源节约、环境宜居等措施所带来的各项费用节约和资产增值效益，包括材料费用节约、能源费用节约、水费节约等。本研究分阶段进行边际经济效益分析。

3.2.1 决策阶段边际经济效益

绿色建筑在决策阶段采用全过程工程咨询（投资决策综合性咨询）服务，能够有效提升投资决策的科学性，从而帮助建设单位作出投资效益最大化的决策。本研究将在决策阶段采用全过程工程咨询（投资决策综合性咨询）服务引起的边际投资减少，作为绿色建筑决策阶段的边际经济效益，本研究记为$b_{决策}$。

3.2.2 发包、制造、建造阶段边际经济效益

绿色建筑发包、制造、建造阶段的边际经济效益主要包括以下两方面：①通过采用BIM技术，及时发现、解决矛盾冲突，减少工程变更造成的损失；②通过采用节能、节水建造工艺、设备或通过优化施工方案减少机械设备使用产生的机

械使用费用节约。参照公式（3-2），通过采用工程量清单法，可以计算出发包、制造、建造阶段的经济效益，本研究记为$b_{发包、制造、建造}$。

3.2.3 交付阶段边际经济效益

交付阶段的边际经济效益主要是指绿色建筑的资产增值效益。绿色建筑的资产增值效益与消费者的支付能力和支付意愿有关。Li Q W等（2018）指出消费者很少选择价格过高的绿色建筑，支付能力决定了他们能承受的住房销售价格范围。由于消费者的绿色建筑支付意愿尚未达成共识，本研究借鉴长沙市发展和改革委员会颁布的《关于明确我市成本法监制商品住房价格构成有关事项的通知》（长发改价调〔2019〕296号）中有关利润的计算规定，绿色建筑的资产增值效益可按照决策、设计、发包、制造、建造阶段边际费用（除绿色建筑预评价费用外）和绿色建筑评价工程咨询费用之和的6%～8%计算，记为$b_{支付}$。

3.2.4 运营阶段边际经济效益

运营阶段是绿色建筑产生边际经济效益的主要阶段。根据《绿色建筑评价标准》GB/T 50378—2019重构的绿色性能评价维度，本研究将运营阶段的边际经济效益划分为安全耐久性能提升效益、健康舒适性能提升效益、生活便利性能提升效益、资源节约性能提升效益、提高与创新效益。

（1）安全耐久性能提升效益

使用耐久性好的建筑部品部件、装饰装修材料能够提升绿色建筑的安全耐久性能，减少绿色建筑的后期维护费用，从而产生经济效益。假设绿色建筑分别采用了H种耐久性好的部品部件和F种耐久性好的装饰装修材料，其中第h种耐久性好的部品部件采用的初始费用为RC_h，在住房全寿命期共需更新N_h次；对应耐久性一般的部品部件采用的初始费用为RC'_h，在住房全寿命期共需更新N'_h次。第f种耐久性好的装饰装修材料采用的初始费用为RC_f，在住房全寿命期共需更新N_f次；对应耐久性一般的装饰装修材料采用的初始费用为RC'_f，在住房全寿命期共需更新N_{f}'次，则绿色建筑采用耐久性好的部品部件、装饰装修材料的经济效益现值（$b_{安全耐久}$）为：

$$b_{安全耐久}=\left[\sum_{h=1}^{H}\sum_{l'=1}^{N_{\mathrm{h}}'}RC_{\mathrm{h}}'(l')-\sum_{h=1}^{H}\sum_{l=1}^{N_{\mathrm{h}}}RC_{\mathrm{h}}(l)\right]+\left[\sum_{f=1}^{F}\sum_{k'=1}^{N_{\mathrm{f}}'}RC_{\mathrm{f}}'(k')-\sum_{f=1}^{F}\sum_{k=1}^{N_{\mathrm{f}}}RC_{\mathrm{f}}(k)\right] \quad (3\text{-}7)$$

$$RC_{\mathrm{h}}'(l')=RC_{\mathrm{h}}'\left[\frac{1+r'(h)}{1+i_{\mathrm{c}}}\right]^{t_{\mathrm{h}}^{(l')}},\ RC_{\mathrm{h}}(l)=RC_{\mathrm{h}}\left[\frac{1+r(h)}{1+i_{\mathrm{c}}}\right]^{t_{\mathrm{h}}^{(l)}} \quad (3\text{-}8)$$

$$RC_{\mathrm{f}}'(k')=RC_{\mathrm{f}}'\left[\frac{1+r'(f)}{1+i_{\mathrm{c}}}\right]^{t_{\mathrm{f}}^{(k')}},\ RC_{\mathrm{f}}(k)=RC_{\mathrm{f}}\left[\frac{1+r(f)}{1+i_{\mathrm{c}}}\right]^{t_{\mathrm{f}}^{(k)}} \quad (3\text{-}9)$$

其中，$RC_{\mathrm{h}}(l)$、$RC_{\mathrm{h}}'(l')$分别为第h种耐久性好的部品部件和对应耐久性一般的部品部件在第l次和第l'次更新的费用（元）；$RC_{\mathrm{f}}(k)$、$RC_{\mathrm{f}}'(k')$分别为第f种耐久性好的装饰装修材料和对应耐久性一般的装饰装修材料在第k次和第k'次更新的费用（元）；$r'(h)$和$r(h)$分别为RC_{h}'和RC_{h}的年均涨幅；$r'(f)$和$r(f)$分别为RC_{f}'和RC_{f}的年均涨幅；$t_{\mathrm{h}}^{(l)}$和$t_{\mathrm{h}}^{(l')}$分别为第h种耐久性好的部品部件和对应耐久性一般的部品部件在第l次和第l'次更新的年度；$t_{\mathrm{f}}^{(k)}$和$t_{\mathrm{f}}^{(k')}$分别为第f种耐久性好的装饰装修材料和对应耐久性一般的装饰装修材料在第k次和第k'次更新的年度；i_{c}为折现率。

（2）健康舒适性能提升效益

通过改善绿色建筑的光环境和热湿环境，可以有效提升绿色建筑的健康舒适性能。自然光的充分利用，能缩短绿色建筑的人工照明使用时间，从而有利于照明节能。绿色建筑主要功能房间室内热环境参数在适应性热舒适区域的时间比例的增加，或者《民用建筑室内热湿环境评价标准》GB/T 50785—2012规定的室内人工冷热源热湿环境整体评价Ⅱ级的面积比例的增加，都能减少绿色建筑的空调使用时间，从而减少绿色建筑的运行费用。因此，绿色建筑的健康舒适性能提升效益可以根据绿色建筑人工照明和空调使用的减少产生的电费节约来计算。假设绿色建筑年均因室内光环境和热湿环境改善而节约的用电量为$\Delta Q_{电耗-光、热湿环境}$，则绿色建筑的健康舒适性能提升效益现值（$b_{健康舒适}$）为：

$$b_{健康舒适}=\Delta Q_{电耗-光、热湿环境}\left[p_{电}(P/A,\ i_{\mathrm{c}},\ t)+g_{电}(P/G,\ i_{\mathrm{c}},\ t)\right] \quad (3\text{-}10)$$

其中，$p_{电}$为电价的初始价格（元/℃）；$g_{电}$为电价的年均增长额度（元/℃）；P为现值；A为年值；G为每一时间间隔支出的等差变化值；t为使用年限。

（3）生活便利性能提升效益

通过智慧运行手段，可以提升绿色建筑运行管理的便利程度。当绿色建筑基于用水远传计量系统的计量数据，使绿色建筑的用水管道漏损率低于5%时，该项便成为绿色建筑申请标识认证的加分项，且该项是《绿色建筑评价标准》GB/T 50378—2019的新增规定。假设基于用水远传计量系统的计量数据，绿色建筑的用水管道漏损率$\eta_{漏损}$<5%，则当绿色建筑的年均用水量为$Q_{用水-住房}$时，绿色建筑采用用水远传计量系统降低用水管道漏损率的经济效益现值（$b_{生活便利}$）为：

$$b_{生活便利}=\left[\frac{Q_{用水-住房}}{95\%}\left(1-\eta_{漏损}\right)-Q_{用水-住房}\right]\left[p_{水}\left(P/A,\ i_c,\ t\right)+g_{水}\left(P/G,\ i_c,\ t\right)\right] \tag{3-11}$$

其中，$p_{水}$为水价的初始价格（元/m^3）；$g_{水}$为水价的年均增长额度（元/m^3）。

（4）资源节约性能提升效益

《绿色建筑评价标准》GB/T 50378—2019通过对绿色建筑的围护结构热工性能、节能和节水设备使用、可再生能源和非传统水源利用等作出规定，推动了绿色建筑运营阶段用能、用水的减少。资源节约性能提升效益包括节能与能源利用效益、节水与水资源利用效益两个维度的7项分效益。

1）节能与能源利用效益

① 围护结构热工性能提升效益

与之前版本的绿色建筑评价标准不同，《绿色建筑评价标准》GB/T 50378—2019对不同星级绿色建筑应满足的围护结构热工性能的提高比例作出了规定。围护结构热工性能的提高，减少了绿色建筑采暖期供暖和制冷季制冷的能耗损失。《住宅项目规范》（征求意见稿）给出了不同建筑气候区住房设计的平均供暖能耗指标和平均空调能耗指标。《民用建筑能耗标准》GB/T 51161—2016明确了不同城市、不同供暖类型建筑的供暖能耗指标约束值和引导值。本研究以绿色建筑节能设计报告中参照建筑的供暖能耗指标和空调能耗指标作为基准建筑的供暖能耗指标和空调能耗指标。

当前，中国北方地区已经实施了煤改气工程，假设绿色建筑以燃气为热源进行供暖，其中绿色建筑的供暖能耗指标为$Q_{热}$［kW·h/（m^2·a）］，基准建筑的供暖能耗指标为$Q'_{热}$［kW·h/（m^2·a）］，α_{gr}为过量供热率，α_{pl}为管网热损失率，C_e为热源效率（Nm^3/GJ），天然气的价格为$p_{天然气}$（元/Nm^3），绿色建筑的建筑面积为$A_{建筑}$（m^2），则绿色建筑通过提升围护结构的热工性能减少供热燃气消耗的经济效益现值（$b_{热负荷}$）为：

$$b_{热负荷}=\frac{\left(Q'_{热}-Q_{热}\right)A_{建筑}\left(1+\alpha_{gr}\right)C_e\left[p_{天然气}\left(P/A,\ i_c,\ t\right)+g_{天然气}\left(P/G,\ i_c,\ t\right)\right]}{3.6\times10^{-3}\left(1-\alpha_{pl}\right)}$$

（3-12）

其中，$g_{天然气}$代表天然气价格的年均增长幅度。根据《民用建筑能耗标准》GB/T 51161—2016，α_{gr}=20%（区域集中供暖）、15%（小区集中供暖）、5%（分栋供暖）、0（分户供暖），α_{pl}=5%（区域集中供暖）、2%（小区集中供暖）、0（分栋分户供暖），C_e=27Nm^3/GJ。

假设绿色建筑的空调能耗指标为$Q_{冷}$［kW·h/（m^2·a）］，基准建筑的空调能耗指标为$Q'_{冷}$［kW·h/（m^2·a）］，*COP*为现行有关国家标准规定的冷源机组能源消耗效率的限值，则绿色建筑通过提升围护结构的热工性能产生的制冷经济效益现值（$b_{冷负荷}$）为：

$$b_{冷负荷}=\frac{Q'_{冷}-Q_{冷}}{COP}A_{建筑}\left[p_{电}\left(P/A,\ i_c,\ t\right)+g_{电}\left(P/G,\ i_c,\ t\right)\right] \quad (3\text{-}13)$$

综上，绿色建筑运营阶段的围护结构热工性能提升效益为$b_{热工}=b_{热负荷}+b_{冷负荷}$。

② 供暖空调系统能效提升效益

在提升围护结构热工性能的基础上，供暖空调系统能效的提升有利于提高绿色建筑供暖或制冷的效率。其中，在冷、热源机组能效提升方面，假设绿色建筑采用的冷源机组的能源消耗效率*COP'*达到能效提升幅度的要求，则绿色建筑空调系统冷源机组能效提升的经济效益现值（$b_{冷源机组能效}$）为：

$$b_{冷源机组能效}=\left(\frac{Q_{冷}}{COP}-\frac{Q_{冷}}{COP'}\right)A_{建筑}\left[p_{电}\left(P/A,\ i_c,\ t\right)+g_{电}\left(P/G,\ i_c,\ t\right)\right] \quad (3\text{-}14)$$

当绿色建筑采用小区或分栋或分户供暖时，假设现行国家标准规定的供暖系统热源机组的能源消耗效率的限值为*EER*，绿色建筑采用的热源机组的能源消耗效率EER'达到能效提升的幅度要求，则绿色建筑供暖系统热源机组能效提升的经济效益现值（$b_{热源机组能效}$）为：

$$b_{热源机组能效}=\left(\frac{Q_{热}}{EER}-\frac{Q_{热}}{EER'}\right)A_{建筑}\left[p_{电}\left(P/A,\ i_{c},\ t\right)+g_{电}\left(P/G,\ i_{c},\ t\right)\right]\tag{3-15}$$

在通风空调系统风机的单位风量耗功率降低方面，当绿色建筑设置新风机时，若与国家标准规定的空调系统风机的单位风量耗功率限值$\bar{w}_{风机}$［W/（m³/h）］相比，绿色建筑新风机单位风量耗功率的降低幅度为$\eta_{风机}$，$\eta_{风机}\geqslant 20\%$。假设新风机的年均使用时间为u_{t}（h），风量为$Q_{风机}$（m³/h），则绿色建筑新风机单位风量耗功率降低的经济效益现值（$b_{空调风机}$）为：

$$b_{空调风机}=\frac{Q_{风机}u_{t}\bar{w}_{风机}\eta_{风机}}{1000}\left[p_{电}\left(P/A,\ i_{c},\ t\right)+g_{电}\left(P/G,\ i_{c},\ t\right)\right]\tag{3-16}$$

在集中供暖系统热水循环泵、空调冷热水系统循环水泵的耗电输热比降低方面，当绿色建筑拥有集中供暖系统热水循环泵和空调冷热水系统循环水泵时，假设与国家标准的规定值$\bar{w}_{循环泵-供暖}$相比，供暖系统热水循环泵耗电输热比的降低幅度为$\eta_{循环泵-供暖}$，$\eta_{循环泵-供暖}\geqslant 20\%$，则绿色建筑集中供暖系统热水循环泵耗电输热比降低的经济效益现值（$b_{循环泵-供暖}$）为：

$$b_{循环泵-供暖}=Q_{热}A_{建筑}\bar{w}_{循环泵-供暖}\eta_{循环泵-供暖}\left[p_{电}\left(P/A,\ i_{c},\ t\right)+g_{电}\left(P/G,\ i_{c},\ t\right)\right]\tag{3-17}$$

假设与国家标准的规定值$\bar{w}_{循环水泵-空调}$相比，空调冷热水系统循环水泵耗电输热比的降低幅度为$\eta_{循环水泵-空调}$，$\eta_{循环水泵-空调}\geqslant 20\%$，则绿色建筑空调冷热水系统循环水泵耗电输热比降低的经济效益现值（$b_{循环水泵-空调}$）为：

$$b_{循环水泵-空调}=Q_{冷}A_{建筑}\bar{w}_{循环水泵-空调}\eta_{循环水泵-空调}\left[p_{电}\left(P/A,\ i_{c},\ t\right)+g_{电}\left(P/G,\ i_{c},\ t\right)\right]\tag{3-18}$$

综上，绿色建筑运营阶段的供暖空调系统能效提升效益为$b_{供暖空调}=b_{冷源机组能效}+b_{热源机组能效}+b_{空调风机}+b_{循环泵-供暖}+b_{循环水泵-空调}$。

③ 节能型电气设备及节能控制效益

降低主要功能房间的照明功率密度值和采用节能型电气设备，可以减少绿色建筑的电气设备能耗。根据《建筑照明设计标准》GB 50034—2013，起居室、卧室、餐厅、厨房、卫生间的照明功率密度值的目标值为5W/m²。假设绿色建筑起居室、卧室、餐厅、厨房、卫生间不同房间的月均照明小时数为$T_{照明}^{\varepsilon}$、建筑面积为$a_{建筑}^{\varepsilon}(\varepsilon=1,2,\cdots\cdots,5)$，当绿色建筑起居室、卧室、餐厅、厨房、卫生间不同房间的照明功率密度值LPD_{ε}小于5W/m²时，绿色建筑主要功能房间照明功率密度值降低的经济效益现值（$b_{照明功率}$）为：

$$b_{照明功率}=\sum_{\varepsilon=1}^{5}\frac{12}{1000}(5-LPD_{\varepsilon})T_{\varepsilon}a_{建筑}^{\varepsilon}\left[p_{电}\left(P/A,\ i_{c},\ t\right)+g_{电}\left(P/G,\ i_{c},\ t\right)\right] \quad (3\text{-}19)$$

其中，根据《建筑碳排放计算标准》GB/T 51366—2019中关于建筑物运行特征的有关规定，住房起居室、卧室、餐厅、厨房、卫生间的月均照明小时数分别为165h、135h、75h、96h、165h。

在节能型电气设备使用方面，假设绿色建筑采用了V种节能型电气设备，其中第v种节能型电气设备的能效指数为$\eta_{电气设备}$、节能评价值为$\bar{\eta}_{电气设备}$，$\eta_{电气设备}>\bar{\eta}_{电气设备}$。假设第$v$种节能型电气设备的年均能耗为$Q_{电耗}^{v}$，则绿色建筑采用节能型电气设备的经济效益现值（$b_{节能设备}$）为：

$$b_{节能设备}=\sum_{v=1}^{V}\left(\frac{\eta_{电气设备}}{\bar{\eta}_{电气设备}}-1\right)Q_{电耗}^{v}\left[p_{电}\left(P/A,\ i_{c},\ t\right)+g_{电}\left(P/G,\ i_{c},\ t\right)\right] \quad (3\text{-}20)$$

综上，绿色建筑运营阶段的节能型电气设备及节能控制效益为$b_{电气设备节能}=b_{照明功率}+b_{节能设备}$。

④ 可再生能源利用效益

通过利用可再生能源，可以减少一次能源使用，从而实现节能效益。根据《建筑碳排放计算标准》GB/T 51366—2019，可再生能源系统主要包括太阳能热水系统、光伏系统、地源热泵系统、风力发电系统等。当绿色建筑拥有太阳能热水系统、光伏系统、地源热泵系统、风力发电系统时，绿色建筑年均采用太阳能热水系统所节约的电耗（$Q_{光热}$）为：

$$Q_{光热}=\frac{A_{集热器}J_{辐照量}\left(1-\eta_{热损失}\right)\eta_{集热}}{3.6} \quad (3\text{-}21)$$

其中，$A_{集热器}$为太阳集热器面积（m²）；$J_{辐照量}$为太阳集热器采光面上的年平均太阳辐照量（MJ/m²）；$\eta_{热损失}$为管路和储热装置的热损失率（%）；$\eta_{集热}$为基于总面积的集热器平均集热效率（%）。

绿色建筑年均采用光伏系统所节约的电耗（$Q_{光电}$）为：

$$Q_{光电}=I_{辐射}\varsigma_{转换}\left(1-\varsigma_{损失}\right)A_{面板} \tag{3-22}$$

其中，$I_{辐射}$为光伏电池表面的年太阳辐射强度（kW · h/m²）；$\varsigma_{转换}$为光伏电池的转换效率（%）；$\varsigma_{损失}$为光伏系统的损失效率（%）；$A_{面板}$为光伏系统光伏面板净面积（m²）。

绿色建筑年均采用地源热泵制冷所节约的电耗（$Q_{地源热泵-制冷}$）为：

$$Q_{地源热泵-制冷}=\frac{G_{制冷}\times C_{p}\times \Delta t_{e}}{3600}\Bigg/\left(\frac{COP+1}{COP}\right) \tag{3-23}$$

其中，$G_{制冷}$为夏季制冷所耗费的地下水量（kg）；C_p为水的定压比热［kJ/（kg · K）］；Δt_e为换热器的进出水温差（K）；COP为热泵机组夏季制冷的性能系数。

绿色建筑年均采用地源热泵采暖所节约的能耗（$Q_{地源热泵-采暖}$）为：

$$Q_{地源热泵-采暖}=\frac{G_{采暖}\times C_{p}\times \Delta t_{e}}{3600}\Bigg/\left(\frac{EER-1}{EER}\right) \tag{3-24}$$

其中，$G_{采暖}$为冬季采暖所耗费的地下水量（kg）；EER为热泵机组冬季制热的性能系数。

绿色建筑年均采用风力发电所节约的电耗（$Q_{风力}$）为：

$$Q_{风力}=0.5\rho C_{R}\left(z\right)S_{0}^{3}A_{w}\rho\frac{K_{WT}}{1000} \tag{3-25}$$

$$C_{R}\left(z\right)=K_{R}\ln\left(z/z_{0}\right) \tag{3-26}$$

$$A_{W}=5D^{2}/4 \tag{3-27}$$

$$EPF=\frac{APD}{0.5\rho S_{0}^{3}} \tag{3-28}$$

$$APD=\frac{\sum_{i=1}^{8760}0.5\rho S_{i}^{3}}{8760} \tag{3-29}$$

其中，ρ为空气密度，取1.225kg/m³；$C_R(z)$为依据高度计算的粗糙系数；K_R为场地因子；z为风机高度粗糙系数；z_0为地表粗糙系数；S_0为年可利用平均风速（m/s）；A_w为风机叶片迎风面积；D为风机叶片直径（m）；EPF为根据典型气象年数据中逐时风速计算出的因子；APD为年平均能量密度（W/m^2）；S_i为逐时风速（m/s）；K_{WT}为风力发电机组的转换效率。

综上，绿色建筑运营阶段可再生能源利用效益（$b_{可再生能源}$）为：

$$b_{可再生能源}=\left(Q_{光热}+Q_{光电}+Q_{地源热泵-制冷}+Q_{地源热泵-采暖}+Q_{风力}\right)\times \left[p_{电}\left(P/A,\ i_c,\ t\right)+g_{电}\left(P/G,\ i_c,\ t\right)\right] \tag{3-30}$$

绿色建筑运营阶段的节能与能源利用效益为$b_{节能与能源利用}=b_{热工}+b_{供暖空调}+b_{电气设备节能}+b_{可再生能源}$。

2）节水与水资源利用效益

① 节水卫生器具使用效益

使用较高用水效率等级的卫生器具，可以减少卫生器具的用水消耗，从而产生节水经济效益。假设绿色建筑采用了U种较高用水效率等级的卫生器具，其中第μ种器具的使用数量为$Q^{\mu}_{器具}$，在标准测定条件下的流量值为$\eta^{\mu}_{节水}$，年均耗水量为$Q^{\mu}_{水耗-器具}$。若现行国家标准规定的第μ种卫生器具用水效率的限定值为$\overline{\eta}^{\mu}_{节水}$，则绿色建筑采用较高用水效率等级卫生器具的经济效益现值（$b_{节水器具}$）为：

$$b_{节水器具}=\left[\sum_{\mu=1}^{U}Q^{\mu}_{水耗-器具}\left(\frac{\overline{\eta}^{\mu}_{节水}}{\eta^{\mu}_{节水}}-1\right)Q^{\mu}_{器具}\right]\left[p_{水}\left(P/A,\ i_c,\ t\right)+g_{水}\left(P/G,\ i_c,\ t\right)\right] \tag{3-31}$$

② 绿化灌溉及空调冷却水系统节水效益

采用节水灌溉系统或带有节水设备或技术的空调冷却水系统，可以减少绿色建筑的绿化灌溉用水或空调冷却水系统用水，从而产生节水经济效益。在绿化灌溉用水方面，《民用建筑节水设计标准》GB 50555—2010规定了浇洒草坪、绿化的年均灌水定额，为绿化节水灌溉提供了定额参考，具体见表3-10。

浇洒草坪、绿化的年均灌水定额［m^3/（m^2·a）］　　表3-10

草坪种类	灌水定额		
	特级养护	一级养护	二级养护
冷季型	0.66	0.50	0.28
暖季型	—	0.28	0.12

此外，《建筑给水排水设计标准》GB 50015—2019规定，绿化浇灌用水定额

应根据气候条件、植物种类等综合确定；当无相关资料时，小区绿化浇灌最高日用水定额可按浇灌面积1.0L/（m^2·d）~3.0L/（m^2·d）计算，干旱地区可酌情增加。本研究取2.0L/（m^2·d）作为绿化普通灌溉的用水定额。

当绿色建筑采用节水灌溉设备时，假设绿色建筑的绿化面积为$A_{绿化}$，年均绿化浇灌天数为$d_{绿化}$，灌溉设备的节水率为$\eta_{灌溉设备}$，则绿色建筑采用节水灌溉系统的经济效益现值（$b_{节水灌溉}$）为：

$$b_{节水灌溉}=\frac{2A_{绿化}d_{绿化}}{1000}\eta_{灌溉设备}\left[p_{水}\left(P/A,\ i_c,\ t\right)+g_{水}\left(P/G,\ i_c,\ t\right)\right] \quad (3\text{-}32)$$

在空调冷却水系统节水方面，根据《建筑给水排水设计标准》GB 50015—2019，民用建筑空调冷却水系统的补充水量（$q_{补水}$）应按冷却水循环水量的1%~2%确定，具体按下式计算：

$$q_{补水}=q_{蒸发}\frac{N_n}{N_n-1} \quad (3\text{-}33)$$

其中，$q_{蒸发}$为冷却水系统的蒸发损失水量；N_n为浓缩倍数。

当绿色建筑采用配备冷却水系统的中央空调且冷却水系统采用了节水设备或技术时，假设该冷却水系统每年的运行天数为$d_{冷却塔}$，每天的运行时间为$T_{冷却塔}$（h）。与普通冷却水系统相比，该冷却水系统每小时节约的补充水量为$\Delta q_{补充}$，则绿色建筑采用带有节水设备或技术的空调冷却水系统的经济效益现值（$b_{冷却塔}$）为：

$$b_{冷却塔}=\Delta q_{补水}T_{冷却塔}\left[p_{水}\left(P/A,\ i_c,\ t\right)+g_{水}\left(P/G,\ i_c,\ t\right)\right] \quad (3\text{-}34)$$

综上，绿色建筑运营阶段的绿化灌溉及空调冷却水系统节水效益为$b_{灌溉和空调系统节水}=b_{节水灌溉}+b_{冷却塔}$。

③ 非传统水源利用效益

利用非传统水源能够提高水资源的循环利用率，从而实现节水经济效益。绿色建筑的非传统水源利用主要包括雨水利用和中水回用两方面。根据公式（3-35），绿色建筑的雨水年径流总量（$Q_{径流总量}$）为：

$$Q_{径流总量}=10\Psi_c h_a C_c \quad (3\text{-}35)$$

其中，Ψ_c为雨水径流系数（屋面取值0.9~1.0，级配碎石路面取值0.45，绿地取值0.15）；h_a为常年降雨厚度；C_c为计算汇水面积。

绿色建筑的年可用雨水总量（$Q_{雨水}$）为：

$$Q_{雨水}=\eta_{季节}\eta_{弃流}Q_{径流总量} \tag{3-36}$$

其中，$\eta_{季节}$为季节折减系数；$\eta_{弃流}$为初期雨水弃流系数。

假设绿色建筑年均回用的中水水量为$Q_{中水}$，则绿色建筑运营阶段利用非传统水源的经济效益现值（$b_{非传统水源}$）为：

$$b_{非传统水源}=\left(Q_{雨水}+Q_{中水}\right)\times\left[p_{水}\left(P/A,\ i_c,\ t\right)+g_{水}\left(P/G,\ i_c,\ t\right)\right] \tag{3-37}$$

综上，绿色建筑运营阶段的节水与水资源利用效益为$b_{节水与水资源利用}=b_{节水器具}+b_{灌溉和空调系统节水}+b_{非传统水源}$；绿色建筑运营阶段的资源节约性能提升效益为$b_{资源节约}=b_{节能与能源利用}+b_{节水与水资源利用}$。

（5）提高与创新效益

根据《绿色建筑评价标准》GB/T 50378—2019提高与创新部分的规定，此处的提高与创新效益主要是指BIM技术应用效益。根据对中国某知名物业服务企业的调研，对设施设备智能化管理可以减少25%的运维人员、减少20%的维修库存成本、降低15%的使用能耗、降低15%的设备故障率。绿色建筑运营阶段应用BIM技术的经济效益可以参照以上数据进行计算，本研究记为$b_{提高与创新}$。

综上，绿色建筑运营阶段的经济效益（$b_{运营}$）为：

$$b_{运营}=b_{安全耐久}+b_{健康舒适}+b_{生活便利}+b_{资源节约}+b_{提高与创新} \tag{3-38}$$

3.2.5 拆除阶段边际经济效益

拆除阶段的边际经济效益主要是指回收拆除物产生的经济效益。若绿色建筑在寿命期末回收拆除物的经济效益为$B'_{拆除}$，则其现值（$b_{拆除}$）为：

$$b_{拆除}=B'_{拆除}\left(P/F,\ i_c,\ t\right) \tag{3-39}$$

综上，绿色建筑全寿命期、全产业链、全参与主体的边际经济效益（b）为：

$$b=b_{决策}+b_{发包、制造、建造}+b_{交付}+b_{运营}+b_{拆除} \tag{3-40}$$

其中，$b_{决策}$、$b_{发包、制造、建造}$、$b_{交付}$、$b_{运营}$、$b_{拆除}$分别为绿色建筑决策阶段、发包、制造、建造阶段、交付阶段、运营阶段、拆除阶段的边际经济效益。

3.3 全寿命期、全产业链、全参与主体边际环境效益分析

绿色建筑全寿命期、全产业链、全参与主体的边际环境效益是指绿色建筑采用的安全耐久、健康舒适、生活便利、资源节约、环境宜居等措施带来的碳、大气污染物、水污染物减排效益及边际释氧效益。已有文献在量化绿色建筑全寿命期、全产业链、全参与主体的边际环境效益时，往往忽视了绿色建筑因新增材料、设备使用、增量建筑安装工程施工和新增设备运行等产生的碳、大气污染物、水污染物排放的增加，使得绿色建筑边际环境效益的量化不精确。因此，本研究将绿色建筑全寿命期、全产业链、全参与主体的边际环境效益定义为净效益。2021年7月16日，中国启动了全国碳排放权交易市场。由于碳减排效益可以通过市场价格反映，因此本研究采用市场交易价格法量化绿色建筑的碳减排效益。2018年1月1日，中国正式开征环保税，同时明确规定了大气污染物、水污染物的征税标准。由于大气污染物、水污染物的减排效益不能通过市场价格反映，因此本研究采用假设成本法，根据大气污染物和水污染物的环保税适用税额来量化绿色建筑的大气污染物和水污染物减排效益。针对绿色建筑新增绿地带来的边际释氧效益，本研究采用市场交易价格法，根据工业制氧的价格来量化绿色建筑新增绿地带来的边际释氧效益。此外，针对绿色建筑全寿命期、全产业链、全参与主体引起的碳、大气污染物和水污染物的减排量和边际释氧量，本研究采用因子分析法进行计算。

3.3.1 碳减排效益

根据《中国建筑能耗研究报告（2020）》，2018年中国建筑全寿命期的能耗总量为21.47亿tce，占当年中国能源消费总量的46.5%。其中，建筑全寿命期不同阶段的能耗及其占比情况如图3-1所示。因此，推动建筑绿色发展已经成为中国

加快实现碳达峰、碳中和目标的重要举措。《绿色建筑评价标准》GB/T 50378—2019共有48个评价指标，其中29个与碳减排相关，占比超过60%。通过对围护结构热工性能、建筑电气化、可再生能源利用率、设备和系统能效、节水效率、绿化固碳效果等进行规定，《绿色建筑评价标准》GB/T 50378—2019促使绿色建筑的碳排放强度刚性降低。中国建筑科学研究院有限公司副总经理在2021年第十四届建筑物理学术大会上指出，绿色居住建筑的碳排放量为14.13kgCO_2/（m^2·a），比全国平均值29.02kgCO_2/（m^2·a）低51.3%。

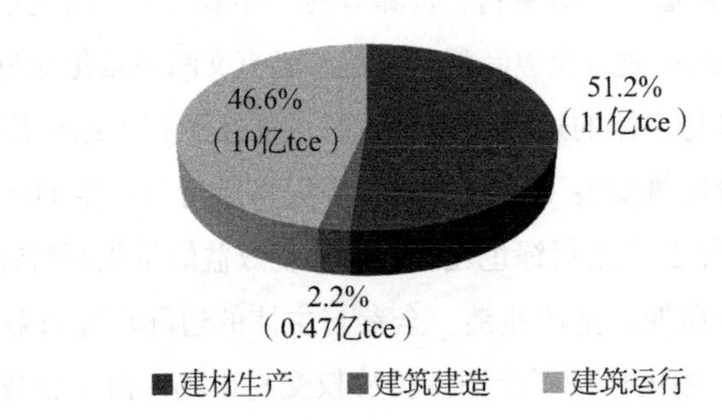

图 3-1　2018 年建筑全寿命期不同阶段的能源消耗及占比

绿色建筑的碳减排效益主要体现在制造阶段、建造阶段、运营阶段、拆除阶段，而已有文献对运营阶段的碳减排效益关注较多，对其他阶段的碳减排效益关注较少。本研究将分阶段对绿色建筑的碳减排效益进行分析。

（1）制造阶段的碳净减排效益

制造阶段的碳净减排效益主要是由绿色建筑减少建材消耗、选用利废建材和绿色建材、就近取材等引起的。其中，在减少建材消耗方面，绿色建筑造型简约化、采用土建工程与装修工程一体化设计及施工、进行全装修、选用符合工业化建造要求的部品和构件等均能减少建材消耗。有关数据表明，当采用装配式技术时，可节约50%的施工材料。根据《建筑碳排放计算标准》GB/T 51366—2019，建材消耗减少引起的碳减排包括建材生产减少引起的碳减排和建材运输减少引起的碳减排两方面。假设绿色建筑在制造阶段共减少了 n 种建材的采购，其中第 i 种建材的采购量减少为 M_i，则绿色建筑建材消耗减少引起的碳净减排效益（C_{je}）为：

$$C_{\mathrm{jc}}=\sum_{i=1}^{n}\left(M_iF_i+M_i'D_iT_i\right) \tag{3-41}$$

其中，F_i为第i种建材的碳排放因子（$kgCO_2e$/单位建材数量），涵盖了建材生产所用原材料的开采、运输、生产过程和建材生产过程的碳排放量；M_i'为减少采购的第i种建材的重量；D_i为第i种建材的运输距离；T_i为在第i种建材的运输方式下，单位重量运输距离的碳排放因子［$kgCO_2e$/（t · km）］，涵盖了建材从生产地到建造现场运输过程的直接碳排放量和运输过程所耗能源生产过程的碳排放量。F_i、T_i根据《建筑碳排放计算标准》GB/T 51366—2019取值。

在利废建材、绿色建材选用方面，选用利废建材、绿色建材可通过减少建材生产的原材料消耗量减少建材生产的碳排放量。根据《建筑碳排放计算标准》GB/T 51366—2019，当建材使用低价值废料作为生产材料时，则忽略其上游过程的碳过程；当使用其他再生原料时，则按其所替代初生原料的碳排放的50%计算。假设绿色建筑分别使用了X种利废建材和Y种绿色建材，其中第x种利废建材和第y种绿色建材的使用量分别为M_x、M_y。与普通建材相比，第x种利废建材和第y种绿色建材的碳排放因子分别减小ΔF_x（$kgCO_2e$/单位建材数量）和ΔF_y（$kgCO_2e$/单位建材数量），则绿色建筑选用利废建材和绿色建材的碳净减排效益（$C_{\mathrm{lf\text{-}ls}}$）为：

$$C_{\mathrm{lf\text{-}ls}}=\sum_{x=1}^{X}M_x\Delta F_x+\sum_{y=1}^{Y}M_y\Delta F_y \tag{3-42}$$

在就近取材方面，采用本地化的建材能够减少建材的运输距离，从而减少建材运输的碳排放量。假设在500km以内生产的建材重量占建材总重量的比例达到60%的基础上，绿色建筑还采用了Z种生产场地在建造现场500km以内的建材，则绿色建筑就近取材的碳净减排效益（C_{jj}）为：

$$C_{\mathrm{jj}}=\sum_{z=1}^{Z}M_z'\left(500-D_z\right)T_z \tag{3-43}$$

其中，M_z'为第z种建材的重量（t）；D_z为第z种建材的运输距离（km）；T_z为在第z种建材运输方式下，单位重量运输距离的碳排放因子［$kgCO_2e$/（t · km）］。

此外，为提高绿色建筑的绿色性能，绿色建筑会新增或更新部分建材的使用，例如使用高强建材、加厚保温板等。更新建材使用可能会减少建材生产的碳排放量，也可能会增加建材生产的碳排放量。假设绿色建筑更新了J种建材的使用，绿色建筑更新建材使用的碳净减排效益（C_{gx}）为：

$$C_{gx} = \sum_{j=1}^{J}\left(M_j F_j - M_{j'} F_{j'}\right) \quad (3\text{-}44)$$

其中，M_j为第j种更新建材的使用量；F_j为第j种更新建材的碳排放因子（$kgCO_2e$/单位建材数量）；$M_{j'}$为第j种初始建材的使用量；$F_{j'}$为第j种初始建材的碳排放因子（$kgCO_2e$/单位建材数量）。

绿色建筑新增建材使用的碳排放量可参照公式（3-41）计算，本研究将其记为ΔC_{xz}。除新增建材使用外，绿色建筑还会新增有关设备使用，而《建筑碳排放计算标准》GB/T 51366—2019及有关文献对不同设备生产的碳排放因子却未涉及。因此，本研究根据万元国内生产总值标准煤消耗量来测算绿色建筑新增设备使用引起的碳排放负效益（C_{sp}），具体公式如下：

$$C_{sp} = vb\left(F_{sc} + \frac{\eta_{zh}}{1000} F_{rs}\right) \quad (3\text{-}45)$$

其中，v为新增设备的价格（万元）；b为万元国内生产总值标准煤消耗量（t）；F_{sc}为标准煤的燃烧碳排放系数，取2.493t/t；η_{zh}为标准煤与原煤的折算系数；F_{rs}为原煤开采的碳排放系数（kg/t）。根据《中国能源统计年鉴2018》，b取0.57t/万元，η_{zh}取1.4kg/kgce；根据《IPCC 2006年国家温室气体清单指南 2019修订版》，F_{rs}取均值10.856kg/t。由于之前缺乏有关数据，已有文献多忽略了煤炭生产阶段的碳减排，新修订的《IPCC 2006年国家温室气体清单指南 2019修订版》新增了有关数据，因此本研究对此进行补充。

综上，绿色建筑制造阶段的碳净减排效益（$C_{tjp\text{-}zz}$）为：

$$C_{tjp\text{-}zz} = \left(\frac{C_{jc} + C_{lf\text{-}ls} + C_{jj} + C_{gx} - \Delta C_{xz}}{1000} - C_{sp}\right) p_{碳} \quad (3\text{-}46)$$

其中，$p_{碳}$为碳价。2021年7月16日，中国碳排放权交易正式启动，交易首日的成交均价为51.23元/t。本研究将$p_{碳}$取为51.23元/t。

（2）建造阶段的碳净减排效益

建造阶段的碳净减排效益是由绿色建筑采用绿色施工措施减少建造用能、用水消耗及施工机械、机具使用等引起的。其中，在减少建造用能方面，通过实施建造工艺节能、机械设备节能、临时设施节能等均可以减少能源生产、消耗产生的碳排放。根据《建筑碳排放计算标准》GB/T 51366—2019，假设绿色建筑在建造阶段通过采用绿色施工措施减少了U种能源的消耗，其中第μ种能源的消耗量减少为$\Delta Q^{\mu}_{能耗-建造}$（kg或kW·h），则绿色建筑在建造阶段减少用能消耗的碳净减排效益（C_{jn-jz}）为：

$$C_{jn-jz}=\sum_{\mu=1}^{U}\Delta Q^{\mu}_{能耗-建造}F'_{\mu} \tag{3-47}$$

其中，F'_{μ}为第μ种能源的碳排放因子［$kgCO_2/kg$或$kgCO_2/(kW\cdot h)$］，包含第μ种能源生产、燃烧的碳排放量。其中，第μ种能源生产的碳排放量可根据《IPCC 2006年国家温室气体清单指南　2019修订版》取值，第μ种能源燃烧的碳排放可根据《建筑碳排放计算标准》GB/T 51366—2019取值。当μ为电时，根据《民用建筑能耗标准》GB/T 51161—2016，中国平均火力供电标准煤耗为0.320kgce/（kW·h），参照公式（3-45），根据标准煤生产、燃烧的碳排放因子，$F'_{电}$取0.803$kgCO_2$/（kW·h）。

在减少建造用水方面，城镇住房建造阶段的用水主要为自来水。通过减少建造阶段的生产、生活用水并利用非传统水源，可以减少城市自来水生产、供应的碳排放。假设绿色建筑在建造阶段通过采用绿色施工措施减少了$\Delta Q_{水耗-建造}$（t）的自来水用水量，则绿色建筑在建造阶段减少自来水用水量的碳净减排效益（C_{js-jz}）为：

$$C_{js-jz}=\Delta Q_{水耗-建造}F_{自来水} \tag{3-48}$$

其中，$F_{自来水}$为自来水的碳排放因子（$kgCO_2e/t$）。根据《建筑碳排放计算标准》GB/T 51366—2019，$F_{自来水}$取0.168$kgCO_2e/t$。

在施工机械、机具使用减少方面，通过优化绿色建筑建造方案，可以有效减少施工机械的台班消耗量和小型施工机具的能源消耗，从而减少施工机械、机具使用产生的碳排放。假设绿色建筑通过优化施工方案减少了V种施工机械的使用，其中第υ种施工机械的台班消耗量减少为ΔT_{υ}，绿色建筑在建造阶段减少施工机械、机具使用引起的碳净减排效益（C_{jx-js}）为：

$$C_{jx-js}=\sum_{\upsilon=1}^{V}\Delta T_{\upsilon}R_{\upsilon}F'_{\upsilon}+\Delta E_{jj,i}F'_{电} \tag{3-49}$$

其中，R_{υ}为第υ种施工机械单位台班的能源用量［kg/（kW·h）］；F'_{υ}为第υ种施工机械所消耗能源的碳排放因子［$kgCO_2/kg$或$kgCO_2$/（kW·h）］，取值规定与公式（3-47）的有关规定相同；$\Delta E_{jj,i}$为小型施工机具的能源消耗量减少（kW·h）。

此外，为提高绿色建筑的绿色性能，绿色建筑新增了有关分部分项工程项目和措施项目，从而增加了施工机械、机具使用产生的碳排放，该部分碳减排负效益可参照公式（3-49）计算，本研究将其记为$C_{\text{jx-xz}}$。

综上，绿色建筑建造阶段的碳净减排效益（$E_{\text{tjp-jz}}$）为：

$$E_{\text{tjp-jz}}=\left(\frac{C_{\text{jn-jz}}+C_{\text{js-jz}}+C_{\text{jx-js}}-C_{\text{jx-xz}}}{1000}\right)p_{碳} \tag{3-50}$$

（3）运营阶段的碳净减排效益

运营阶段的碳净减排效益源于绿色建筑运营阶段的维护减少、用能消耗减少、用水消耗减少、绿地碳汇等。其中，在维护减少方面，采用耐久性好的部品部件和装饰装修材料可以延长部品部件和装饰装修材料的使用寿命，从而减少绿色建筑运营阶段维护产生的碳排放。结合公式（3-7），绿色建筑运营阶段维护减少引起的碳净减排效益现值（$E_{\text{jc-yy}}$）为：

$$E_{\text{jc-yy}}=\left[\sum_{h=1}^{H}\sum_{l'=1}^{N'_h}CC'_{\text{h}}p_{碳}(l')-\sum_{h=1}^{H}\sum_{l=1}^{N_h}CC_{\text{h}}p_{碳}(l)\right]+\left[\sum_{f=1}^{F}\sum_{k'=1}^{N'_f}CC'_{\text{f}}p_{碳}(k')-\sum_{f=1}^{F}\sum_{k=1}^{N_f}CC_{\text{f}}p_{碳}(k)\right] \tag{3-51}$$

$$p_{碳}(l')=\frac{p_{碳}+t_{\text{h}}^{(l')}g_{碳}}{(1+i_{\text{c}})^{t_{\text{h}}^{(l')}}},\ p_{碳}(l)=\frac{p_{碳}+t_{\text{h}}^{(l)}g_{碳}}{(1+i_{\text{c}})^{t_{\text{h}}^{(l)}}} \tag{3-52}$$

$$p_{碳}(k')=\frac{p_{碳}+t_{\text{f}}^{(k')}g_{碳}}{(1+i_{\text{c}})^{t_{\text{f}}^{(k')}}},\ p_{碳}(k)=\frac{p_{碳}+t_{\text{f}}^{(k)}g_{碳}}{(1+i_{\text{c}})^{t_{\text{f}}^{(k)}}} \tag{3-53}$$

其中，CC_{h}和CC'_{h}分别为第h种耐久性好的部品部件和对应耐久性一般的部品部件更新一次产生的碳排放，CC_{f}和CC'_{f}分别为第f种耐久性好的装饰装修材料和对应耐久性一般的装饰装修材料更新一次产生的碳排放，以上碳排放均包括部品部件或装饰装修材料生产和运输产生的碳排放，具体可根据公式（3-41）计算。$p_{碳}(l')$、$p_{碳}(l)$分别为耐久性好的部品部件和对应耐久性一般的部品部件在第l'次和第l次更新的碳价。$p_{碳}(k')$和$p_{碳}(k)$分别为耐久性好的装饰装修材料和对应耐久性一般的装饰装修材料在第k'次和k次更新的碳价。$g_{碳}$为碳价的年均增长额度。$t_h^{(l')}$、$t_h^{(l)}$、$t_f^{(k')}$、$t_f^{(k)}$的含义与公式（3-8）、（3-9）中的相同。

在减少用能消耗方面，绿色建筑通过提高围护结构热工性能、提升供暖空调系统能效、采用节能型电气设备、利用可再生能源等，减少了城市电力和供暖天然气生产、消耗产生的碳排放。根据3.1.5的有关内容，可得绿色建筑运营阶段年均节约的用电量和供暖天然气量。基于此，参照公式（3-47），可得绿色建筑运营阶段年均能源消耗减少产生的碳减排量，本研究将其记为C_{jn-yy}。绿色建筑运营阶段能源消耗减少产生的碳净减排效益现值（E_{jn-yy}）为：

$$E_{jn-yy}=C_{jn-yy}\left[p_{碳}\left(P/A,\ i_c,\ t\right)+g_{碳}\left(P/G,\ i_c,\ t\right)\right] \tag{3-54}$$

在减少用水消耗方面，绿色建筑通过采用节水型设备、器具及利用非传统水源等，减少了绿色建筑运营阶段的用水消耗，从而减少了城市自来水生产和供应产生的碳排放。根据公式（3-11）、（3-31）~（3-37），可得绿色建筑运营阶段年均节约的用水量。在此基础上，参照公式（3-48），可得绿色建筑运营阶段年均用水减少产生的碳减排量，本研究将其记为C_{js-yy}。绿色建筑运营阶段用水减少产生的碳净减排效益现值（E_{js-yy}）为：

$$E_{js-yy}=C_{js-yy}\left[p_{碳}\left(P/A,\ i_c,\ t\right)+g_{碳}\left(P/G,\ i_c,\ t\right)\right] \tag{3-55}$$

在绿地碳汇方面，绿地具有良好的固碳效应，提高绿地率是增加绿色建筑生态碳汇的重要举措。殷文枫等（2018）指出，1m²佛甲草屋顶绿化每年可吸收CO_2 1.77kg。假设绿色建筑绿地率的规划指标为$\bar{\theta}_{绿地}$，实际绿地率为$\theta_{绿地}$，$\theta_{绿地}\geqslant 1.05\bar{\theta}_{绿地}$（$\theta_{绿地}\geqslant 1.05\bar{\theta}_{绿地}$是绿色建筑评价的加分项），则绿色建筑运营阶段因提高绿地率而年均增加的碳汇（ΔC_{ld-yy}）为：

$$\Delta C_{ld-yy}=A_{用地}\left(\theta_{绿地}-1.05\bar{\theta}_{绿地}\right)F_p\left[p_{碳}\left(P/A,\ i_c,\ t\right)+g_{碳}\left(P/G,\ i_c,\ t\right)\right] \tag{3-56}$$

其中，$A_{用地}$为绿色建筑的用地面积（m^2）；F_p为绿地的年均固碳量［kg/（$m^2\cdot a$）］。根据已有文献，不同类型绿地的F_p的取值见表3-11。

不同类型绿地的固碳量 表3-11

<table>
<tr><th colspan="2">绿地类型</th><th>固碳量[kg/(m²·a)]</th><th>绿地类型</th><th>固碳量[kg/(m²·a)]</th></tr>
<tr><td colspan="2">生态复层</td><td>1200</td><td>灌木</td><td>300</td></tr>
<tr><td rowspan="3">乔木</td><td>阔叶大乔木</td><td>900</td><td>多年生蔓藤</td><td>100</td></tr>
<tr><td>阔叶小乔木、针叶乔木、疏叶乔木</td><td>600</td><td>草坪</td><td>20</td></tr>
<tr><td>棕榈类</td><td>400</td><td></td><td></td></tr>
</table>

此外，假设绿色建筑的新增设备因运行耗电而引起的碳减排负效益现值为E_{sbyx}。同时，为维持绿色建筑的高性能，在绿色建筑的新增设备达到寿命期后，需对其进行更新。设备更新引起的设备生产和运输的碳排放可参照公式（3-45）计算，本研究将绿色建筑运营阶段因更新新增设备而产生的碳减排负效益现值记为E_{sbgx}。

综上，绿色建筑运营阶段的碳净减排效益现值为$E_{tjp-yy}=E_{jc-yy}+E_{jn-yy}+E_{js-yy}-E_{sbyx}-E_{sbgx}$。

（4）拆除阶段的碳净减排效益

拆除阶段的碳净减排效益主要源于建材回收等方面。根据《建筑碳排放计算标准》GB/T 51366—2019，建筑拆除阶段产生的可再生建筑废料，按其可替代初生原料碳排放的50%计算，并从建筑碳排放中扣除。由产生可再生建筑废料引起的碳减排量可参照公式（3-42）计算，本研究将该部分碳净减排效益现值记为E_{fl-cc}。此外，由于绿色建筑新增了有关分部分项工程项目，绿色建筑拆除会增加施工机械、机具的使用，从而增加绿色建筑拆除产生的碳排放。绿色建筑拆除产生的新增碳排放量可参照公式（3-49）计算，本研究将该部分新增碳排放引起的碳减排负效益现值记为E_{jx-cc}。因此，绿色建筑拆除阶段的碳净减排效益现值为$E_{tjp-cc}=E_{fl-cc}-E_{jx-cc}$。

综上，绿色建筑全寿命期、全产业链、全参与主体的碳减排效益（E_{tjp}）为：

$$E_{tjp}=E_{tjp-zz}+E_{tjp-jz}+E_{tjp-yy}+E_{tjp-cc} \tag{3-57}$$

其中，E_{tjp-zz}、E_{tjp-jz}、E_{tjp-yy}、E_{tjp-cc}分别为绿色建筑制造阶段、建造阶段、运营阶段、拆除阶段的碳净减排效益。

3.3.2 大气污染物、水污染物减排效益

除产生碳减排效益外，绿色建筑减少建材、用能、用水消耗等还会产生大气污染物、水污染物减排效益。当前，中国环保税应税污染物包含了SO_2、NO_x、CO等44种大气污染物和化学需氧量、石油类等61种水污染物，其中大气污染物的税额幅度为每污染当量1.2～12元，水污染物的税额幅度为每污染当量1.4～14元，不同地区在税额幅度范围内制定本地区的环保税适用税额。当前，京津冀及周边地区制定的适用税额较高，西部地区制定的适用税额较低。例如，北京应税大气污染物、水污染物适用税额均按税额幅度最高限额征收，陕西、甘肃、青海、宁夏、新疆等省（自治区）均按税额幅度最低限额征收。不同省份的应税大气污染物、水污染物适用税额为量化不同省份绿色建筑的大气污染物、水污染物减排效益提供了价格参考。

在绿色建筑的大气污染物、水污染物减排效益方面，已有文献主要探讨绿色建筑运营阶段节能产生的SO_2、NO_x、粉尘减排效益，忽略了其他类型的大气污染物、水污染物减排效益，同时对制造阶段、建造阶段、拆除阶段的大气污染物、水污染物减排效益考虑较少。因此，本研究将绿色建筑的大气污染物、水污染物净减排效益的污染物识别范围由SO_2、NO_x、粉尘拓展至环保税规定的44种大气污染物和61种水污染物，并将污染物的识别阶段由运营阶段拓展至全寿命期。

绿色建筑的大气污染物、水污染物减排效益的分布阶段、方面和量化方法与碳减排效益的相似。在公式（3-41）～（3-57）中，当把碳排放因子调整为大气污染物、水污染物排放因子，把碳价调整为大气污染物、水污染物的适用税额，便可以计算绿色建筑的大气污染物、水污染物减排效益。其中，针对不同建材、能源、自来水生产的大气污染物、水污染物的排放因子可根据生态环境部发布的《纳入排污许可管理的火电等17个行业污染物实际排放量计算方法（含排污系数、物料衡算方法）（试行）》《未纳入排污许可管理行业适用的排污系数、物料衡算方法（试行）》取值，不同能源燃烧的大气污染物、水污染物的排放因子可根据《环境保护实用数据手册》取值。针对绿地引起的大气污染物净化效益，已有文献针对屋顶绿化的大气污染物净化数据较为充分，殷文枫等（2018）指出，

$1m^2$佛甲草屋顶绿化能够吸收以SO_2为主的有害气体3.1g/a，吸收粉尘150g/a。由于绿色建筑的大气污染物、水污染物减排效益的量化公式与碳减排效益的量化公式相似，本研究对此不再赘述。本研究分别将绿色建筑全寿命期、全产业链、全参与主体的大气污染物、水污染物减排效益记为E_{dqjp}、E_{sjp}。

3.3.3 边际释氧效益

除了固碳效益、大气污染物净化效益外，绿色建筑的绿地还具有释氧效益。孟希（2016）、郭梓（2017）分别以南京主城区、仙林地区为例，得出单位面积绿地的释氧量为43.47g/d、41.02g/d。殷文枫等（2018）指出，$1m^2$佛甲草屋顶绿化每年可释放氧气1.31kg。参照工业制氧的价格，绿色建筑绿地的释氧效益可按0.4元/kg计算。在公式（3-56）中，将绿地的年均固碳量变更为年均释氧量，便可得绿色建筑绿地产生的边际释氧效益，本研究记为E_{sy}。

综上，绿色建筑全寿命期、全产业链、全参与主体的边际环境效益（E）为：

$$E = E_{tjp} + E_{dqjp} + E_{sjp} + E_{sy} \tag{3-58}$$

其中，E_{tjp}、E_{dqjp}、E_{sjp}、E_{sy}分别为绿色建筑全寿命期、全产业链、全参与主体的碳减排效益、大气污染物减排效益、水污染物减排效益和边际释氧效益。

3.4 全寿命期、全产业链、全参与主体边际社会效益分析

绿色建筑全寿命期、全产业链、全参与主体的边际社会效益是指绿色建筑采用的安全耐久、健康舒适、生活便利、资源节约、环境宜居等措施引起的基础设施投资减少效益、城市洪涝灾害减少效益、健康宜居效益、边际绿地文化服务效益、边际拉动就业效益等。其中，基础设施投资减少效益包括电力设施投资减少效益、给水排水设施投资减少效益、供热设施投资减少效益。与边际环境效益量化的有关问题相似，已有文献在量化电力设施投资、给水排水设施投资减少效益时，侧重于分析绿色建筑运营阶段用电、用水减少引起的基础设施投资减少，对绿色建筑制造阶段、建造阶段产生的有关效益考虑不足。同时，已有文献对绿色

建筑室内空气质量改善引起的健康宜居效益的量化还不明确，绿色建筑场地雨水径流控制引起的城市洪涝灾害减灾效益尚不清晰。因此，本研究将对以上几个方面的不足进行完善。由于可以采用市场价格反映绿色建筑的基础设施投资减少效益、城市洪涝灾害减灾效益、健康宜居效益、边际拉动就业效益，本研究将根据基础设施建设投资成本来量化绿色建筑的基础设施投资减少效益，通过现有城市洪涝灾害造成的经济损失来量化绿色建筑的城市洪涝灾害减灾效益，结合消费者因生活空气环境不佳而患有健康疾病的治疗费用来量化绿色建筑的健康宜居效益，根据政府支付的最低生活保障金来量化绿色建筑的边际拉动就业效益。针对绿色建筑的边际绿地文化服务效益，本研究参考已有文献，根据消费者的支付意愿，揭示其效益大小。

3.4.1 基础设施投资减少效益

（1）电力设施投资减少效益

绿色建筑全寿命期用电量消耗净减少有助于减少城市电力设施投资。已有文献表明，每节约1kW · h用电，可以减少0.2元的电力设施投资。绿色建筑全寿命期用电量消耗净减少主要体现在制造阶段、建造阶段、运营阶段、拆除阶段。其中，制造阶段的用电量消耗净减少是绿色建筑减少建材使用而减少建材生产用电和新增有关设备、材料使用而增加有关设备、材料生产用电综合作用的结果。由于当前有关建材、设备等生产用电数据尚不明确，本研究根据国家每万元GDP电耗估计建材、设备等生产的电耗。假设单位数量的第i种建材（设备）的销售价格为C^i（万元），国家每万元GDP电耗为$q_{电}$，则生产单位数量第i种建材（设备）的电耗［$Q^i_{电-建材（设备）}$］为：

$$Q^i_{电-建材（设备）} = C^i q_{电} \tag{3-59}$$

建造阶段的用电量消耗净减少是采用绿色施工措施而减少用电量消耗和新增分部分项工程项目和措施项目而增加施工机械、机具用电综合作用的结果。运营阶段的用电量消耗净减少是因维护减少而减少部品部件、建材生产用电和住房健康舒适性能、资源节约性能提高而减少住房运行用电及新增设备运行而增加设备用电综合作用的结果。拆除阶段的用电量消耗净减少是产生可再生建筑废料而减少建材生产用电和新增分部分项工程项目拆除而增加施工机械、机具用电综合作用的结果。不同阶段不同方面的用电量增加或减少可根据前文计算得出，此处不再赘述。通过计算绿色建筑全寿命期的用电量消耗净减少，可得由此引起的电力设施投资净减少效益，本研究记为$S_{电力设施}$。

（2）给水排水设施投资减少效益

绿色建筑全寿命期用水量消耗净减少可以减少城市引水、净水、输水、排水设施投资。根据已有文献，当日均节约1t水时，可以减少引水、净水、输水设施投资1000元，减少排水设施投资1800元。绿色建筑全寿命期用水量消耗净减少主要体现在建造阶段、运营阶段。其中，建造阶段用水量消耗净减少是采用绿色施工措施减少建造用水和新增分部分项工程项目而增加建造用水综合作用的结果。市政引水、净水、输水、排水设施的使用年限约为25年，市政引水、净水、输水、排水设施在绿色建筑全寿命期会发生一次更新。假设绿色建筑建造阶段的用水量消耗净减少为$\Delta Q_{水耗-建造}$，则绿色建筑建造阶段用水量消耗净减少引起的引水、净水、输水、排水设施投资净减少（$S_{给水排水-建造}$）为：

$$S_{给水排水-建造}=\left(1000\frac{\Delta Q_{水耗-建造}}{\Gamma}+1800\eta_{排水}\frac{\Delta Q_{水耗-建造}}{\Gamma}\right)\left[1+\left(P/F,8\%,25\right)\right] \quad (3\text{-}60)$$

其中，$\eta_{排水}$为折减系数，取0.7；Γ为绿色建筑的施工工期（d）。

运营阶段的用水量消耗减少主要是由采用节水卫生器具、节水灌溉系统和空调冷却水系统以及利用非传统水源等引起的。当绿色建筑运营阶段的年均节水量为$\Delta Q_{水耗-运营}$时，由此引起的引水、净水、输水设施和排水设施投资减少现值（$S_{给水-运营}$和$S_{排水-运营}$）为：

$$S_{给水-运营}=1000\frac{\Delta Q_{水耗-运营}}{365}\left[1+\left(P/F,8\%,25\right)\right] \quad (3\text{-}61)$$

$$S_{排水-运营}=1800\eta_{排水}\frac{\Delta Q_{水耗-运营}}{365}\left[1+\left(P/F,8\%,25\right)\right] \quad (3\text{-}62)$$

此外，绿色建筑场地雨水外排控制能够减少进入城市排水设施的雨水量，从而减少城市排水设施投资。《绿色建筑评价标准》GB/T 50378—2019要求有效组织绿色建筑场地雨水的下渗、滞蓄或再利用，对大于10hm^{2}的场地应进行雨水控制利用专项设计。假设绿色建筑通过规划场地地表和屋面雨水径流、设置绿色雨水基础设施而年均减少的雨水外排量为$\Delta Q_{雨水}$，由此引起的排水设施投资减少现值［$S_{排水（雨水）-运营}$］为：

$$S_{排水（雨水）-运营}=1800\frac{\Delta Q_{雨水}}{365}\left[1+\left(P/F,8\%,25\right)\right] \quad (3\text{-}63)$$

综上，绿色建筑全寿命期给水排水设施投资净减少效益为$S_{给水排水设施}=S_{给水排水-建造}+S_{给水-运营}+S_{排水-运营}+S_{排水(雨水)-运营}$。

（3）供热设施投资减少效益

绿色建筑围护结构热工性能的提升，降低了绿色建筑的采暖能耗，增加了供热设施的供热面积，从而有助于减少供热设施投资。结合公式（3-12），绿色建筑通过提高围护结构热工性能引起的供热设施投资减少（$S_{供热设施}$）为：

$$S_{供热设施}=\sigma_{供热}\frac{\left(Q'_{热}-Q_{热}\right)A_{建筑}}{\bar{Q}_{热}} \quad (3\text{-}64)$$

其中，$\sigma_{供热}$为供热设施建设概算指标（元/m^2）；$\bar{Q}_{热}$为不同建筑气候区民用建筑设计的平均供暖能耗指标。

综上，绿色建筑全寿命期、全产业链、全参与主体引起的基础设施投资减少效益（$S_{基础设施}$）为：

$$S_{基础设施}=S_{电力设施}+S_{给水排水设施}+S_{供热设施} \quad (3\text{-}65)$$

其中，$S_{电力设施}$、$S_{给水排水设施}$、$S_{供热设施}$分别为绿色建筑全寿命期引起的电力设施投资减少效益、给水排水设施投资减少效益、供热设施投资减少效益。

3.4.2 城市洪涝灾害减灾效益

2021年7月18日18时至7月21日0时，郑州遭遇历史极值降雨，全市累计平均降雨量449mm，造成直接经济损失655亿元。根据郑州全市总面积7446km^2，2021年7月18日18时至7月21日0时，郑州全市累计降雨量3343254000m^3，每立方米降雨造成直接经济损失195.92元。《绿色建筑评价标准》GB/T 50378—2019中关于控制绿色建筑场地雨水外排总量的要求，对增强城市防涝能力、减少城市洪涝损失具有重要意义。参照郑州暴雨灾害造成直接经济损失的数据，绿色建筑全寿命期、全产业链、全参与主体引起的城市洪涝灾害损失减少（$S_{洪涝减灾}$）为：

$$S_{洪涝减灾}=195.92\Delta Q_{雨水}\left(P/A,i_c,t\right) \tag{3-66}$$

其中，$\Delta Q_{雨水}$为绿色建筑场地年均减少的雨水外排量。

3.4.3 健康宜居效益

《绿色建筑评价标准》GB/T 50378—2019专门设置了“健康舒适”章节，提高和新增了对室内空气质量等以人为本的有关指标的要求。绿色建筑控制室内主要空气污染物浓度、选用绿色装饰装修材料有助于降低人们因室内空气质量不佳而患有健康疾病的概率，从而减少人们的疾病治疗费用。针对绿色建筑室内空气质量改善引起的人们患病的减少，本研究借鉴《大气污染人群健康风险评估技术规范》WS/T 666—2019，采用暴露—反应函数，基于大气污染人群流行病的统计数据测算绿色建筑的健康宜居效益（$S_{健康}$），具体计算公式如下：

$$HE_0=\frac{HE}{\exp\left[\xi\left(CO-CO_0\right)\right]}=\frac{\varphi C_r}{\exp\left[\xi\left(CO-CO_0\right)\right]} \tag{3-67}$$

$$S_{健康}=\left(HE-HE_0\right)HC_{mu} \tag{3-68}$$

其中，HE_0为绿色建筑室内主要空气污染物浓度下人群的健康效应；HE为基准建筑室内主要空气污染物浓度下人群的健康效应；ξ为暴露—反应关系数；CO_0为绿色建筑室内PM_{10}浓度（$\mu g/m^3$）；CO为基准建筑室内PM_{10}浓度（$\mu g/m^3$）；φ为某种疾病健康终点的基线发生率；C_r为暴露人群数（可按每户3.2人取值）；HC_{mu}为健康终点的单位价值。不同疾病的ξ、φ、HC_{mu}数据见表3-12。

不同疾病的ξ、φ、HC_{mu}数据 表3-12

健康终点	ξ（95%CI）（$\times10^{-3}$）	φ（$\times10^{-3}$）	HC_{mu}（万元/年）
哮喘疾病	2.10（1.45 ~ 3.00）	9.4	0.15
慢性支气管炎	4.50（1.27 ~ 7.73）	1.48	40
内科门诊	0.90（0.12 ~ 1.68）	515.60	0.03
心血管疾病住院	0.70（0.31 ~ 1.09）	14.28	1.04
呼吸系统疾病住院	0.85（0.41 ~ 1.67）	6.36	0.67

绿色建筑全寿命期、全产业链、全参与主体的健康宜居效益（$S_{健康宜居}$）为：

$$S_{健康宜居}=S_{健康}\left(P/A,i_{c},t\right) \tag{3-69}$$

3.4.4 边际绿地文化服务效益

联合国发布的《千年生态系统评估》指出，生态系统具有文化服务价值，即生态系统具有精神与宗教、娱乐与生态旅游、美学、激励、教育、故土情和文化继承的非物质功能。然而，已有绿色建筑相关文献多侧重探讨绿色建筑绿地的美学效益。例如，Berto R等（2018）研究表明，屋顶绿化带来的美学提升效益在28.19～70.47欧元/m^{2}波动。《城市居住区规划设计标准》GB 50180—2018指出，应在集中绿地范围内设置游憩及游戏活动场地。李想等（2019）以北京市为例，基于人们的认知和支付意愿，采用条件价值法和旅行成本法，得出社区绿地的娱乐与生态旅游、美学、文化遗产、教育等文化服务效益为13.36元/m^2。参照李想等（2019）的研究，本研究将绿色建筑绿地的文化服务效益取为13.36元/m^2。绿色建筑全寿命期、全产业链、全参与主体引起的边际绿地文化服务效益（$S_{文化服务}$）的具体计算公式为：

$$S_{文化服务}=13.36A_{用地}\left(\theta_{绿地}-1.05\overline{\theta}_{绿地}\right) \tag{3-70}$$

其中，$A_{用地}$为绿色建筑的用地面积；$\theta_{绿地}$为绿色建筑的绿地率；$\overline{\theta}_{绿地}$为绿色建筑绿地率的规划指标。

3.4.5 边际拉动就业效益

绿色建筑建设可以通过直接提供就业岗位和通过拉动前后关联产业发展间接提供就业岗位的方式，促进居民就业，减少政府的最低生活保障金支出。根据已有文献，每亿元新增建筑安装工程费用可以带动1550个新增就业岗位。绿色建筑建设期的边际拉动就业效益（$S_{就业}$）为：

$$S_{就业}=1550\times10^{-9}\overline{c}_{az}W\Gamma \tag{3-71}$$

其中，$\overline{c}_{az}$为绿色建筑建设期年边际建筑安装工程费用（元）；W为当地年最低生活保障金（元）；Γ 为绿色建筑建设期（年）。

综上，绿色建筑全寿命期、全产业链、全参与主体的边际社会效益（S）为：

$$S = S_{基础设施} + S_{洪涝减灾} + S_{健康宜居} + S_{文化服务} + S_{就业} \tag{3-72}$$

其中，$S_{基础设施}$、$S_{洪涝减灾}$、$S_{健康宜居}$、$S_{文化服务}$、$S_{就业}$分别为绿色建筑全寿命期、全产业链、全参与主体的基础设施投资减少效益、城市洪涝灾害减灾效益、健康宜居效益、边际绿地文化服务效益、边际拉动就业效益。

3.5 全寿命期、全产业链、全参与主体边际费用效益评价

全寿命期、全产业链、全参与主体费用效益评价常用的指标包括净现值、效益费用比、投资回收期等。绿色建筑全寿命期、全产业链、全参与主体边际净现值（NPV）的表达式为：

$$NPV = b + E + S - c \tag{3-73}$$

其中，b、E、S、c 分别为绿色建筑全寿命期、全产业链、全参与主体的边际经济、环境、社会效益和边际费用。当$NPV \geqslant 0$时，表明绿色建筑全寿命期、全产业链、全参与主体能得到满足社会折现率的边际社会盈余，或在此基础上得到超额边际社会盈余。此时，绿色建筑是可以被接受的。

绿色建筑全寿命期、全产业链、全参与主体边际效益费用比（R_{BC}）的表达式为：

$$R_{BC} = \frac{b + E + S}{c} \tag{3-74}$$

当 $R_{BC} > 1$ 时，表明资源配置的效率达到了可以被接受的水平。此时，绿色建筑是可以被接受的。

绿色建筑全寿命期、全产业链、全参与主体的边际投资回收期表达式为：

边际投资回收期=累计边际净现金流量开始出现正值的年份–1+上一年累计边际净现金流量的绝对值/出现正值年份的累计边际净现金流量 （3-75）

当边际投资回收期小于基准投资回收期时，表明绿色建筑的边际投资能在规定的时间内收回。此时，绿色建筑是可以被接受的。

与绿色建筑全寿命期、全产业链、全参与主体的性能评价相对应，根据评价时点的不同，绿色建筑全寿命期、全产业链、全参与主体的边际费用效益评价包括“预评价”和“评价”，其中“预评价”采用仿真数据，在建筑工程施工图设计完成后进行，主要用于优选、优化、完善设计方案；“评价”采用监测数据，在建筑工程竣工后进行，主要用于优化、完善运营方案。

3.6 全寿命期、全产业链、全参与主体性能及边际费用效益综合评价

本研究根据价值工程理论，采用性价比法，建立绿色建筑全寿命期、全产业链、全参与主体的性能及边际费用效益综合评价模型，具体如下：

$$\begin{aligned}\text{绿色建筑边际性价比} &= \frac{\text{边际性能评价值}}{\text{边际价格}} \\ &= \frac{\text{边际性能评价值}}{\text{边际经济效益}+\text{边际环境效益}+\text{边际社会效益}+\text{边际费用}}\end{aligned} \tag{3-76}$$

其中，绿色建筑边际性价比代表绿色建筑的边际比较价值，边际性能评价值代表绿色建筑的产出，等于绿色建筑的性能评价总得分与满足《绿色建筑评价标准》GB/T 50378—2019全部控制项指标要求的基础得分之差，属于环保范畴；边际价格代表为获得绿色发展价值所投入的边际费用，属于经济范畴。

当绿色建筑的边际性能评价值一定时，绿色建筑的边际价格越高，绿色建筑的边际性价比越低。当绿色建筑的边际价格一定时，绿色建筑的边际性能评价值越大，绿色建筑的边际性价比越高。

与绿色建筑全寿命期、全产业链、全参与主体的性能评价和费用效益评价相对应，绿色建筑全寿命期、全产业链、全参与主体的性能及边际费用效益综合评价可以分为“预评价”“评价”，其中“预评价”采用仿真数据，在建筑施工图设计完成后进行，主要用于优选、优化、完善设计方案，同时为消费者购买决策提供依据；“评价”采用监测数据，在建筑工程竣工后进行，主要用于优化、完善运营方案。

3.7 绿色公共建筑和绿色居住建筑全寿命期、全产业链、全参与主体性能及边际费用效益综合评价的区别

3.7.1 性能评价的区别

绿色公共建筑和绿色居住建筑性能评价的区别主要体现在部分性能评价指标的评分标准不同及等级划分要求不同。在性能评价指标方面，根据《绿色建筑评价标准》GB/T 50378—2019，绿色公共建筑与绿色居住建筑在指标“天然光利用”“自然通风效果”“公共服务”“节约用地”“机械式停车设施采用”“可再循环、利用材料及利废建材采用”“绿化用地”“场地热岛强度”的评分标准不同。同时，与二、三星级绿色居住建筑相比，对二、三星级绿色公共建筑的外窗传热系数降低比例以及隔声性能不作特定要求。

3.7.2 边际费用效益评价的区别

根据产权类型的不同，绿色公共建筑可以分为建设单位自持使用型和销售型两种类型。当绿色公共建筑为建设单位自持使用型时，绿色建筑全寿命期、全产业链、全参与主体的边际费用不包括交付阶段的边际销售费用。同时，由于《绿色建筑评价标准》GB/T 50378—2019在部分性能评价指标上对绿色公共建筑和绿色居住建筑的要求不同，在测算绿色公共建筑全寿命期、全产业链、全参与主体的边际费用和边际经济、环境、社会效益时，需要结合绿色公共建筑性能要求的限值进行测算。

当绿色公共建筑为建设单位销售型时，绿色公共建筑全寿命期、全产业链、全参与主体的边际费用和边际经济、环境、社会效益的类型与绿色居住建筑的相同，但在测算绿色公共建筑全寿命期、全产业链、全参与主体的边际费用和边际经济、环境、社会效益时，应结合绿色公共建筑性能要求的限值测算。

4

绿色建筑全寿命期、全产业链、不同参与主体边际费用效益评价模型及利益协同度评价模型构建

在分析绿色建筑全寿命期、全产业链、全参与主体边际费用效益的基础上，为进一步明确绿色建筑全寿命期、全产业链、不同参与主体的边际费用效益情况，本研究首先以绿色居住建筑产业链为例，考虑不同参与主体的转移支付和交易过程，测算政府和绿色建筑建设单位、消费者、供热单位、物业单位的边际费用和边际效益，建立不同参与主体的边际效益与边际费用匹配度评价模型，进而建立不同参与主体的利益协同度评价模型。最后，分析绿色公共建筑和绿色居住建筑全寿命期、全产业链、不同参与主体利益协同度评价的区别。

4.1 不同参与主体边际费用效益分析

在分析绿色建筑全寿命期、全产业链、全参与主体边际费用和边际效益的基础上，考虑不同主体之间的转移支付和交易过程，进一步分析绿色建筑产业链上建设单位、供热单位、物业单位、消费者、政府的边际费用和边际效益。

4.1.1 建设单位的边际费用效益分析

（1）建设单位的边际费用

建设单位建设绿色建筑的边际费用包括3.1中分析的绿色建筑决策、设计、发包、制造、建造、交付阶段的边际费用（除绿色建筑预评价、评价费用外）、边际建设管理费用、边际银行贷款利息和边际税费，其中边际税费包括边际房地产销售增值税、边际城市建设维护税、边际城市教育费附加、边际地方教育费附加。建设单位建设绿色建筑的边际费用（C_{d}）为：

$$C_{\mathrm{d}}=c_{决策}+\left(c_{设计}-c_{\mathrm{ypj}}\right)+c_{发包、制造、建造}+\left(c_{交付}-c_{\mathrm{pj}}\right)+c_{建设管理}+c_{利息}+c_{税费} \quad (4\text{-}1)$$

其中，$c_{决策}$、$c_{设计}$、$c_{发包、制造、建造}$、$c_{交付}$分别为绿色建筑决策阶段、设计阶段、发包、制造、建造阶段及交付阶段的边际费用，$c_{建设管理}$为绿色建筑的边际建设管理费用，c_{ypj}、c_{pj}分别为绿色建筑的预评价、评价费用，$c_{利息}$、$c_{税费}$分别为建设单位的边际银行贷款利息、边际税费。

参照长沙市发展和改革委员会颁布的《关于明确我市成本法监制商品住房价格构成有关事项的通知》（长发改价调〔2019〕296号），建设单位的边际银行贷款利息（$c_{利息}$）、边际税费（$c_{税费}$）分别为：

$$c_{利息}=\left[c_{决策}+\left(c_{设计}-c_{ypj}\right)+c_{发包、制造、建造}+c_{pzx}-b_{决策}-b_{设计}-b_{发包、制造、建造}\right]\times 50\%\times I\times\frac{n+2}{2} \tag{4-2}$$

$$c_{税费}=\left[c_{决策}+\left(c_{设计}-c_{ypj}\right)+c_{发包、制造、建造}+\left(c_{交付}-c_{pj}\right)+c_{建设管理}+c_{利息}-b_{决策}-b_{设计}-b_{发包、制造、建造}+b_{交付}\right]\times\left[1+9\%\times\left(1+7\%+3\%+2\%\right)\right] \tag{4-3}$$

其中，c_{pzx}为绿色建筑评价工程咨询费用。$b_{决策}$、$b_{设计}$、$b_{发包、制造、建造}$、$b_{交付}$分别为绿色建筑决策阶段、设计阶段、发包、制造、建造阶段及交付阶段的边际经济效益。I为人民银行当期法定利率，n为绿色建筑建设工期（年）。9%为房地产销售增值税税率，7%为城市建设维护税税率，3%为城市教育费附加税率，2%为地方教育附加税率。

（2）建设单位的边际效益

建设单位开发绿色建筑的边际效益包括绿色建筑决策、设计、发包、制造、建造阶段的边际经济效益、消费者支付的边际购房费用和政府为鼓励建设单位开发绿色建筑而提供的激励补贴，因此建设单位开发绿色建筑的边际效益（B_d）为：

$$B_d=b_{决策}+b_{设计}+b_{发包、制造、建造}+b_{消费者}+b_{激励-开发企业} \tag{4-4}$$

$$b_{消费者}=c_{决策}+\left(c_{设计}-c_{ypj}\right)+c_{发包、制造、建造}+\left(c_{交付}-c_{pj}\right)+c_{建设管理}+c_{利息}+c_{税费}-b_{决策}-b_{设计}-b_{发包、制造、建造}+b_{交付}-b_{激励-开发企业} \tag{4-5}$$

其中，$b_{消费者}$为消费者支付的边际购房费用，可以参照（4-5）计算，但$b_{消费者}$会受到政府的商品住房限价销售政策、消费者边际支付意愿等的影响；$b_{激励-开发企业}$为政府对建设单位开发绿色建筑的激励补贴。《关于加快推动我国绿色建筑发展的实施意见》（财建〔2012〕167号）指出，国家对二、三星级绿色建筑的补贴标准分别为45元/m^2、80元/m^2。同时，不同省市也出台了相应的补贴激励政策，具体包括财政补贴、税收减免、信贷优惠、市政配套费减免等。

4.1.2 供热单位的边际费用效益分析

（1）供热单位的边际费用

当前，供热收费标准包括按面积收费和按热量收费两种类型，按面积收费的方式仍处于主流。《绿色建筑评价标准》GB/T 50378—2019要求绿色建筑的冷热源能耗独立分项计量。由于绿色建筑较基准建筑的采暖能耗减少，供热单位对绿色建筑按热量收费后，供热单位的供热收费会相应减少，因此本研究将按热量收费后的收费减少作为供热单位对绿色建筑按热量收费的边际费用。假设供热单位在按面积收费情形下的收费标准为$p_{面积热价}$［元/（m^2·月）］，按热量收费（两部制热价）情形下的基本热价为$p_{基本热价}$［元/（m^2·月）］，计量热价为$p_{计量热价}$［元/（kW·h）］，每年供暖时长为$\overline{t}$个月，绿色建筑的供暖能耗指标为$Q_{热}$，绿色建筑的建筑面积为$A_{建筑}$。供热单位对绿色建筑按热量收费的边际费用（C_h）为：

$$C_h = \left[p_{面积热价} A_{建筑} \overline{t} - \left(p_{基本热价} A_{建筑} \overline{t} + p_{计量热价} Q_{热} A_{建筑}\right)\right] \times \left(P/A, i_c, 50\right) \quad (4\text{-}6)$$

（2）供热单位的边际效益

当供热单位对绿色建筑按热量收费时，供热单位对绿色建筑供暖所需的热量消耗减少。因此，供热单位对绿色建筑按热量收费的边际效益（B_h）包括供热量减少引起的供热燃气消耗费用减少、环保税缴纳减少、供热设施投资减少和政府（部分地方政府）为鼓励供热单位按热量收费而提供的激励补贴，具体可按下式计算：

$$B_h = b_{热负荷} + b_{环保税} + S_{供热设施} + b_{激励-供热单位} \quad (4\text{-}7)$$

其中，$b_{热负荷}$为供热单位节约的供热燃气消耗费用；$b_{环保税}$为供热单位少缴纳的环保税，具体根据供热单位供热燃气消耗减少引起的大气污染物减排效益计算；$S_{供热设施}$为供热单位节约的供热设施投资；$b_{激励-供热单位}$为政府对供热单位按热量收费的激励补贴。

4.1.3 物业单位的边际费用效益分析

（1）物业单位的边际费用

根据《物业服务收费管理办法》（发改价格〔2003〕1864号）中有关物业服

务计费方式、服务内容、服务成本的有关规定，物业单位运营绿色建筑的边际费用主要为新增共用设施设备运行的能耗费、材耗费、人工费、维护费和BIM技术应用费用，即物业单位边际费用（C_o）的计算公式为：

$$C_o = c_{能耗} + c_{材耗} + c_{人工} + c_{维护} + c_{小修} + c_{yBIM} \tag{4-8}$$

其中，$c_{能耗}$、$c_{材耗}$、$c_{人工}$、$c_{维护}$、$c_{小修}$分别为新增共用设施设备运行的能耗费用、材耗费用、人工费用、维护费用、小修费用，c_{yBIM}为运营阶段的BIM技术应用费用。

（2）物业单位的边际效益

物业单位运营绿色建筑的边际效益（B_o）包括边际物业管理收费、运营成本减少和政府（部分地方政府）为鼓励物业单位运营绿色建筑新增共用设施设备而提供的激励补贴，具体计算公式为：

$$B_o = b_{物业管理收费} + b_{运营成本减少} + b_{激励-物业单位} \tag{4-9}$$

其中，$b_{物业管理收费}$为边际物业管理收费；$b_{运营成本减少}$为物业单位的运营成本减少，具体来自绿色建筑运营阶段的生活便利性能提升效益、资源节约性能提升效益（绿化灌溉和空调冷却水系统节水效益和共用设施设备产生的节能型电气设备及节能控制效益、可再生能源利用效益、非传统水源利用效益）、提高与创新效益；$b_{激励-物业单位}$为政府对物业单位运营新增共用设施设备的激励补贴。

4.1.4 消费者的边际费用效益分析

（1）消费者的边际费用

消费者购买和居住绿色建筑的边际费用（C_c）除了边际购房费用、新增非共用设施设备的运行能耗费、材耗费、维修费、更新费和新增共用设施设备的大、中、小修费及更新费外，还包括边际购房契税和边际物业管理费，具体计算公式为：

$$C_c = c_{购房} + c_{契税} + c_{物业管理收费} + c_{新增非共用设施设备} + c_{专用维修资金} \tag{4-10}$$

其中，$c_{购房}$为边际购房费用；$c_{契税}$为边际购房契税，具体根据不同地方规定的契税标准计算；$c_{物业管理收费}$为边际物业管理费；$c_{新增非共用设施设备}$为新增非共用设施设备的运行能耗费、材耗费、维修费、更新费；$c_{专用维修资金}$为多缴纳的住房专用维修资金，主要用于对新增共用设施设备进行大、中修和更新。

（2）消费者的边际效益

消费者购买和居住绿色建筑的边际效益（B_c）包括居住成本减少、边际绿地文化服务效益、健康宜居效益和政府（部分地方政府）为鼓励消费者购买绿色建筑而提供的激励补贴，具体计算公式为：

$$B_c = b_{居住成本减少} + S_{文化服务} + S_{健康宜居} + b_{激励-消费者} \tag{4-11}$$

其中，$b_{居住成本减少}$为消费者的居住成本减少，主要来自绿色建筑运营阶段的安全耐久性能提升效益、健康舒适性能提升效益、资源节约性能提升效益（围护结构热工性能提升引起的采暖和制冷效益、供暖空调系统能效提升效益、节水卫生器具使用效益和非共用设施设备产生的节能型电气设备及节能控制效益、可再生能源利用效益、非传统水源利用效益），围护结构热工性能提升引起的采暖效益的数值与供热单位边际费用的数值相同；$S_{文化服务}$、$S_{健康宜居}$分别为绿色建筑的边际绿地文化服务效益、健康宜居效益；$b_{激励-消费者}$为政府对消费者购买绿色建筑的激励补贴。

4.1.5 政府的边际费用效益分析

（1）政府的边际费用

在绿色建筑发展过程中，政府承担的边际费用包括支出的激励补贴、绿色建筑预评价和评价费用、绿色建筑边际拆除费用以及环保税征收的减少。在政府支出的激励补贴方面，《关于加快推动我国绿色建筑发展的实施意见》（财建〔2012〕167号）明确指出，国家对二、三星级绿色建筑的补贴标准分别为45元/m^2、80元/m^2。针对绿色建筑消费者、供热单位、物业单位，国家目前还没有统一、明确的激励政策，但部分省市已先行开始了探索。在绿色建筑预评价和评价费用方面，绿色建筑预评价和评价费用是政府的政策执行成本。《住房城乡建设部关于进一步规范绿色建筑评价管理工作的通知》（建科〔2017〕238号）指出，由住房城乡建设主管部门组织开展绿色建筑评价标识工作的，采取政府购买服务等方式委托评价机构对绿色建筑性能等级进行评价。政府的边际费用（C_g）计算公式为：

$$C_{\mathrm{g}}=b_{激励-建设单位}+b_{激励-供热单位}+b_{激励-物业单位}+b_{激励-消费者}+c_{\mathrm{ypj}}+c_{\mathrm{pj}}+c_{拆除}+b_{环保税} \quad (4\text{-}12)$$

其中，$b_{激励-建设单位}$、$b_{激励-供热单位}$、$b_{激励-物业单位}$、$b_{激励-消费者}$分别为政府对绿色建筑建设单位、供热单位、物业单位、消费者的激励补贴；c_{ypj}、c_{pj}分别为绿色建筑的预评价、评价费用；$c_{拆除}$为绿色建筑的边际拆除费用，$b_{环保税}$为供热单位少缴纳的环保税。

（2）政府的边际效益

政府获得的边际效益（B_{g}）包括绿色建筑产生的城市层面的边际效益（碳减排效益、大气污染物减排效益、水污染物减排效益、新增释氧效益、电力设施投资减少、给水排水设施投资减少、城市洪涝灾害减灾效益、边际拉动就业效益）和边际税收，具体计算公式如下：

$$B_{\mathrm{g}}=E_{\mathrm{tjp}}+E_{\mathrm{dqjp}}+E_{\mathrm{sjp}}+E_{\mathrm{sy}}+S_{电力设施}+S_{给水排水设施}+S_{洪涝减灾}+S_{就业}+c_{税费}+c_{契税} \quad (4\text{-}13)$$

其中，E_{tjp}、E_{dqjp}、E_{sjp}、E_{sy}分别为绿色建筑的碳减排效益、大气污染物减排效益、水污染物减排效益、边际释氧效益；$S_{电力设施}$、$S_{给水排水设施}$、$S_{就业}$分别为绿色建筑引起的电力设施投资减少效益、给水排水设施投资减少效益、边际拉动就业效益；$c_{税费}$为建设单位缴纳的边际税费；$c_{契税}$为消费者缴纳的边际购房契税。

4.1.6 不同参与主体边际效益与边际费用匹配度评价模型构建

基于不同主体的边际效益和边际费用，通过比较不同主体边际效益与边际费用的大小，可以判别不同主体获得的边际效益与承担的边际费用的匹配情况，本研究将不同主体的边际效益与边际费用的匹配度评价公式定义如下：

$$M=\frac{B}{C} \quad (4\text{-}14)$$

其中，M代表有关主体的边际效益与边际费用的匹配度，B代表有关主体的边际效益，C代表有关主体的边际费用。

当$M\geqslant1$时，代表有关主体获得的边际效益大于等于承担的边际费用，此时可认为有关主体的边际效益与边际费用匹配度高。当$M<1$时，代表有关主体获得的边际效益小于承担的边际费用，此时可认为有关主体的边际效益与边际费用匹配度低。

4.2 不同参与主体利益协同度评价模型构建

在个体层面判别不同主体的边际效益与边际费用匹配度的基础上，还可以根据不同主体的边际效益与边际费用匹配度，判别不同主体之间的利益协同度。假设政府和绿色建筑建设单位、消费者、供热单位、物业单位的边际效益分别为B_g、B_d、B_c、B_h、B_o，边际费用分别为C_g、C_d、C_c、C_h、C_o，则不同主体的边际效益与边际费用匹配度（M_g、M_d、M_c、M_h、M_o）可以表示为：

$$M_g = \frac{B_g}{C_g}, \quad M_d = \frac{B_d}{C_d}, \quad M_c = \frac{B_c}{C_c}, \quad M_h = \frac{B_h}{C_h}, \quad M_o = \frac{B_o}{C_o} \tag{4-15}$$

绿色建筑产业链上不同主体的利益协同度可以从两两主体、所有主体两个层面进行测算。其中，在两两主体层面，根据不同主体的边际效益与边际费用匹配度的比，可以测算出不同主体的利益协同度。假如主体A、B的边际效益与边际费用匹配度分别为M_A、M_B，主体A、B的利益协同度（S_1）可以表示为：

$$S_1 = \frac{M_A}{M_B} \tag{4-16}$$

其中，当$S_1 = 1$时，本研究认为两主体之间的利益协同度最高；当$S_1 \to 0$或$S_1 \to +\infty$时，本研究认为两主体之间的利益协同度最低。

在所有主体层面，本研究将不同主体之间的利益协同度（S_2）表示为：

$$S_2 = \sqrt{\frac{\left(M_g - R_{BC}\right)^2 + \left(M_d - R_{BC}\right)^2 + \left(M_c - R_{BC}\right)^2 + \left(M_h - R_{BC}\right)^2 + \left(M_o - R_{BC}\right)^2}{5}} \tag{4-17}$$

其中，R_{BC}代表绿色建筑全寿命期、全产业链、全参与主体的边际效益与边际费用比；当M_g、M_d、M_c、M_h、M_o均等于R_{BC}，即$S_2 = 0$时，本研究认为不同主体的利益协同度最高；当M_g、M_d、M_c、M_h、M_o与R_{BC}不相等，$S_2 \to +\infty$时，本研究认为不同主体之间的利益协同度最低。然而，绿色建筑环境、社会效益的产生，使得绿色建筑建设单位、消费者、供热单位、物业单位的边际效益受到损失，造成M_d、M_c、M_h、M_o小于R_{BC}，M_g显著大于R_{BC}，导致$S_2 > 0$。由此可知，面对绿色建筑显著的环境、社会效益，政府的经济激励不足会引起政府和绿色建筑建设单位、消费者、供热单位、物业单位利益协同度低。

4.3 绿色公共建筑和绿色居住建筑全寿命期、全产业链、不同参与主体利益协同度评价的区别

根据产权的不同，绿色公共建筑可分为建设单位自持使用型和建设单位销售型两种类型。

当绿色公共建筑为建设单位自持使用型时，绿色公共建筑与绿色居住建筑产业链不同参与主体利益协同度评价模型的区别在于涉及主体的类型及其边际费用效益的测算以及模型权重系数不同，具体如下：

（1）涉及主体的类型不同。当绿色公共建筑为建设单位自持使用型时，绿色公共建筑的建设单位和消费者是同一个主体，绿色公共建筑产业链上仅有政府、建设单位、供热单位、物业单位4类主体。

（2）有关主体的边际费用和边际效益测算不同。当绿色公共建筑为建设单位自持使用型时，绿色公共建筑建设单位的边际费用是4.1.1中测算的建设单位的边际费用和4.1.4中测算的消费者的边际费用之和，但不含有绿色建筑交付阶段的边际销售费用、边际房地产销售增值税、边际城市建设维护税、边际城市教育费附加、边际地方教育费附加、边际购房契税；边际效益是4.1.1中测算的建设单位的边际效益和4.1.4中测算的消费者的边际效益之和，但不含有4.1.4中介绍的政府为鼓励消费者购买绿色建筑而提供的激励补贴。同时，在测算绿色公共建筑建设单位、消费者、供热单位、物业单位的边际效益和边际费用时，应结合绿色公共建筑和基准公共建筑的性能要求限值进行测算。

（3）模型权重系数不同。由于此时绿色公共建筑建设单位和消费者是同一个主体，多主体利益协同度评价模型中仅包括4个主体的边际效益与边际费用匹配度，因此多主体利益协同度评价模型中仅有4个权重系数，每个权重系数取值0.25。

当绿色公共建筑为建设单位销售型时，绿色公共建筑和绿色居住建筑产业链不同参与主体利益协同度评价模型的形式相同，但是在测算绿色公共建筑建设单位、消费者、供热单位、物业单位的边际效益和边际费用时，应结合绿色公共建筑和基准公共建筑的性能要求限值进行测算。

5 绿色建筑节能性能动态监测技术体系与工程示范

由于绿色建筑的寿命期较长，目前在计算绿色建筑全寿命期、全产业链、全参与主体的节能效益时，往往采用仿真模拟数据进行计算。绿色建筑节能性能动态监测技术可以通过监测绿色建筑全寿命期的能耗情况，为绿色建筑全寿命期、全产业链、全参与主体的实际节能效益计算提供依据。本章从能耗数据采集、传输、集成三方面，构建了“建筑性能设计—室外气象环境—室内热舒适度—室内人员活动—建筑能源消耗”五位一体的绿色建筑节能性能动态监测技术体系，并介绍了有关示范工程的开展情况。

5.1 节能性能动态监测技术方案

绿色建筑节能性能动态监测技术方案的框架如图5-1所示。技术方案框架共有三层架构，分别为数据采集层、数据传输层、数据集成与处理层。数据采集层主要通过传感器、摄像头、电能表、超声波流量计等设备采集室内外环境数据、热舒适度数据、室内人员活动数据、建筑能耗数据等。数据传输层的功能是把数据采集层采集的数据转换成TCP/IP协议格式，并将采集的数据上传至系统数据服务器。数据集成与处理层主要负责对采集的数据进行汇总、统计、分析、处理和存储，并对存储数据进行展示和发布。

5.1.1 能耗数据采集技术

绿色建筑节能性能动态监测技术中的能耗数据采集层，根据仪表不同的协议类型，向仪表发送对应的指令，在收到仪表的数据反馈后，对数据进行解析并将数据以TCP/IP数据包的方式发给上位机。在此过程中，如有错误出现，则错误信息也同样发送给上位机，并发出警报告知用户，以便用户快速排查、定位故障点。能耗数据采集层有两种工作模式，一种是定时自动模式，即根据用户事先设定的采集间隔时间自动采集、上传数据；另一种是用户模式，即根据上层用户的

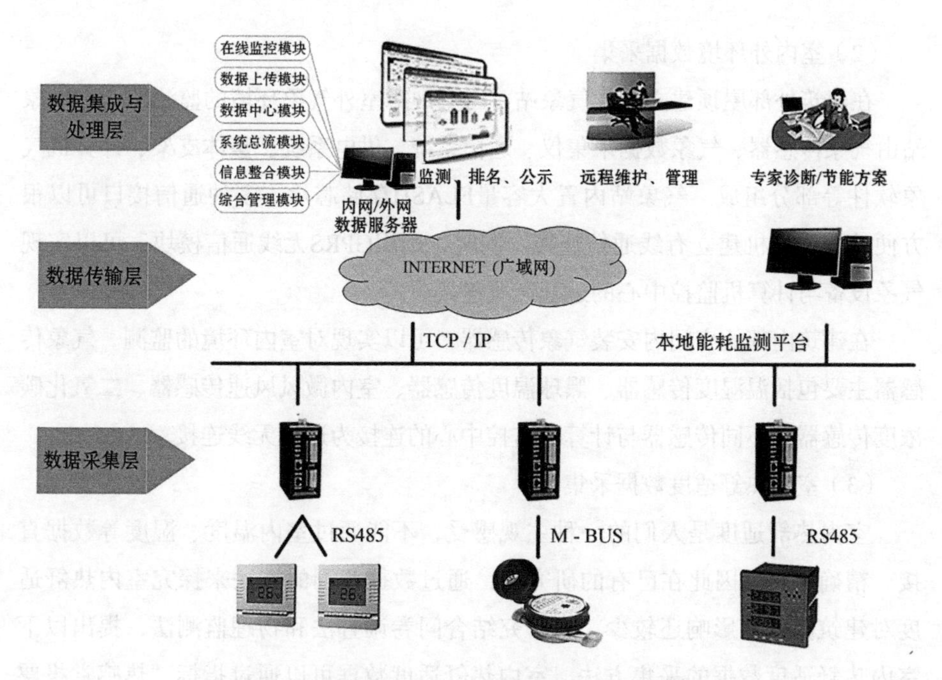

图 5-1 绿色建筑节能性能动态监测技术方案的框架

指令随时采集数据。通常能耗数据采集层会采取多种系统安全措施，如上层网络状态的侦测、下层仪表设备的故障判断与定位、本地微型数据库的使用（在网络状况不好时，数据进行就地保存，网络状况恢复时进行“断点续传”）。

数据采集层主要由各种类型的数据采集设备组成。采集设备向上与监测中心通信，向下与监测子网各终端设备进行通信，实现对终端设备的数据采集、存储和转发，同时实现数据协议的转换。现有不同类型数据采集的方式如下：

（1）建筑性能信息采集

建筑性能信息主要包括：①建筑结构数据：建筑面积、建筑层数、建筑高度、建筑朝向、建成及使用年份；②围护结构数据：外墙保温层厚度、窗墙比、体形系数、外墙传热系数、屋顶传热系数、外墙构造、外墙颜色、外墙保温材料、内墙传热系数、屋面和顶棚的综合传热系数、窗框材料、窗户类型、玻璃传热系数、窗户的综合遮阳系数。以上的建筑性能信息可通过建筑信息模型（BIM）数据库获得，或者可通过建筑结构设计图纸和建筑节能计算书获得。将收集到的以上数据输入能耗监测平台，便可完成建筑性能信息的采集。

（2）室内外环境数据采集

在建筑外部屋顶建立小型气象站，可实现对室外气象环境的监测。小型气象站由气象传感器、气象数据采集仪、通信系统、供电系统、整体支架、计算机气象软件等部分组成。气象站内置大容量FLASH存储芯片，多种通信接口可以很方便地与计算机建立有线通信连接。同时，选用GPRS无线通信模块，可以实现气象设备与计算机监控中心的远程无线连接。

在建筑内部的房间内安装气象传感器，可以实现对室内环境的监测。气象传感器主要包括温湿度传感器、黑球温度传感器、室内微风风速传感器、二氧化碳浓度传感器。不同传感器与计算机监控中心的连接为远程无线连接。

（3）室内热舒适度数据采集

室内热舒适度是人们的一种主观感受，不能通过室内温度、湿度等数据直接、精确反映，因此在已有的研究中，通过数据监测的方法来探究室内热舒适度对建筑能耗的影响还较少。本研究结合问卷调查法和物理监测法，提出以下室内热舒适度数据的采集方法。室内热舒适度数据可以通过指标“热感觉投票（AMV）”或“热环境不满意百分比（APD）”表示，AMV和APD的数据可以通过现场调研的方式采集，但是通过现场调研仅能获得调研时的室内热舒适度数据，不能获得室内实时的热舒适度数据。为此，本研究引入室内操作温度的概念。室内操作温度反映室内温度、空气流速的综合水平，可以根据公式（5-1）和公式（5-2）测算，即依据室内温度、空气流速的数据，可以得到室内操作温度的值，室内操作温度可以通过物理监测室内温度、空气流速的方式进行实时监测。当分别通过问卷调查、物理监测的方法，获得调研时室内热舒适度和室内操作温度的数据，通过回归分析法，拟合室内热舒适度与室内操作温度之间的关系，便可以采用指标室内操作温度反映室内热舒适度，即可以通过实时采集室内温度、空气流速的数据并计算室内操作温度的方式，实现室内热舒适度数据的实时采集。

$$t_{\mathrm{op}}=\frac{t_{\mathrm{a}}+t_{\mathrm{mrt}}}{2} \tag{5-1}$$

$$t_{\mathrm{mrt}}=t_{\mathrm{g}}+2.4v^{0.5}\left(t_{\mathrm{g}}-t_{\mathrm{a}}\right) \tag{5-2}$$

其中，t_{op}为操作温度，t_a为空气温度，t_{mrt}为辐射温度，t_g为黑球温度，v为空气流速。

（4）室内人员活动数据采集

对于公共建筑，可在室内安装红外摄像头记录人员的移动，或者通过安装普通网络摄像头获取视频或图像数据，并利用图像识别技术获取图像中的人数和人员活动轨迹。

对于居住建筑，由于涉及个人隐私问题，很难通过安装摄像头的方式获取室内人员的活动数据。因此，可在每个房间的门口安装人员统计仪，记录人员的进出情况，进而得到室内人数的实时数据。

（5）建筑能耗数据采集

对于电耗数据，通过安装多功能电能表采集数据。多功能电能表由测量单元和数据处理单元等组成，除具有普通电能表的功能外，还具有分时、测量最大需量和谐波总量等其他电能数据的计量监测功能。除此之外，对于插座用电，还可以通过安装智能插座进行监测。

对于燃气数据，可以通过安装燃气表进行监测。

对于采暖数据，利用超声波技术来监测。根据暖气管道外壁直径，在每个房间供暖管道进口和出口处安装合适规格型号的超声波热量传感器，可以实现对管道内流体流速和流量的监测。为避免拆装暖气管道，通过在暖气管道外壁安装温度传感器，可以得到管道内流体的温度数据，经过管壁传热损失的数据修正后，可以得到更准确的流体温度数据。

5.1.2 能耗数据传输技术

能耗数据传输技术是把采集的数据转换为TCP/IP协议格式，并将数据上传至系统数据服务器的技术，具体分为以下两部分：

第一部分为表具至数据采集设备的数据传输技术。在实现表具至数据采集设备的数据传输时，可以采用现场总线技术，如RS485、470MHz微功率无线技术等，具体的数据通信协议应符合《多功能电表通信规约》DL/T 645—2007（电能表）和《户用计量仪表数据传输技术条件》CJ/T 188—2004（水表、燃气表、热量表等）的技术要求。

第二部分为数据采集设备至服务器主机的数据传输技术。在实现数据采集设备至节能管理服务器主机的数据传输时，可以采用无线网络通信技术。不论数据网关选用何种方式上传数据，均应采用稳定且通用的TCP/IP通信协议。

5.1.3 能耗数据集成技术

根据能耗监测平台数据接口的情况不同，能耗数据集成可采用以下两种方式：

（1）通过现场采集网关直接进行数据转发集成的方式。

当现场网关采用标准数据规约，如ModbusTCP、IEC104、OPC等标准工业互联规约时，可以采用该种方式。若网关只提供私有规约或者不具备多路数据转发功能时，则不可采用该方式。

（2）与已有能耗数据监测平台直接对接集成的方式。

已有的能耗数据监测平台提供数据接口，本研究设计的能耗监测平台通过接口/规约方式直接从已有的能耗数据监测平台获取数据。要求已有的能耗数据监测平台提供对外数据转发的协议，可以支持的方式有：

1）DBlink对接方式：DBlink是定义一个数据库到另一个数据库路径的对象。在已有的能耗数据监测平台中创建DBlink，本研究设计的能耗数据监测平台就可以直接读取其数据库中的数据。

2）WebService数据接口：WebService是一个软件接口，它描述了一组可以在网络上通过标准化的XML消息传递访问的操作。它使用基于XML语言的协议来描述要执行的操作或者要与另一个Web服务交换的数据。通过WebService数据接口的方式，本研究设计的能耗监测平台可以定期读取已有的能耗数据监测平台的数据。

在集成所有的能耗数据后，应进行统一的数据存储、处理和展示。数据存储、处理和展示平台设计如图5-2所示。

数据的存储是基于一定的数据抽取频率，把原始采集数据与楼宇基础信息、设备基础信息、报警规则信息结合处理后，形成后续查询统计所需要的原始明细

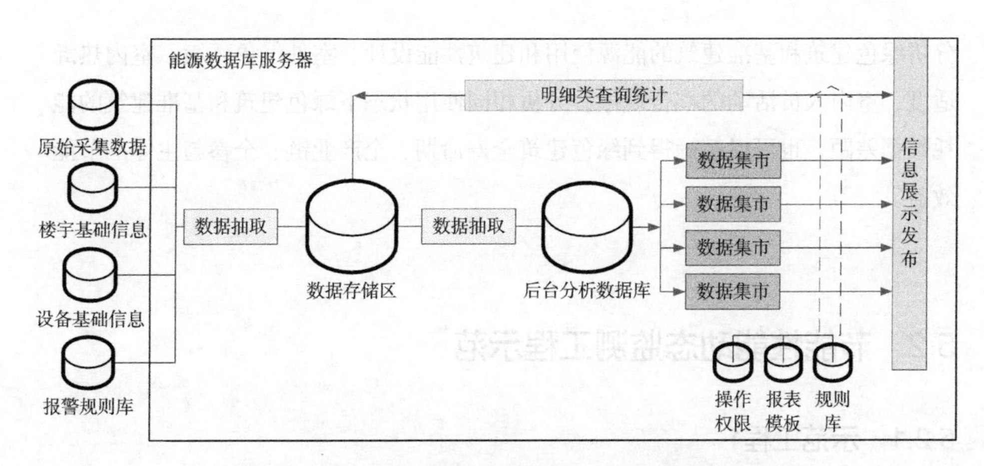

图 5-2　绿色建筑节能性能数据存储、处理和展示平台设计

数据，并存储在数据存储区内。数据的存储通常以缓存（Cache）和关系数据库（MS SQL Server）的方式保存。一般数据先保存在内存缓冲区内，当内存缓冲区的数据满24h时，内存缓冲区的数据便由缓冲区写入关系数据库的原始表，由此可以提高数据的写入速度。

后台分析数据库中存储的数据是基于一定的数据抽取频率，把数据存储区的数据按照统计、分析、比较功能的要求进行不同时间段分类、汇总和折算。这样各类数据的大批量加工不会影响到能源计量和远程监测系统的查询响应速度，只是在数据库内进行处理。根据用户的需求，可以直接调用后台分析数据库的数据处理结果。这样大大减少系统页面功能的计算工作量，提高整个系统的运行效率，最大化缩短系统的响应时间。

数据集市可以理解为面向不同角色、不同用户的专用业务功能。

信息展示发布层是对经过处理后的分类分项能耗数据进行分析汇总和整合，并通过静态表格和动态图表方式将能耗数据展示出来，为节能运行、节能改造、信息服务和制定相关节能规章制度提供信息服务。信息展示发布层采用B/S软件体系结构，有权限的用户可以通过局域网直接利用IE浏览器方式访问能源数据库服务器，查看数据报表和图表等信息。该种方式操作方便，免安装、维护。

基于绿色建筑节能性能动态监测技术，通过直接对比绿色建筑运营期的实际能耗数据和仿真能耗数据，可以得出绿色建筑节能性能的达成情况。此外，通过分析绿色建筑和基准建筑的能源使用和建筑性能设计、室外气象环境、室内热舒适度、室内人员活动的耦合规律，分析相同使用状态下绿色建筑和基准建筑的能耗数据差距，也可以精确得到绿色建筑全寿命期、全产业链、全参与主体的节能效益。

5.2 节能性能动态监测工程示范

5.2.1 示范工程1

基于绿色建筑节能性能动态监测技术方案，本研究在西安建筑科技大学草堂校区学府城9号教学楼（图5-3）建设了示范工程1。学府城9号教学楼共有4层，每层共有房间16间，其中的1间作为教师休息室，其余作为教室。教室具有容纳学生数量98人、140人、178人、190人共4种类型。教学楼标准层的教室布局

图 5-3 西安建筑科技大学草堂校区学府城 9 号教学楼

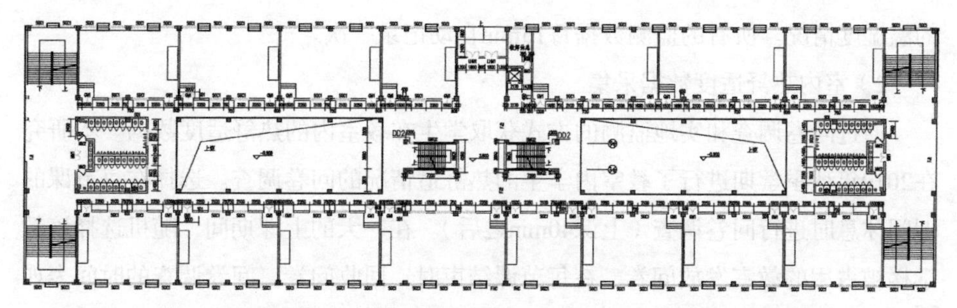

图 5-4　西安建筑科技大学草堂校区学府城 9 号教学楼标准层教室布局

如图5-4所示，该栋教学楼的总建筑面积约8000m^2。

（1）数据采集

1）气象环境数据采集

通过在教学楼屋顶搭建室外小型气象监测站（图5-5左）对室外气象数据进行采集。该室外小型气象监测站安装有温湿度传感器（型号：RS-WS-N01-1A-5）、风速变送器（型号：RS-FSJT）、太阳总辐射变送器（型号：RS-RA-N01-JT），分别实现对室外温湿度、风速、太阳辐射等室外气象数据的监测。其中，为避免太阳和地面对仪器的反射辐射，保护仪器免受强风、雨、雪等的影响，将温湿度传感器放置于小叶轻型百叶箱内（JZ-BYX1）。所有的监测数据每15min自动记录一次。

通过在每个教室的墙面上安装温湿度传感器（型号：RS-WS-N01-1A-5）（图5-5右）对室内的温湿度数据进行采集。该温湿度传感器可实时显示当前教室内

图 5-5　室外气象监测设备（左）和室内气象监测设备（右）

的温湿度情况。所有的监测数据每15min自动记录一次。

2）室内热舒适度数据采集

通过问卷调查和实地监测的方式获取学生在教室内的热舒适度数据。本研究在2019年秋季学期进行了教室内学生的热舒适情况的问卷调查。选择在每节课的课间休息时进行问卷调查（上课40min之后）。在一天的上课期间，随机选择该教学楼被占用的教室发放问卷。在每节课结束时，回收问卷。问卷调查的时间表如图5-6所示。问卷调查的内容为：①学生的基本信息，包括性别，年龄等；②热感觉投票（TSV），选项为：冷，凉，稍凉，中性，稍暖，暖，热。

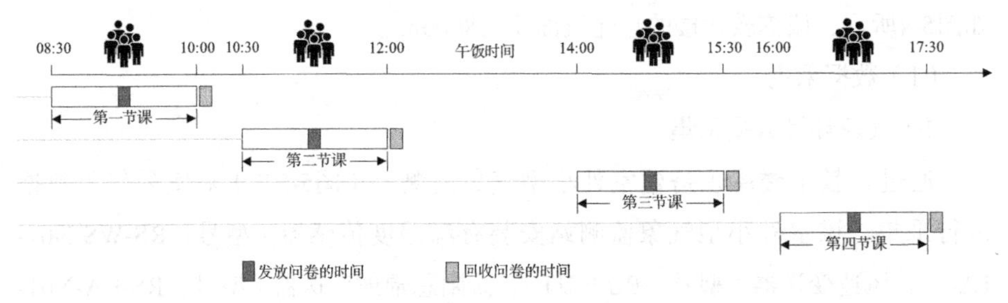

图 5-6 问卷调查的时间表

在调研期间，温湿度传感器、风速计、黑球温度计被放置在已占用的教室学生座位区域的中间位置（图5-7），高度1.1m，分别用来监测室内温度、湿度、空气流速、黑球温度。监测设备的信息见表5-1。监测设备的精度符合ASHRAE Standard 55中的相关规定。数据每10min自动记录一次。其中，室内操作温度根据室内温度、空气流速、黑球温度等数据计算。

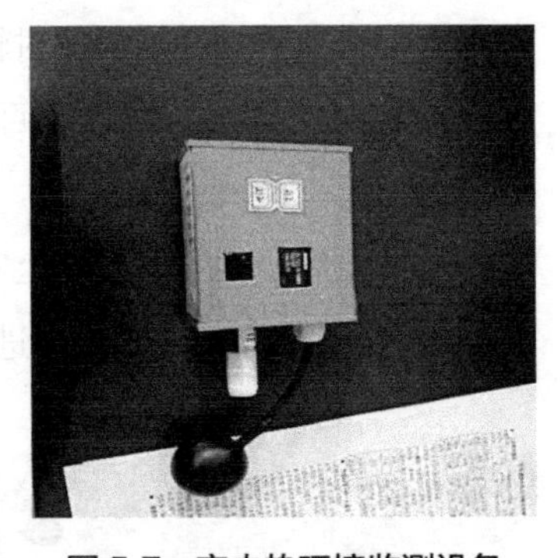

图 5-7 室内热环境监测设备

室内热环境监测设备的相关信息 表5-1

数据类型	设备	模型	范围	精确度
空气温度和相对湿度	温湿度传感器	TR-72ui	T_a: −20 ~ 60℃；RH: 0 ~ 95%	T_a: ± 0.5℃；RH: ± 3%
空气流速	风速计	ZRQF-F30	0.05 ~ 60m/s	±（0.04U ± 0.05）

续表

数据类型	设备	模型	范围	精确度
黑球温度	黑球温度计	TR102S	−100～400℃	±0.3℃
太阳辐射强度	太阳辐射强度计	TBD-1	0～2000W/m^2	±2%

根据问卷调查数据和室内热环境监测数据，运用回归分析的方法可得到学生实际的平均热感觉投票和室内操作温度的关系式。学生在教室内的热舒适水平即可用室内操作温度指标来代替。

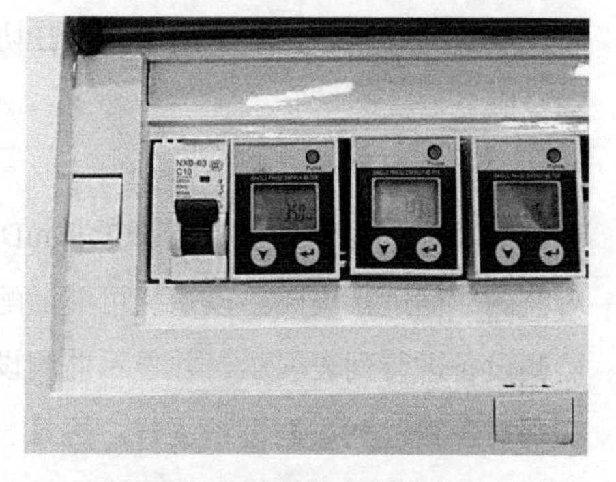

图 5-8　教室用电监测设备

3）建筑能耗数据采集

教室内的能耗类型主要为电耗。教室内的用电设备有照明、投影仪、风扇。通过在每个教室内安装3个三相导轨式电表SPM93（图5-8）可实现对照明电耗、投影仪电耗、风扇电耗的数据监测。考虑到教室未来有可能安装空调，所以在教室内预留了空调设备的监测线路，同样使用三相导轨式电表SPM93对空调电耗进行监测。所有的监测数据每15min自动记录一次。

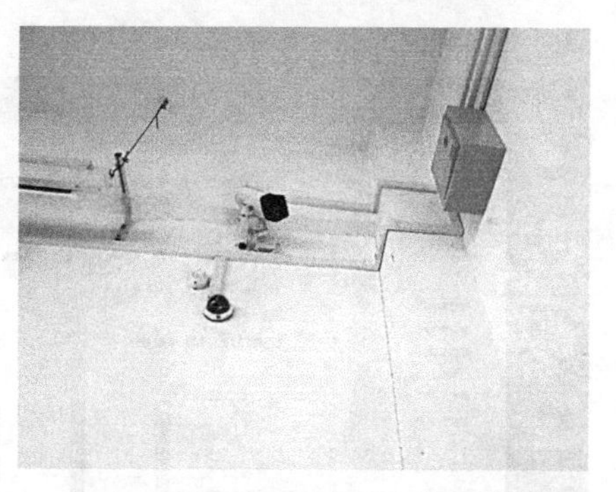

图 5-9　室内人员活动数据监测设备

4）室内人员活动数据采集

通过在每个教室内安装网络摄像头（型号：CT5网络监控）（图5-9）对室内的人员活动数据进行采集。所有教室的网络摄像头的监测数据统一传输至录像机（8路POE录像机7108N），由录像机进行存储，并通过电脑终端实时显示（图5-10）。录像机记录的是视频图像数

图 5-10　室内人员活动数据展示

据，该数据可实时被记录。为处理图像数据，本研究团队设计了相关算法进行图像识别，以输出图像中的人数，具体算法见附录。

（2）数据传输

本示范工程通过网络通信层传输有关数据。其中，采用LoRa无线传输方式将监测设备的数据传输到数据集中器，同时采用AES128技术对数据进行加密，以保证数据安全。其次，基于TCP/IP协议承载的有线方式将数据集中器的数据传输至服务器。

（3）数据集成

本示范工程采用能耗管理软件mDataView能耗监测数据管理系统（图5-11）对监测数据进行集成。该系统可灵活配置各种计量装置通信协议、通信通道，对监测设备进行列表展示，并显示监测设备采集的实时数据。此外，该系统还可以实现对各类监测数据进行逐日、逐月、逐年汇总，并以坐标曲线、柱状图、报表等形式显示，同时提供数据查询和导出功能。

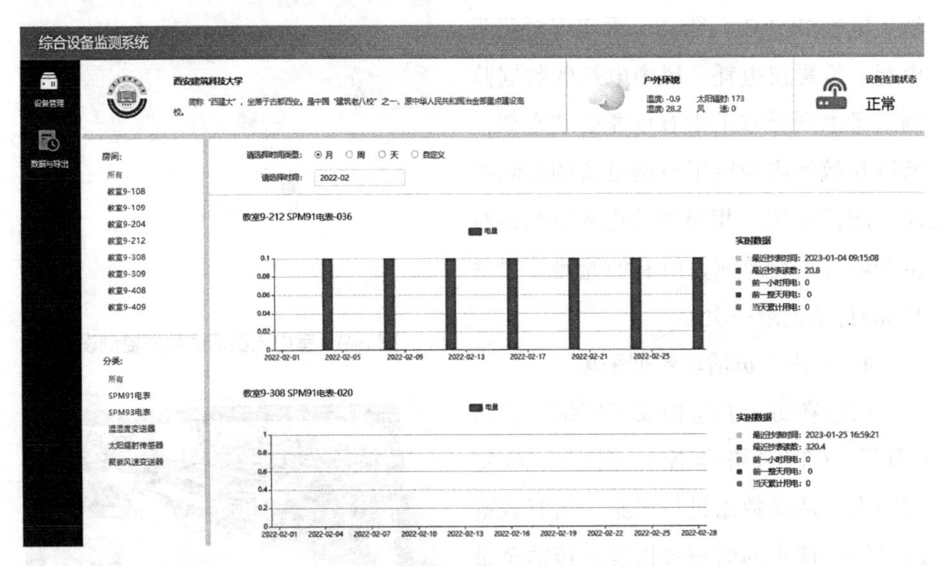

图 5-11 能耗监测数据管理系统

5.2.2 示范工程2

基于绿色建筑节能性能动态监测技术方案，本研究在西安市鄠邑区草堂营村选取了4户农户的居住建筑建设了示范工程2。该4栋居住建筑相邻，均为两层建筑，其中一层主要用于家庭自己居住，二层主要用来出租或作为储藏室。4栋居住建筑总建筑面积约1000m²。该示范工程对每栋居住建筑的用电进行分户计量。

（1）建筑能耗数据采集

通过在每栋居住建筑的空开处安装若干个单向智能仪表（型号：DDS1366）对居住建筑的照明用电、风扇耗电总量进行监测。为了保证安全，单向智能仪表全部放置在通用电表箱内（图5-12）。本示范工程采用的单向智能仪表为单向导轨式智能远传电表，支持DL/T 645—2007规约。

通过在居住建筑内部每个插座处安装智能家居智能插座（型号：WinTar-CS-HAE-S30）（图5-13）对居住建筑不同用电设备的电耗进行监测。4栋居住建筑的用电设备主要包括：空调、洗衣机、冰箱、电视、热水壶、电热毯、电磁炉等。

通过安装能耗数据采集器（型号：WinTar i-E1880）汇总所监测的电耗数据。能耗数据采集器向上与监测中心进行通信，向下与监测子网各终端设备进行通信，完成终端设备的数据采集、存储和转发等功能，同时起到协议转换的作用。一个能耗数据采集器可以同时采集多个用电设备的数据。

（2）数据传输

本示范工程采用RS485总线技术将智能插座的采集数据传输至数据采集器，

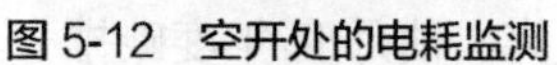

图5-12 空开处的电耗监测

图5-13 不同用电设备的电耗监测

通过组建局域网并利用TCP/IP网络协议实现数据采集器的数据向节能管理服务器主机传输。同时，为了提高数据传输的安全性，本示范工程对所有传输的数据进行了加密。此外，为了解决多个数据采集设备之间距离远、无线网络传输信号差的问题，本示范工程还安装了多个信号扩充器以加强网络信号。

（3）数据集成

针对单向智能仪表采集的数据，本示范工程搭建了能耗数据采集中心（图5-14），以实现对能耗数据进行汇总和分析。

图 5-14 能耗数据采集中心 PC 端

针对智能插座采集的数据，本示范工程定制开发了智能插座用电统计APP，实现对采集数据的存储、处理和查看。该智能插座用电统计APP依托于图5-15视频平台设计开发。该APP可以自定义分时用电量统计及分析、历史用电量查询、终端用电设备状态查询。例如，可在手机端实时查看每栋居住建筑电视插座、空调插座、洗衣机插座等的开关状态以及每个插座过去24h逐时的电耗数据。

5.2.3 示范工程3

基于绿色建筑节能性能动态监测集成技术，本研究还开发建设了校园能源数据智慧化平台。本研究与教育部学校规划建设发展中心合作，在校园能源数据智慧化平台中接入了全国30多所高校的能耗数据，并对数据进行了统计分析与展示。目前，校园能源数据智慧化平台共建设有6大模块，即：驾驶舱、能耗统计分析模块、碳排放分析模块、气候环境分析模块、研究成果管理模块、基础资料管理模块，其中驾驶舱展示了该平台所包含的全部高校能耗信息及各高校所在地理位置；能耗统计分析模块主要负责对全国各高校不同类型建筑的电、气、热、冷、煤、油、可再生能源的月度/年度消耗量进行对比分析与展示；碳排放分析模块主要负责对各高校不同类型建筑的电、气、热、冷、煤、油月度/年度碳排

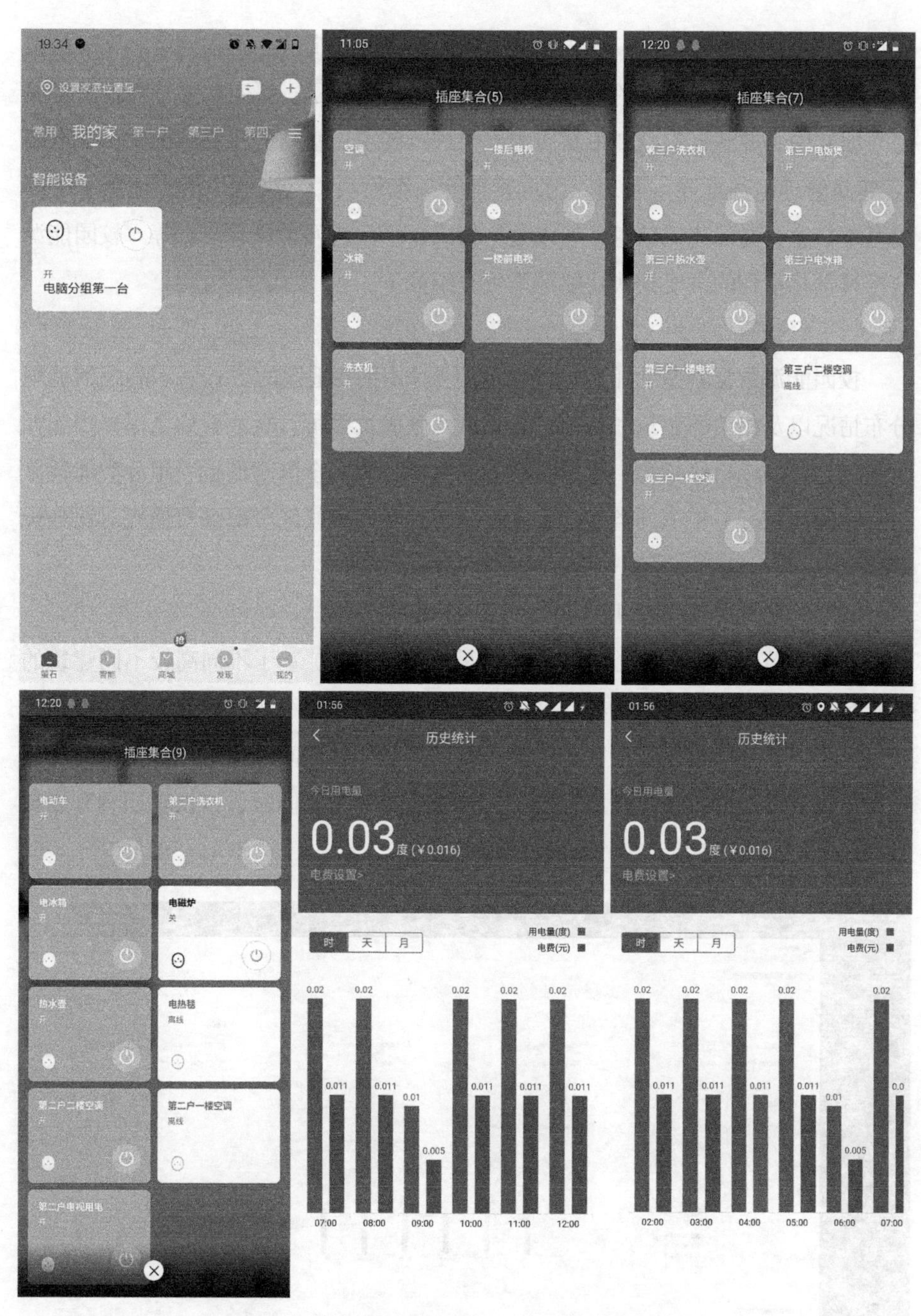

图 5-15 智能插座用电统计 APP 的数据集成展示

放量进行对比分析与展示；气候环境分析模块主要负责对全国各地级市实时的温湿度变化以及逐时和逐日的温湿度变化进行分析和展示；研究成果管理模块主要是对研究中心的基本信息和最新研究成果进行展示；基础资料管理模块里含有高校-建筑管理、数据导入管理、用户管理等二级模块，二级模块清楚地展示了高校基本信息、高校建筑信息、导入数据格式、平台访问者登录信息等。校园能源数据智慧化平台的主要模块功能的详细介绍如下。

（1）驾驶舱

校园能源数据智慧化平台的驾驶舱页面利用GIS地图的方式展示高校的地理分布情况以及相关的建筑和能耗信息。从驾驶舱页面可直观地看到全国高校能耗总量排名、能耗指标排名、全国高校能耗对比分析、全国高校近一年分类能耗分析、全国高校近一年不同类型建筑能耗分析、不同气候区全部高校能耗对比分析等信息。

（2）能耗统计分析模块

在空间范围维度上，能耗统计分析模块（图5-16）基于不同高校不同建筑的能耗数据，可实现建筑、高校、区域、热工分区四个层级的教育能源消耗统计分析。其中，整栋建筑是能耗数据的最小统计范围。在时间维度上，能耗统计分析模块可以实现全部高校年度能耗分析、月度能耗分析。同时，该模块还具有能耗数据的筛选和导出功能。

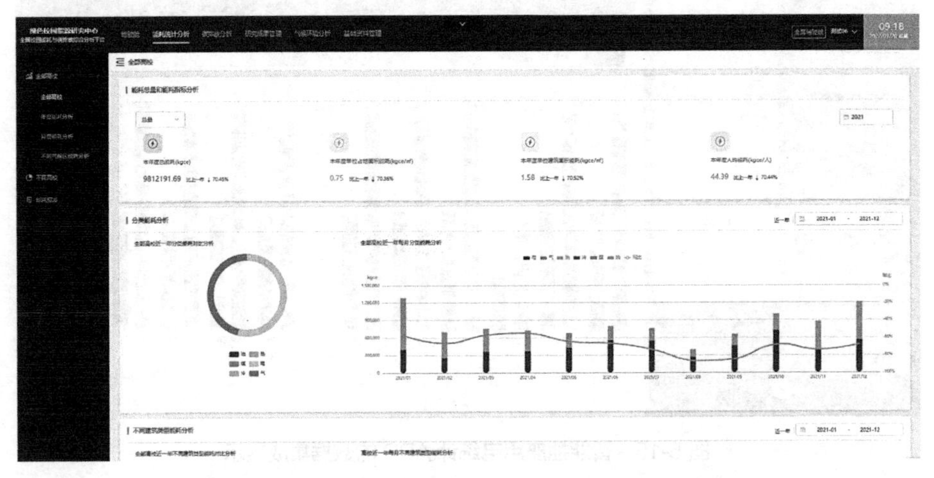

图 5-16　校园能源数据智慧化平台——能耗统计分析模块

图 5-17 校园能源数据智慧化平台——碳排放分析模块

（3）碳排放分析模块

碳排放分析模块（图5-17）是基于各区域电网碳排放因子和各类能源碳排放因子，将能耗统计分析模块中的能耗数据转化为碳排放数据。碳排放分析模块的展示维度与能耗统计分析模块相同。

（4）气候环境分析模块

气候环境分析模块（图5-18）以GIS地图的方式显示全国不同地区的温度和湿度。从气候环境分析模块可直观地看到全国各地区实时的温湿度变化情况，过去3天、7天、一个月的日平均温湿度变化情况。

（5）研究成果管理模块

研究成果管理模块（图5-19）展示了绿色校园能源研究中心的详细信息、研究中心的最新研究成果、行业最新研究报告。同时，也可以由平台管理者编辑、发布、删除研究中心信息介绍和成果推送内容。

（6）基础资料管理模块

基础资料管理模块（图5-20）包含有高校-建筑管理、数据导入管理、用户管理三个二级模块。

高校-建筑管理模块包含了高校基本信息和高校建筑信息。在该模块中可编辑、删除、新建高校基本信息（高校名称、高校所在地的经纬度、所在区域、气

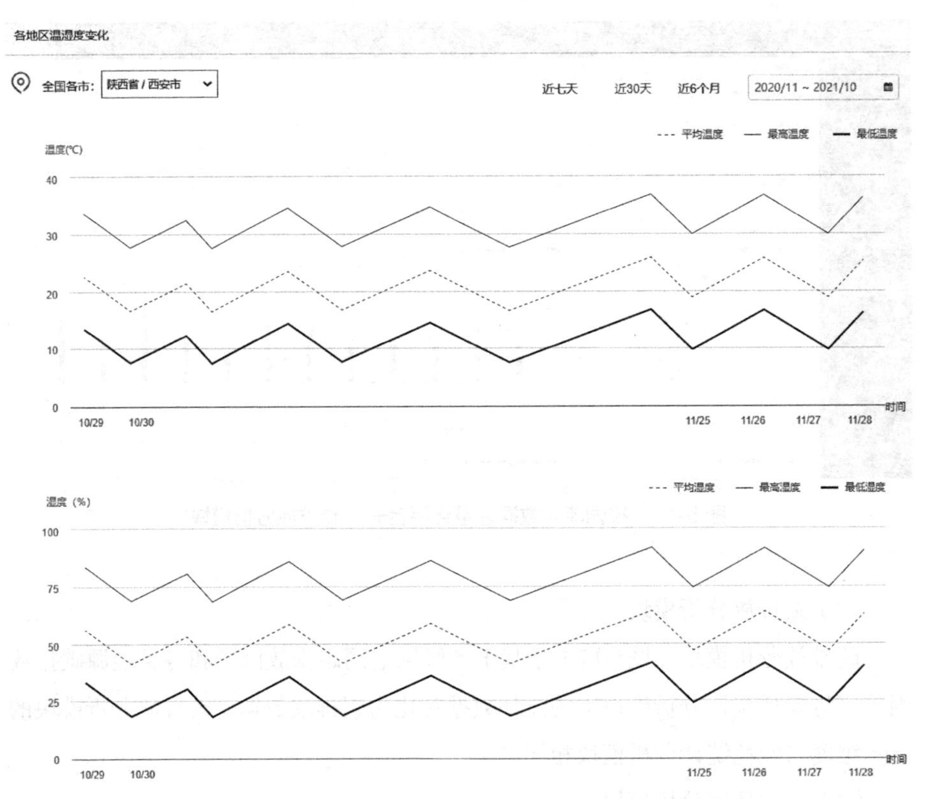

图 5-18 校园能源数据智慧化平台——气候环境分析模块

研究成果展示 > 详情

能源研究课题 - 《能源智慧化研究报告》

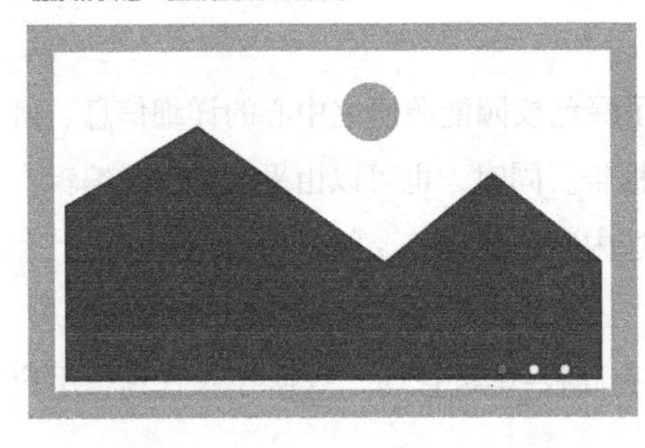

能源研究课题 - 《能源智慧化研究报告》

接入全国高校各类能源数据，包括水、电、气、冷、热、煤、油及可再生能源。实现数据导入-数据清洗-数据分析-数据导出的在线管理管控，满足实际需求，并实现智能化管理。建立以全国各高校的基础信息、能源能耗数据为基础，以能耗数据的统计、展示、查询、分析和管理为核心，以可视化大数据分析为目标的能源数据智慧化平台。在技术上，利用物联网、大数据分析、云计算等前沿技术，全力打造能源数据智慧化平台。在交互性上，支持美观、易用、方便的交互操作。

接入全国高校各类能源数据，包括水、电、气、冷、热、煤、油及可再生能源。实现数据导入-数据清洗-数据分析-数据导出的在线管理管控，满足实际需求，并实现智能化管理。建立以全国各高校的基础信息、能源能耗数据为基础，以能耗数据的统计、展示、查询、分析和管理为核心……

更多详情 >>

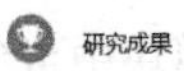

研究成果 更多>>

行业报告 更多>>

图 5-19 校园能源数据智慧化平台——研究成果管理模块

图 5-20 校园能源数据智慧化平台——基础资料管理模块

候区域、教师人数、学生人数、占地面积）和高校建筑信息（建筑名称、建筑功能、建筑结构数据、维护结构数据等）。

数据导入管理设置了统一的数据表格模板。根据表格模板收集相应的能耗数据。为便于不同类型能耗的对比，通过设置标煤转化系数，将所有的能耗数据转化为标准煤，从而进行下一步的分析。

用户管理模块主要对平台使用者的权限进行设置和管理。在该模块中可新建、删除、更改平台使用者的账号、密码和平台浏览权限等信息。

5.2.4 示范工程的用能规律分析

本研究以西安建筑科技大学草堂校区学府城9号教学楼308教室的监测数据为例，分析教室内的能耗与室外气象环境、室内热舒适度、室内人员活动的耦合规律。教室308的布局如图5-21所示。教室的长、宽、高分别为14.4m、9.6m、4.5m。该教室共有9台风扇、12盏照明灯、1台投影设备。

图 5-21 教室的内部视图

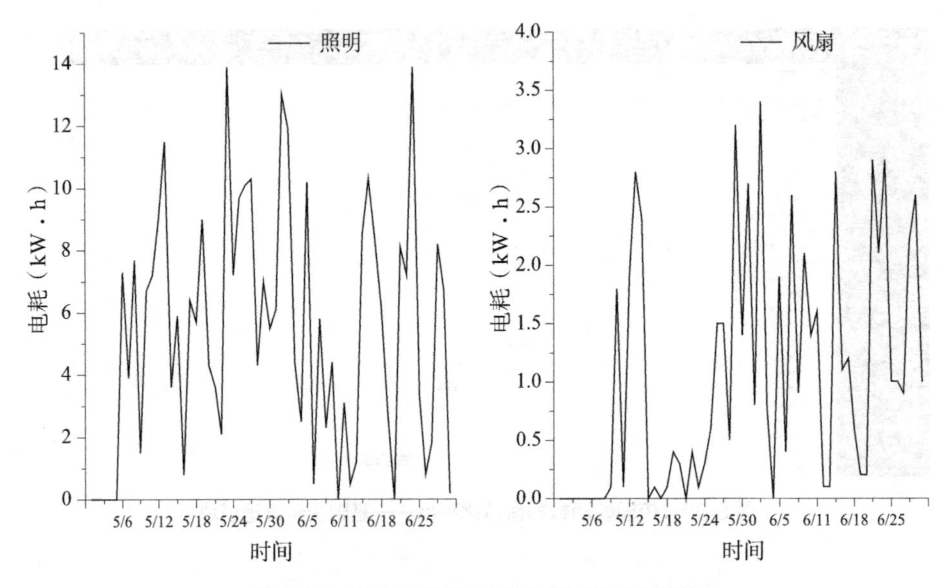

图 5-22 教室照明和风扇电耗逐日的变化趋势

夏季室外天气条件恶劣，教室内需要开启制冷设备以维持良好的热环境。因此，教室在夏季的能耗通常较高。为此，本研究选取教室夏季的能耗数据，分析教室的能耗与不同影响因素的耦合规律。教室夏季的能耗设备主要有照明灯、风扇和投影。由于投影设备的电耗仅与教室的课程安排和上课时长有关，与其他因素无关。为此，本研究分析的教室电耗主要是指照明、风扇电耗。

（1）照明和风扇电耗的变化规律

本研究选择2019年5月、6月的教室能耗监测数据，分析教室夏季能耗与其影响因素间的耦合规律。图5-22展示了2019年5月、6月，教室照明和风扇电耗的逐日变化趋势。从图5-22可以看出，在教室非占用期间（5月1日—5月5日），照明和风扇电耗均为0。在周末，教室照明和风扇电耗均有较大程度的下降。2019年5月，教室照明总电耗显著大于风扇总电耗。2019年6月，教室风扇总电耗显著大于5月的，而在5月和6月，教室照明总电耗基本相同。

本研究选取室外温度最高的一周（6月21日—6月27日）作为典型周，分析照明和风扇电耗在一周内逐时的变化趋势（图5-23）。

在22点之后至7点之前，照明电耗基本为0。在7点之后至22点之前，照明电耗基本保持稳定，在12点至14点，略有下降的趋势。周末照明电耗显著低于工作

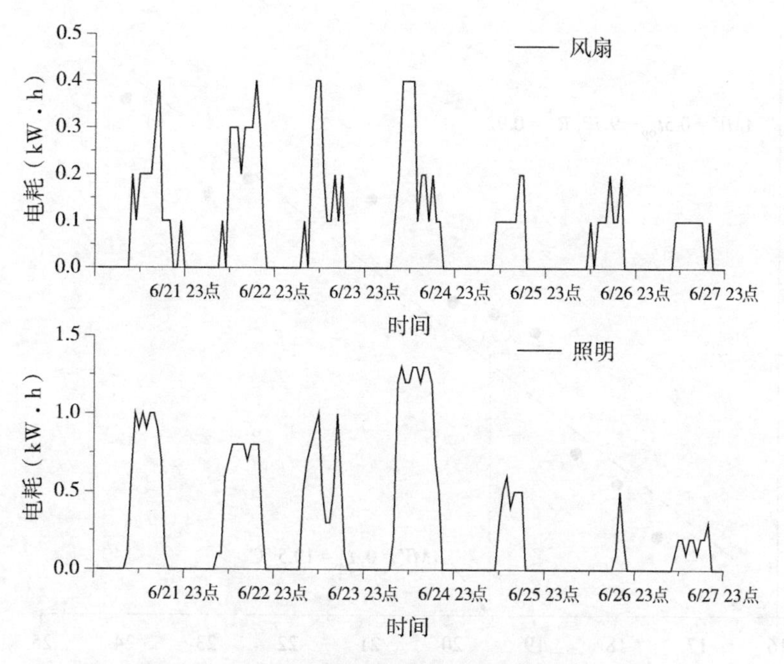

图 5-23　教室照明和风扇电耗典型周的逐时变化趋势

日，且周末照明电耗主要集中在晚上。周五的照明电耗显著低于其他时间的电耗，原因是教室在周五被安排的课程数量较少。

在22点之后至7点之前，风扇电耗基本为0。下午（14点至19点左右）风扇电耗较高，而在上午和晚上风扇电耗有明显的下降。风扇电耗的最高值通常出现在每天的14点左右。周末风扇电耗显著低于工作日的，且周末风扇电耗主要集中在下午。

（2）热舒适指标与热环境间的关系分析

通过问卷调查和物理监测的方式获取数据，从而分析热舒适指标与热环境间的关系。图5-24展示了学生实际的平均热感觉投票（*AMV*）与操作温度（t_{op}）的回归曲线。由图5-24可看出，*AMV*指标与操作温度为线性关系，两者的关系表达式为公式（5-3）。随着操作温度从16℃上升到25℃，学生的热感觉逐渐由凉过渡到暖，当室内操作温度为19.5℃时，学生的热感觉为中性。图5-25展示了学生实际的热环境不满意百分比（*APD*）与操作温度的回归曲线。由图5-25可看出，*APD*指标与操作温度为二次函数关系，两者的关系表达式为公式（5-4）。在20℃

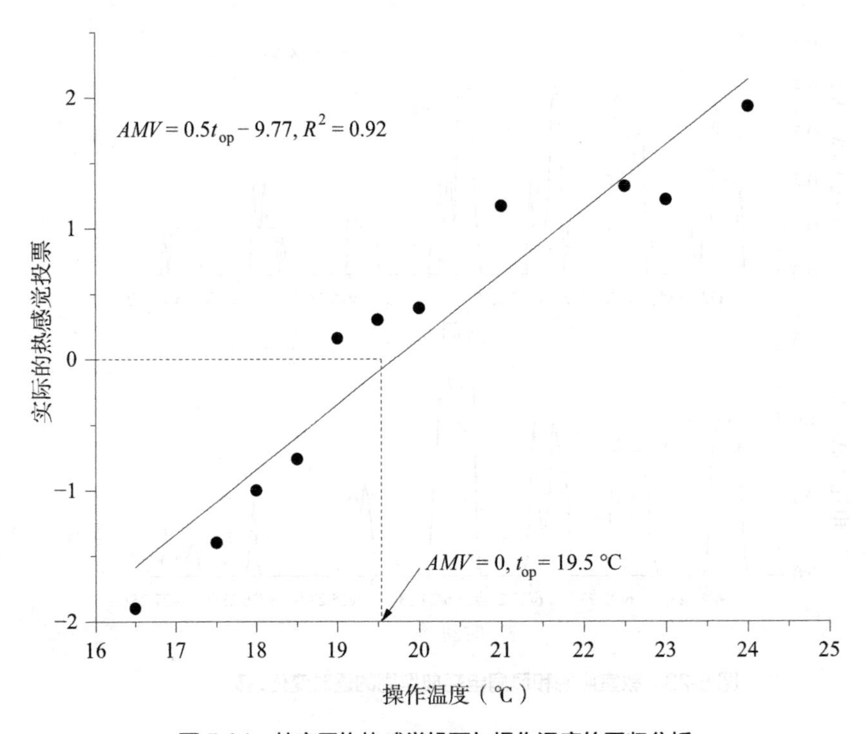

图 5-24　教室平均热感觉投票与操作温度的回归分析

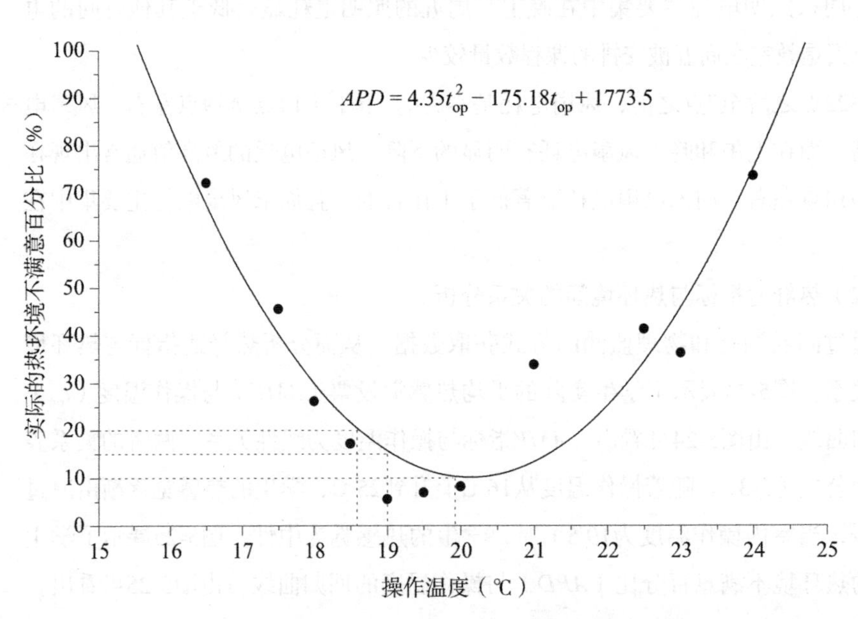

图 5-25　教室热环境不满意百分比与操作温度的回归分析

以上时，随着操作温度的上升，学生的热舒适水平逐渐下降，而在20℃以下时，随着操作温度的上升，学生的热舒适水平逐渐上升。在夏季时期，室内维持在20℃左右时，可被认为是舒适的热环境；室内维持在20℃至22℃时，可被认为是可接受的热环境；而在22℃以上时，则认为是不可接受的热环境。

$$AMV = 0.5t_{op} - 9.77 \quad (5\text{-}3)$$

$$APD = 4.35t_{op}^2 - 175.18t_{op} + 1773.5 \quad (5\text{-}4)$$

（3）照明和风扇电耗与其影响因素间的耦合规律

本书借助Stata工具，通过建立多元线性回归模型（MLR）考察气象环境数据、教室内人数、热舒适指标与教室能耗间的耦合规律。假设有k个自变量，MLR模型可以写作：

$$y = \beta_0 + \beta_1\alpha_1 + \beta_2\alpha_2 + \cdots\cdots + \beta_k\alpha_k + \delta \quad (5\text{-}5)$$

其中，y表示电耗（照明电耗、风扇电耗）；α_1、α_2、……、α_k分别表示室内外气象数据、教室内人数、热舒适度等影响因素指标；δ为实际值和估计值之间的差值，其中热舒适度指标通过室内操作温度指标计算得到，其余指标的数据通过监测的方式得到。MLR模型的输出结果包括截距（β_0）、系数的估计值（β_1, β_2,……, β_k）、p值、R^2和调整后的R^2，其中截距表示的是所有影响因素的值为0时的能耗值；系数的估计值表示的是每个影响因素值增加1时能耗的增加值；p值代表模型的显著性，本研究假设当p值低于0.1时，模型具有统计显著性；R^2表示由线性模型解释的因变量变化的百分比，计算方法见公式（5-6），R^2越大，则表示自变量对因变量的可解释能力越大；调整后的R^2（$AdjR^2$）同时考虑了样本量和自变量个数的影响，计算方法见公式（5-7）。

$$R^2 = 1 - \frac{\delta}{\sum_{i=1}^{n}\left(y_i - \overline{y}\right)^2} \quad (5\text{-}6)$$

$$AdjR^2 = 1 - \frac{\delta / n-k}{\sum_{i=1}^{n}\left(y_i - \overline{y}\right)^2 \Big/ n-1} \quad (5\text{-}7)$$

其中，n为样本个数；$\overline{y}$为样本均值；k为自变量个数。

1）照明电耗与其影响因素的耦合规律分析

表5-2展示了照明和风扇电耗与气象、室内人数、室内热舒适度等数据的回

归结果。对照明电耗有显著正向影响的因素有人数和室内湿度、室外湿度等指标，对照明电耗有显著的负向影响的因素有太阳辐射和热环境不满意百分比指标。照明与其影响因素的回归关系式见公式（5-8）。

$$y_{照明电耗}=0.024x_1+0.065x_3+0.001x_5-0.002x_6-0.675x_7 \tag{5-8}$$

其中，照明电耗的单位为kW·h。

照明和风扇电耗与气象、室内人数、室内热舒适度的回归结果　表5-2

	照明电耗（y_1）	风扇电耗（y_2）
人数（x_1）	0.024^{***} (0.004)	0.010^{***} (0.001)
平均室内温度（x_2）	0.017 (0.012)	0.003 (0.003)
平均室内湿度（x_3）	0.065^{*} (0.038)	0.007^{*} (0.009)
平均室外温度（x_4）	−0.003 (0.011)	−0.001 (0.002)
平均室外湿度（x_5）	0.001^{***} (0.000)	0.001^{***} (0.000)
太阳辐射（x_6）	-0.002^{***} (0.005)	-0.002^{*} (0.001)
热环境不满意百分比（x_7）	-0.675^{***} (0.128)	-0.294^{***} (0.030)

注：*表示 $p<0.1$（在10%的显著性水平上显著），**表示 $p<0.05$（在5%的显著性水平上显著），***表示 $p<0.01$（在1%的显著性水平上显著），括号外为标准误差，括号内为回归系数。

教室中照明灯共有4排，分别在讲台、座位前排、座位中间、座位后排的位置。当教室中仅部分区域（如前排）被占用时，学生通常仅会开启自己座位所在区域的灯，而其他区域的灯则为关闭状态。随着学生数量的增加，教室的照明灯被开启的数量也越来越多。因此，照明电耗与人数显著正相关。当教室中的人数达到一定数量时（通常接近教室最大座位数），照明灯将会全部打开，此时照明电耗达到最大，将不会随着人数的增加而增加。随着室外太阳辐射强度的增加，教室内的亮度增加，教室管理员会关闭照明灯，并且通过调研发现，通常在教室亮度不足时，学生才会开启照明灯。当教室亮度充足时，学生一般不会开灯。因此，太阳辐射强度指标与照明电耗显著负相关。学生的热舒适水平与照明电耗显著负相关。

2）风扇电耗与其影响因素的耦合规律分析

对风扇电耗有显著正向影响的因素有人数、室内湿度、室外湿度指标，对风扇电耗有显著负向影响的因素有太阳辐射和热环境不满意百分比指标。风扇与其影响因素的回归关系式见公式（5-9）。

$$y_{风扇电耗} = 0.010x_1 + 0.007x_3 + 0.001x_5 - 0.002x_6 - 0.294x_7 \tag{5-9}$$

其中，风扇的电耗单位为kW·h。

教室中的风扇共有3排，分别分布在座位前排、座位中间、座位后排的位置。人数与风扇电耗显著正相关，其原因与人数对照明电耗的影响是相同的。在人数较少的时候，仅会有部分区域的风扇被打开。随着人数的增加，被开启的风扇数量增加，风扇的电耗也随之增加。当教室中的人数达到一定数量时，风扇的电耗将趋于稳定，不会随着人数的增加而增加。

室内湿度和风扇电耗显著正相关，其原因是随着开启风扇数量和风扇转速的增加，室内空气流速增大，室内温度降低，空气遇冷会增加空气湿度。

在夏季，室内空气流速的加快，有助于营造良好的室内热环境，从而提高学生的热舒适水平。风扇开启得越多、越快，学生的热舒适水平越高，风扇的电耗也越大。

5.3 节能性能动态监测技术推广的政策作用效果分析

5.3.1 节能性能动态监测技术推广的政策工具分析

目前，绿色建筑节能性能动态监测技术的推广和使用效果不佳。为推广绿色建筑节能性能动态监测技术，国家颁布了一系列的政策，但不同类型的政策对绿色建筑节能性能动态监测技术推广的作用效果不清。根据不同的分类依据，可将政策工具划分为不同的类别，其中经济合作与发展组织（OECD）按照政策的干预形式，将政策工具划分为“命令控制型”“经济激励型”“自愿型”三类，这一分类方法是在环境保护方面应用最为广泛的分类方法。命令控制型政策工具主要是通过使用规则和政府的强制力使社会行为必须符合规范，它主要包含法律、法规、规章以及各种标准和配额。经济激励型政策工具是一种通过将外部环境、社会效益内部化和市场机制，改变能源消费行为的成本-效益，从而指导公众行为的政策，其主要形式是税收、补贴、合同能源管理和碳排放交易机制。自愿型政策工具的目的在于通过提供参与机会、相关信息和成功实施的例子，逐步指导公众的生活方式和行为，其常见的形式包括标签和认证、公共领导计划、教育和信息计划、详细的计费和披露计划、审计和能源管理。为此，本研究在分析绿色建筑节能性能动态监测技术推广的政策工具时，主要采用经济合作与发展组织（OECD）的政策工具分类方式。本研究对中国实施的绿色建筑节能性能动态监测技术推广的相关政策进行梳理，并在此基础上，将中国绿色建筑节能性能动态监测技术的推广阶段进行了划分，具体如下：

（1）绿色建筑节能性能动态监测技术在公共建筑中的发展历程

1）概念提出阶段（1990～2006年）

在此期间，中国自1990年首次提出了“能源监测”的概念以后，除个别省出台了一些政策外，如浙江省在2002年出台了《浙江省能源利用监测管理办法》，在国家层面上基本上没有发布与此相关的政策。在该阶段，中国所采用的政策工具呈整体数量较少，而且以命令控制型为主的特征。随着中国公共建筑能耗的不断攀升，“公共建筑能耗监测”这一话题得到了学术界的广泛关注，尤其是清华大学，这为后续公共建筑能耗监测相关政策的颁布奠定了基础。2004年10月，江亿向北京市政府建议，在开展大型公共建筑节能的工作中，应着力推进分项计量，揭示大型公建的用能不合理的问题，明确节能潜力；2005年11月，清华大学建筑节能研究中心在完成部分中央国家机关办公建筑节能诊断工作后，向国家机关事务管理局提出应把建立大型政府办公建筑能耗分项计量系统作为推进政府机构建筑节能的基础；2006年3月起，清华大学建筑节能研究中心在民政部、中联部、国家发展改革委等政府办公大楼和北京发展大厦、清华大学节能楼等公共建筑中，进行分项计量电表安装改造、数据网络传输、数据库搭建、实时动态数据展示、能耗数据分析与节能诊断等一系列试点工作。

2）示范阶段（2007～2013年）

在该阶段，我国主要通过试点省、市和示范项目的方式推广能耗监测技术，共确定了5批能耗动态监测平台建设试点，主要包括北京、天津、深圳、山西、辽宁、吉林等33个省市，并对5000余栋建筑进行了能耗动态监测。在此期间，我国共颁布了22个国家层面的相关政策，其中命令控制型有13个，经济激励型有7个，自愿型有2个，所采用的政策工具的特征表现为：政策工具类型不断丰富，但仍然以命令控制型政策工具为主导，经济激励型和自愿型政策工具为辅。这些政策在内容上更加完善和细化，不但扩大了实施能耗监测的公共建筑范围，即由国家机关办公建筑和大型公共建筑扩大为校园建筑和绿色建筑等，这一变化可在《关于推进高等学校节约型校园建设 进一步加强高等学校节能节水工作的意见》《绿色建筑行动方案》等政策中体现，而且对能耗监测技术的开发、实施方案、数据传输等内容进行了更加详细的规定与说明，如“三个方案”“五部技术导则”等。

3）逐步推广阶段（2013年至今）

在总结示范项目经验的基础上，2013年以后，中国开始在全国范围内逐步推广公共建筑能耗监测技术，但目前河北、内蒙古、辽宁、陕西等12个地区的能耗动态监测平台建设进展依然缓慢。在该阶段，所采用的政策工具整体数量减少（共12个），命令控制型政策工具（10个）的主导地位依然存在，但是不再倾向于规范和标准类的措施，而更多的是对能耗监测技术未来发展方向的指导性政策，如《住房城乡建设事业“十三五”规划纲要》和《建筑节能与绿色建筑发展“十三五”规划》等；经济激励型政策工具被取缔；自愿型政策工具的数量依然较少（2个），且类型主要是信息的宣传，并未颁布新的措施。

（2）绿色建筑节能性能动态监测技术在居住建筑中的发展历程

绿色居住建筑的节能性能动态监测技术主要是指供热计量技术，本研究主要介绍供热计量技术的发展历程。

1）探索阶段（1990～2002年）

在1990年以前，中国尚未形成热计量这一概念，受北欧供热计量的影响，国内专家学者对热计量开始有了初步的了解，并将热计量的概念引入国内。1990年中国开始关注供暖热计量收费问题。1990年，热计量表作为专题被列入“七五”科技攻关计划，1995年中国颁布了《民用建筑节能设计标准》，2000年颁布《民用建筑节能管理规定》，规定中明确表示，新建居住建筑的集中采暖系统应实行热计量收费政策。在该阶段，中国所采用的政策工具呈整体数量较少，而且以命令控制型为主的特征。

2）起步阶段（2003～2008年）

2003～2008年，中国供热改革浪潮滚滚而来，北京市、天津市、长春市、大连市、兰州市、呼和浩特市、包头市、唐山市、承德市、威海市、德州市、招远市12个城市开展了热计量试点示范工作。在此期间，我国共颁布了19个国家层面的相关政策，其中命令控制型有16个，经济激励型有3个，自愿型有1个，所采用的政策工具呈现的特征表现为：政策工具类型不断丰富，但仍然以命令控制型政策工具为主导，经济激励型和自愿型政策工具为辅。命令控制型政策在内容上更多的是对热计量工作的进一步细化和标准化，如《城镇住宅供热计量技术指南》《民用建筑节能条例》《中华人民共和国节约能源法》《节能减排综合性工作方案》《城市供热价格管理暂行办法》等；经济激励型政策工具在内容上主要是说明如何发挥财政资金使用效益，如《北方采暖区既有居住建筑供热计量及节能改造奖励资金管理暂行办法》等；自愿型主要是针对开展热计量试点工作的安排，如《关于城镇供热体制改革试点工作的指导意见》。

3）全面推广阶段（2009年以来）

从2009年开始，我国的热计量行业发展进入了快车道，在此期间，我国共颁布了18个国家层面的相关政策，其中命令控制型有17个，经济激励型有1个。从内容上来说，所颁布的政策内容主要是对以往工作成果和工作经验的梳理、总结以及后续工作的安排，如2009年，住房和城乡建设部颁发了行业标准《供热计量技术规程》，将之前供热计量中的各种方法和概念作了全面的梳理；《关于2012年北方采暖地区供热计量改革工作专项监督检查情况的通报》对2012年北方采暖地区供热计量改革工作成果进行了通报等。

5.3.2 不同政策工具对节能性能动态监测技术推广的作用效果分析

（1）研究方法

为了分析不同政策工具对节能性能动态监测技术推广的作用效果，本研究采用了实证研究中最常用的研究方法：问卷调查和半结构化访谈。通过问卷调查，获得了受访者的基本信息以及有关不同政策工具对推广节能性能动态监测技术影响的定量信息。问卷包括两部分：一是受访者的基本信息，例如受访者的年龄和性别；二是调查不同政策工具对推广节能性能动态监测技术的影响，这是问卷调查的主要内容。问卷以5点李克特量表的形式展示了三种政策工具，要求被调查者从1～5分中对每种政策工具的效果进行评分，其中1代表被调查者认为该政策工具“一点也不影响”，而5代表“非常影响”，问卷中各变量的描述和量化见表5-3。鉴于他们对问卷的了解，对一些能够积极配合调查的受访者进行了深入访谈，以了解他们对不同政策工具持某种态度的原因。

不同变量的描述和量化 **表5-3**

<table>
<tr><th>变量名称</th><th>变量描述</th><th>变量的量化</th></tr>
<tr><td>DS</td><td>能耗监测技术的推广情况</td><td>一点也不好=1、不太好=2、一般=3、比较好=4、非常好=5</td></tr>
<tr><td>GEN</td><td>性别</td><td>男=1、女=2</td></tr>
<tr><td>AGE</td><td>年龄</td><td>数值型</td></tr>
<tr><td>EDU</td><td>学历</td><td>初中及以下=1、高中或中专=2、本科或大专=3、研究生及以上=4</td></tr>
<tr><td>WY</td><td>从事建筑节能相关工作的年限</td><td>数值型</td></tr>
<tr><td>UP</td><td>单位性质</td><td>民营/私营企业=1、国有企业=2、合资或外资企业=3 行政机关=4、事业单位=5、其他=6</td></tr>
<tr><td>POS</td><td>职位</td><td>普通职员=1、中层管理者=2、高层管理者=3</td></tr>
<tr><td>CAC</td><td>命令控制型政策</td><td rowspan="15">一点也不影响=1、不太影响=2、一般=3、比较影响=4、非常影响=5</td></tr>
<tr><td>EI</td><td>经济激励型政策</td></tr>
<tr><td>VI</td><td>自愿型政策</td></tr>
<tr><td>LR</td><td>法律法规</td></tr>
<tr><td>TS</td><td>技术标准</td></tr>
<tr><td>CQ</td><td>公共建筑能耗定额</td></tr>
<tr><td>SA</td><td>采用能耗监测技术的补贴</td></tr>
<tr><td>EPC</td><td>合同能源管理</td></tr>
<tr><td>CT</td><td>碳交易</td></tr>
<tr><td>LC</td><td>标签和认证</td></tr>
<tr><td>EIP</td><td>教育和信息计划</td></tr>
<tr><td>AD</td><td>能源审计与披露</td></tr>
</table>

关于被调研区域的确定，本研究选择西安市作为被调研区域，原因在于：①西安市具有迫切的节能需要，这主要表现在两个方面：一是西安市建筑能耗大。西安属于中国气候分区的寒冷地区，夏季需要降温，冬季需要采暖，这意味着建筑物要消耗大量能量才能获得舒适的室内环境。二是西安市空气污染问题严重。2017年，西安市PM2.5年平均浓度为73μg/m³，是中国空气污染最为严重的十大城市之一。②西安市绿色建筑节能性能动态监测技术的推广情况不容乐观。这主要表现在两个方面：一是西安市推广建筑节能性能动态监测技术的起步比较晚，西安市于2015年8月才被确定为陕西省首个公共建筑能耗监测试点城市；二是建筑节能性能监测技术的推广进程缓慢，截至2017年底，西安市只有100栋示范项目被纳入能耗监测平台。③现有政策的不完备是造成西安市“迫切的节能需求”和“节能性能动态监测技术的推广情况不佳”这一巨大反差的主要原因。与其他城市相比，西安市现有推广建筑节能性能动态监测技术的政策存在的问题主要体现在以下两个方面：①政策数量少、类型有限。目前西安市制定的与推广建筑节能性能动态监测技术直接相关的政策仅有3个、2类；②政策的作用时间短、范围小。西安市仅给予100栋示范项目财政补贴，而且只有一年的申报时间。因此，找出对于西安市推广建筑节能性能动态监测技术最为有效的政策并对现有政策进行改进，能够有效降低“迫切的节能需求”和“节能性能动态监测技术推广情况不佳”的巨大反差。

关于被调研人群的确定，由于本研究的目的是探究哪类政策对推广建筑节能性能动态监测技术最为有效，因此不仅需要被调查者十分了解建筑节能性能动态监测技术，而且要对整个西安市建筑节能性能动态监测技术的推广情况具有宏观的认识，而普通消费者很少同时具备这两方面的能力。因此，本研究主要的调查对象为政府工作人员、相关学者和建筑节能性能动态监测技术的供应企业。由于在居住建筑中，实现各路用能的单独分项计量较为困难，往往仅能实现建筑能耗的分户计量，因此本研究以公共建筑为例，分析不同类型的政策对建筑节能性能动态监测技术推广的效果。

（2）研究结果

1）描述性统计分析

本次调研共发放问卷386份，剔除遗漏重要信息的问卷29份，以及胡乱填写的问卷44份后，共回收有效问卷313份，有效回收率为81.1%。本研究的313个样本中，关于建筑节能性能动态监测技术在公共建筑中的推广情况，52.4%的认为一般，29.71%的认为不太好，6.71%的认为一点也不好，三者累计达到88.82%，由此可进一步说明建筑节能性能动态监测技术在西安市公共建筑中的推广情况不佳，以及本研究的必要性。样本的人口统计信息如图5-26所示。

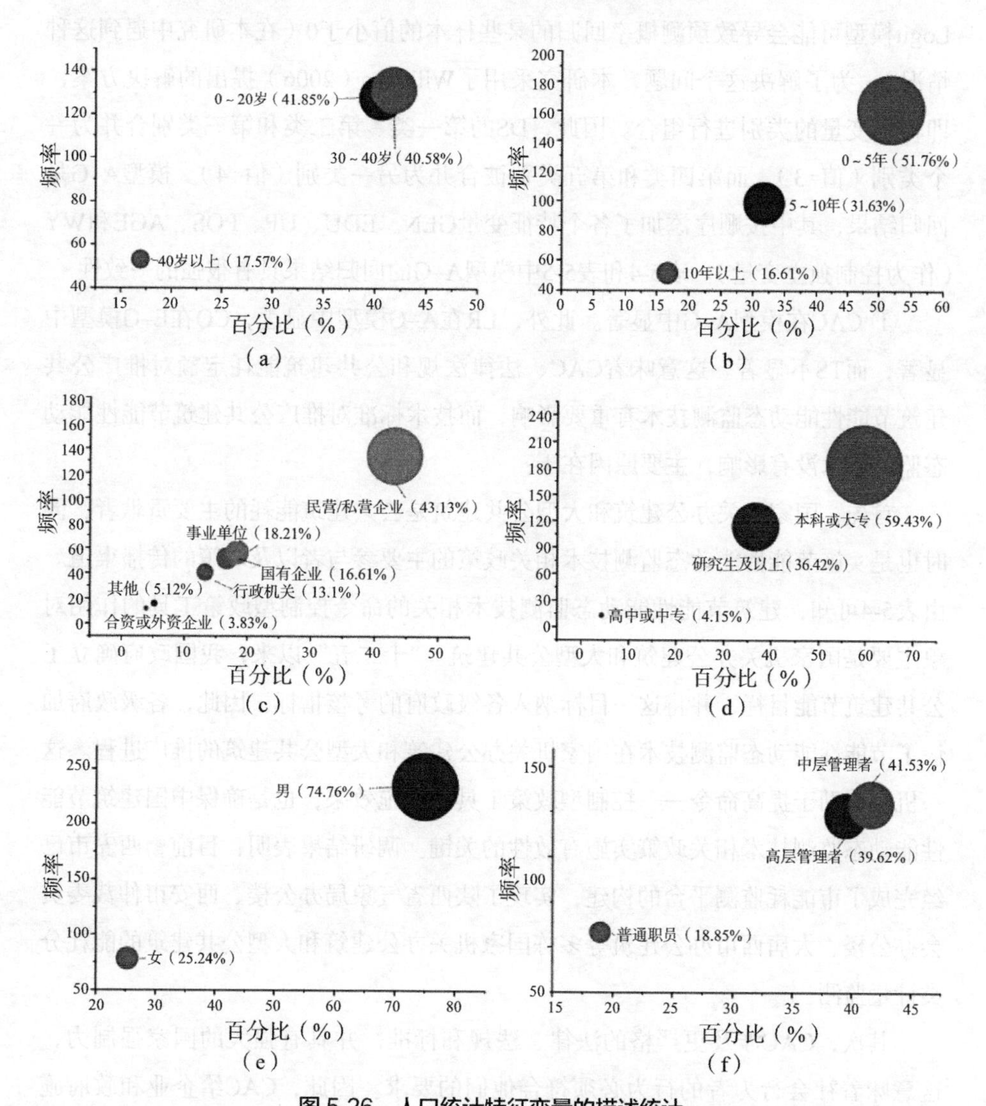

图 5-26　人口统计特征变量的描述统计

（a）年龄；（b）从事建筑节能相关工作的年限；（c）单位性质；（d）学历；（e）性别；（f）职位

2）回归分析

本研究采用广义定序Logit模型进行回归分析，为了防止估计的系数的*t*统计量因异方差而被高估，本研究使用了一种稳健的估计方法Huber / White / Sandwich来估计模型的系数。考虑到因变量DS的每个类别中样本的频率分布差异很大，例如，样本频率在第五种类型中为5，在第三种类型中为164，广义有序Logit模型可能会导致预测概率回归的某些样本的值小于0（在本研究中遇到这种情况）。为了解决这个问题，本研究采用了Williams（2006）提出的解决方案，即将因变量的类别进行组合。因此，DS的第一类、第二类和第三类别合并为一个类别（值=3），而第四类和第五类别被合并为另一类别（值=4）。模型A–G是回归结果，其中按顺序添加了各个特征变量GEN、EDU、UP、POS、AGE和WY（作为控制独立变量）。表5-4和表5-5中模型A–G的回归结果具有很强的一致性。

① CAC在模型A–G中显著。此外，LR在A–G模型中显著，CQ在E–G模型中显著，而TS不显著。这意味着CAC、法律法规和公共建筑能耗定额对推广公共建筑节能性能动态监测技术有重要影响，而技术标准对推广公共建筑节能性能动态监测技术没有影响，主要原因在于：

首先，国家机关办公建筑和大型公共建筑是公共建筑能耗的主要贡献者，同时也是实施节能性能动态监测技术相关政策的主要参与者以及政策的传播渠道。由表5-4可知，建筑节能性能动态监测技术相关的命令控制型政策工具的作用对象主要是国家机关办公建筑和大型公共建筑。“十二五”以来，我国政府确立了公共建筑节能目标，并将这一目标纳入各级政府的考核指标。因此，各级政府加快了节能性能动态监测技术在国家机关办公建筑和大型公共建筑的推广进程。这一机制有助于提高命令——控制型政策工具的实施效果，也是确保中国建筑节能性能动态监测技术相关政策实施有效性的关键。调研结果表明：目前，西安市已经完成了市能耗监测平台的构建，实现了陕西省气象局办公楼、西安市仲裁委员会办公楼、大唐西市办公建筑等多栋国家机关办公建筑和大型公共建筑的能耗分类计量监测。

其次，CAC涉及更严格的法律、法规和标准，并具有强大的国家强制力，这意味着社会行为者的行为必须符合他们的要求。因此，CAC给企业和政府施加了新的压力，这种压力鼓励企业和政府在制定战略时考虑环境责任。正如一

三类政策工具的回归结果 表5-4

变量名称	模型A	模型B	模型 C	模型 D	模型 E	模型 F	模型G
CAC	−0.43187524*	−0.44188735*	−0.44107109*	−0.44022469**	−0.43607735**	−0.43341379**	−0.40421238*
EI	−0.0445	−0.0404	−0.0421	−0.0416	−0.0229	−0.0291	−0.0453
EXI	−0.5483194**	−0.54139531**	−0.54023755**	−0.54073494**	−0.52660972**	−0.51929832**	−0.51992507**
GEN		−0.522	−0.514	−0.507	−0.506	−0.356	−0.383
EDU			−0.357	−0.367	−0.362	−0.362	−0.159
UP				0.208472*	0.21006473*	0.20888081*	0.20896161*
POS					−0.00397	−0.00190	0.00892
AGE						0.00584	−0.00349
WY							−0.0193
cons	1.420	1.612	1.446	1.462	1.116	0.612	0.116

注：***、**、*分别代表1%、5%和10%的统计显著性。

表5-5

九种常用政策工具的回归分析结果

变量名称	模型 A	模型 B	模型 C	模型 D	模型 E	模型 F	模型 G
LR	0.40473225**	0.39993671**	0.39126101**	0.38744686**	0.38123702**	0.37717275**	0.37166497**
TS	0.115	0.117	0.109	0.111	0.132	0.120	0.113
CQ	−0.325	−0.327	−0.320	−0.322	−0.337	−0.33817907*	−0.34969973*
SA	−0.144	−0.149	−0.148	−0.144	−0.148	−0.151	−0.136
EPC	−0.200	−0.196	−0.189	−0.192	−0.232	−0.231	−0.244
CT	0.0875	0.102	0.106	0.109	0.117	0.119	0.131
LC	−0.0464	−0.0491	−0.0555	−0.0497	−0.0629	−0.0666	−0.0789
EIP	−0.45016907**	−0.45303683**	−0.44905382**	−0.45286605**	−0.44657463**	−0.44566644**	−0.42711052**
AD	−0.62824733***	−0.6209768***	−0.62010589***	−0.62008293***	−0.61655516***	−0.6129916***	−0.61880943***
GEN		−0.424	−0.412	−0.427	−0.428	−0.281	−0.295
AGE			−0.314	−0.325	−0.335	−0.336	−0.150
EDU				0.178	0.179	0.183	0.182
WY					−0.0238	−0.0241	−0.0453
UP						0.0178	0.00722
POS							−0.0206
cons	1.265	1.469	1.802	1.697	1.575	1.157	0.839

注：***、**、*分别代表1%、5%和10%的统计显著性。

名物业服务企业的负责人表示“本项目于2015年完工，建筑面积大约2.3万m^2，在《西安市民用建筑节能条例》颁布以前，我们不需要增加建筑能耗动态监测技术的投资。该条例颁布后，明确指出2万m^2以上的新建公共建筑应当按照国家规范和技术导则，同步设计、同步施工、同步使用能耗监测信息系统，并与市民用建筑能耗实时监测平台实现数据上传对接，所以我们不得不按照其要求应用该技术”。这表明在当前阶段，命令控制型政策工具对节能性能动态监测技术在公共建筑中的推广起着非常重要的作用，是不可替代的政策工具。

最后，技术标准的直接作用对象是节能性能动态监测技术的供应商而不是需求者。它旨在确保建筑节能性能动态监测技术必须满足的最低标准。即使技术标准可能不存在，由于市场竞争，一些企业也会选择持续的技术创新。值得注意的是，命令控制型政策往往通过行政命令发挥作用，这一特征可能会引发政策作用目标的心理障碍，削弱政策目标的长期效应。尤其是在企业比较保守或者内部资源匮乏的情况下，企业往往会选择符合命令控制型政策的规定，并且认为只需要维持这一标准即可，因此往往导致企业产生维持现状的心态，甚至是应对相应的监管机制的消极态度。

② EI在模型A–G中不显著，这意味着EI对推广公共建筑节能性能动态监测技术没有显著影响。更详细地说，SA、EPC和CT在A–G模型中也不显著，对推广公共建筑节能性能动态监测技术没有显著影响，这基本上可以通过以下事实进行解释：

一是可申报建筑节能性能动态监测示范项目补助奖励的公共建筑范围有限。《西安市城乡建设委员会、西安市财政局关于征集本市公共建筑能耗动态监测示范项目的通知》指出“申报能耗监测示范项目补助奖励的国家机关（含事业单位）办公建筑应不低于5000m^2，其他公共建筑不低于10000m^2”，这意味着依然有很多公共建筑未被纳入政策对象。

二是政策实施的时间较短。西安市试点城市建设的目标仅仅是2015～2016年两年时间，这表明不在此期间完成的节能性能动态监测项目无法获得补助奖励；而且申报示范项目的时间有限，《西安市城乡建设委员会、西安市财政局关于征集本市公共建筑能耗动态监测示范项目的通知》还指出“凡2015年11月底前能实施完成能耗动态监测的建筑可从2015年8月至9月底前进行申报，凡2016年10月底前能实施完成能耗动态监测的建筑可在2015年12月进行申报”，这说明项目申报时间仅为2015年8月、9月和12月三个月的时间。

三是示范项目补助奖励的审批程序复杂，耗时较长。项目申报先由主体单位向所在辖区内市（县、区）住房城乡建设、财政主管部门提出申请，经所在辖区内住房城乡建设、财政主管部门审核后逐级上报。财政直管县项目申报将被纳入所在市区统筹考虑。市级住房城乡建设主管部门会同本级财政部门负责对上报项目进行汇总、初审、筛选，同时审核项目库中的项目，审核通过后报省住房城乡建设厅、省财政厅。同时，新建工程建设项目和既有建筑实施能耗监测的项目，能耗动态监测系统建设完成后能够正常运转并实现自动向市级能耗监测平台上传的，兑现总补助奖励资金的80%，自动向市级能耗监测平台上传1个月后兑现总补助奖励资金剩余的20%。这使得申报单位需要1～2年的时间才能获得全部的补助奖励。

四是，目前，碳交易机制尚未在全国范围内推广。根据《2016年北京碳市场年度报告》（北京环境交易所，2016年）：2016年，只有北京、天津、上海、广东、深圳、湖北和重庆建立了碳交易试点，碳交易主要涵盖工业领域，很少涉及公共建筑。而且，在公共建筑节能领域，合同能源管理模式的应用受到限制。“十三五”规划指出，中国在“十二五”期间完成了公共建筑节能改造的面积达4450万m^2，这与高增长的公共建筑面积有一定差距。因此，经济激励型政策工具无法有效地通过经济手段实现改变和修正需求方行为的政策目标，从而很大程度上降低了需求方采纳节能性能动态监测技术的积极性。

EXI在模型A-G中均显著，表明自愿型政策工具对节能性能动态监测技术在公共建筑中的推广情况具有显著影响，原因在于：

自愿型政策工具的驱动力既不是源于政府的强制力，也不是源于外部经济利益的诱惑，而是源于企业遵守环境友好战略的内在动机。同时，自愿型政策工具能够更加直接地建立政策与行为的关联性，从而改变个体的意愿、价值判断和消费者的感知状况。

另外，EXI具有较强的灵活性和长期效应，一方面可以得到市场的快速反应，因此，如果有必要，可以及时对这些工具进行适当的调整；另一方面，有助于企业形成“绿色”发展战略。当前，西安市也采用了一些自愿型政策工具以推动建筑节能性能动态监测技术，并且取得了一定的成效，例如2016年西安市城乡建设委员会对40栋办公建筑和大型公共建筑的能耗进行了调查统计，并将25栋建筑的能耗情况进行公示；召开西安市能耗监测平台新闻发布会；“实施能耗监测示范项目”标签计划。截至2016年底，西安市为100栋公共建筑颁发了“能耗监测示范项目”标签。自愿型政策工具受到了大部分节能性能动态监测技术供应企业和专家学者的认可。一名建筑节能性能动态监测技术供应企业的总经理曾指出：“建筑节能性能动态监测技术作为西安市政府认定的一种创新项目，我们并不十分在意政府是否会给予我们这类企业多少税收优惠或者创新补贴，最重要的是他们是否能够为我们提供一些合作项目的支持以及宣传。”当然，EXI的应用也存在一定的局限性，主要表现为易于受各个利益相关主体认知和意愿的影响。

此外，标签和认证对推广建筑节能性能动态监测技术没有显著影响的原因可以在关于补贴的说明中看到，因为两者是结合在一起的。EXI在应用上有一些限制，主要是因为该工具容易受到利益相关者的认知和意图的影响。

6 绿色建筑全寿命期、全产业链、不同参与主体成本分摊分析

绿色建筑全寿命期、全产业链、全参与主体环境、社会效益的产生，使得绿色建筑建设单位、消费者、供热单位、物业单位的边际效益与边际费用不匹配。政府对绿色建筑建设单位、消费者、供热单位、物业单位的经济激励可以有效分摊绿色建筑建设单位、消费者、供热单位、物业单位的边际费用，促使政府和绿色建筑建设单位、消费者、供热单位、物业单位利益协同。本章将首先以绿色居住建筑为例，考虑不同主体的边际效益与边际费用匹配度，构建消费者支付意愿下政府和绿色建筑建设单位、供热单位、物业单位的一对多演化博弈模型，探究不同因素影响下政府和绿色建筑建设单位、消费者、供热单位和物业单位的成本分摊方案。最后，分析绿色公共建筑和绿色居住建筑产业链不同参与主体成本分摊的区别。

6.1 不同参与主体演化博弈模型构建

6.1.1 演化博弈模型假设

在绿色建筑供给侧、需求侧、运营侧整体视角下，为探究边际效益与边际费用匹配度影响下绿色建筑产业链不同参与主体的成本分摊方案，本研究根据社会偏好理论，考虑建设单位、供热单位、物业单位的利他偏好，将不同单位的社会偏好假设由仅考虑差异厌恶偏好拓宽为同时考虑差异厌恶偏好、利他偏好，构建消费者支付意愿下政府和绿色建筑建设单位、供热单位、物业单位的一对多演化博弈模型，并提出不同参与主体达到帕累托最优均衡下的成本分摊方案。为此，本研究首先提出以下假设：

假设1：假设在一绿色建筑产业链上，存在政府、建设单位、消费者、供热单位、物业单位五方主体。

假设2：建设单位有建设普通建筑和建设绿色建筑两种策略。当建设绿色建筑时，建设单位的边际费用为c_{da}、边际效益（不包括政府经济激励）为b_{da}，

$c_{da}, b_{da}>0$。

假设3：在建设单位建设的绿色建筑进入运营期时，供热单位对绿色建筑有按热量收费和按面积收费两种策略。当按热量收费时，供热单位在绿色建筑运营期的边际费用为c_{ha}、边际效益（不包括政府经济激励）为b_{ha}，c_{ha}，$b_{ha}>0$。

假设4：在建设单位建设的绿色建筑进入运营期时，物业单位有运营新增共用设施设备和不运营新增共用设施设备两种策略。当运营新增共用设施设备时，物业单位在绿色建筑运营期的边际费用为c_{oa}、边际效益（不包括政府经济激励）为b_{oa}，c_{oa}，$b_{oa}>0$。

假设5：政府对不同单位、消费者有实施经济激励和不实施经济激励两种策略。当政府选择实施经济激励时，若建设单位选择建设绿色建筑，政府对建设单位的经济激励额为e_d；在消费者支付意愿下，为了弥补消费者的边际购房费用，政府对绿色建筑消费者的经济激励额为e_c；若供热单位选择对绿色建筑按热量收费，政府对供热单位的经济激励额为e_h；若物业单位选择运营绿色建筑的新增共用设施设备，政府对物业单位的经济激励额为e_o，$e_d+e_c+e_h+e_o=e>0$。假设在消费者支付意愿下，建设单位建设的绿色建筑均会销售给消费者，则当政府实施经济激励时，建设单位建设绿色建筑并售出（供热单位对绿色建筑按面积收费、物业单位不运营绿色建筑新增共用设施设备）为政府带来的边际净效益（不含政府经济激励）为p_d；在此基础上，供热单位对绿色建筑实施按热量收费、物业单位运营绿色建筑新增共用设施设备为政府带来的边际净效益分别为p_h、p_o。当政府不实施经济激励时，以上三种场景下政府可以获得的边际净效益分别为p'_d、p'_h、p'_o。当政府不实施经济激励时，建设单位多建设满足《绿色建筑评价标准》GB/T 50378—2019健康舒适、生活便利维度，而非安全耐久、资源节约、环境宜居维度评分项要求的绿色建筑，导致p'_d、p'_h、p'_o有限，即$p_d \geqslant p'_d$，$p_h \geqslant p'_h$，$p_o \geqslant p'_o$。

假设6：公共品博弈实验指出人们在日常生活中存在着追求公平、信任交易、自发合作等亲社会行为。亲社会行为的存在表明人们不仅拥有自利偏好，而且拥有关心他人利益的社会偏好，社会偏好是人们效用函数的重要组成部分。根据社会偏好理论，社会偏好的类型主要包括差异厌恶偏好、利他偏好、互惠偏好。王颖林和刘继才（2019）探究了建设单位的差异厌恶偏好对建设单位策略选择和政府激励政策的影响。近年来，越来越多的企业把履行社会责任作为企业发展的重要内容，中国证券监督管理委员会对上市公司社会责任报告披露的基本框架也进行了明确规定。本研究根据社会偏好理论，在已有研究的基础上，假设绿色建筑建设单位、供热单位、物业单位均拥有差异厌恶偏好、利他偏好双重社会偏好，其中差异厌恶偏好代表主体对自身边际效益与边际费用匹配度处于劣势不公平的情感厌恶，当与全寿命期、全产业链、全参与主体边际效益与边际费用比相比，自身的边际效益与边际费用匹配度处于劣势不公平时，主体会产生效用损失的心理，这是一种有利于自身的偏好；利他偏好代表主体对自身绿色行为（本研究将建设绿色建筑、对绿色建筑供热按热量收费、运营绿色建筑新增共用设施设备定义为绿色行为）产生环境、社会效益（政府获得）的关心，且愿意为实现相应的环境、社会效益而牺牲部分自身的利益，是一种不求回报、有利于他人的偏好。由此，本研究将绿色建筑建设单位、供热单位、物业单位的社会偏好假设由仅考虑差异厌恶偏好拓宽为同时考虑差异厌恶偏好、利他偏好。

参照Kohler S（2003）提出的差异厌恶社会福利最大化模型，同时拥有差异厌恶偏好和利他偏好的主体效用（U）函数可表示为：

$$U=\pi-\lambda\left(\bar{\pi}-\pi\right)+\eta\bar{p} \tag{6-1}$$

其中，π为主体收益；$\bar{\pi}$为主体收益的公平参考点，通常根据其他主体的收益或采用有关利益分配方法确定取值；λ为差异厌恶偏好系数，$\lambda\geqslant0$，λ越大，代表主体的差异厌恶偏好越强；η为利他偏好系数，$\eta\in\left[0,1\right]$，当$\eta=0$时，代表主体是完全自利的，当$\eta=1$时，代表主体是完全利他的；$\bar{p}$代表主体为政府带来的收益。

在分析差异厌恶偏好对主体效用的影响时，公式（6-1）通过（$\bar{\pi}-\pi$）判断主体的收益公平感知，$\bar{\pi}$、π均被定义为收益的绝对值。当$\pi<\bar{\pi}$时，主体便认为收益不公平。然而，公平理论指出，人们的行为动机除了受收益绝对值的影响外，还受收益相对值的影响。

本研究假设建设单位、供热单位、物业单位仅在实施绿色行为时才表现出社会偏好，即不同单位仅根据边际收益判别收益的公平性。借鉴公平理论，假设不同单位仅通过与全寿命期、全产业链、全参与主体的边际效益与边际费用比的比较，判断自身的收益公平性。因此，本研究对公式（6-1）作出以下改进：①引入不同单位实施绿色行为的边际效益与边际费用匹配度，从收益相对值的视角判断不同单位实施绿色行为的收益公平感知；②本研究将绿色建筑全寿命期、全产业链、全参与主体的边际效益与边际费用比R_{BC}作为不同单位收益公平的参考点。当$M<R_{BC}$时，不同单位便认为收益不公平。③在分析差异厌恶偏好对不同单位效用的影响时，公式（6-1）通过收益的绝对值反映。本研究根据（$R_{BC}-M$）测算不同单位的收益损失或增加值，即以（$R_{BC}-M$）c作为测算差异厌恶偏好对不同单位效用影响的基数，c为不同单位实施绿色行为的边际费用。假设不同单位实施非绿色行为的基准效用为0，则在此基础上，不同单位实施绿色行为的边际效用（U）为：

$$U=(b-c)-\lambda\left[\left(R_{BC}-M\right)c\right]+\eta\overline{p} \tag{6-2}$$

其中，b、c为不同单位实施绿色行为的边际效益、边际费用；M根据公式（4-14）计算。

假设7：假设政府选择实施经济激励的比例为X，选择不实施经济激励的比例为$1-X$。建设单位选择建设绿色建筑的比例为Y，选择建设普通建筑的比例为$1-Y$。当建设单位建设的绿色建筑进入运营期时，供热单位选择对绿色建筑按热量收费的比例为Z_0，选择按面积收费的比例为$1-Z_0$；物业单位选择运营绿色建筑新增共用设施设备的比例为Z_1，选择不运营绿色建筑新增共用设施设备的比例为$1-Z_1$，$0\leqslant X, Y, Z_0, Z_1\leqslant 1$。

6.1.2　演化博弈模型构建

基于6.1.1的研究假设，消费者支付意愿下政府和绿色建筑建设单位、供热单位、物业单位一对多演化博弈的得益矩阵见表6-1，表6-1中不同参数的具体含义见表6-2。

消费者支付意愿下政府和绿色建筑建设单位、供热单位、物业单位一对多演化博弈的得益矩阵　　表6-1

策略组合	政府的得益	建设单位的得益	供热单位的得益	物业单位的得益
①③⑤⑦	$p_{\mathrm{d}}+p_{\mathrm{h}}+p_{\mathrm{o}}-e$	$(b_{\mathrm{da}}-c_{\mathrm{da}}+e_{\mathrm{d}})-\lambda_1\cdot\left(R_{\mathrm{BC}}-\frac{b_{\mathrm{da}}+e_{\mathrm{d}}}{c_{\mathrm{da}}}\right)c_{\mathrm{da}}+\eta_1 p_{\mathrm{d}}$	$(b_{\mathrm{ha}}-c_{\mathrm{ha}}+e_{\mathrm{h}})-\lambda_2\cdot\left(R_{\mathrm{BC}}-\frac{b_{\mathrm{ha}}+e_{\mathrm{h}}}{c_{\mathrm{ha}}}\right)c_{\mathrm{ha}}+\eta_2 p_{\mathrm{h}}$	$(b_{\mathrm{oa}}-c_{\mathrm{oa}}+e_{\mathrm{o}})-\lambda_3\cdot\left(R_{\mathrm{BC}}-\frac{b_{\mathrm{oa}}+e_{\mathrm{o}}}{c_{\mathrm{oa}}}\right)c_{\mathrm{oa}}+\eta_3 p_{\mathrm{o}}$
①③⑥⑦	$p_{\mathrm{d}}+p_{\mathrm{o}}-e_{\mathrm{d}}-e_{\mathrm{c}}-e_{\mathrm{o}}$	$(b_{\mathrm{da}}-c_{\mathrm{da}}+e_{\mathrm{d}})-\lambda_1\cdot\left(R_{\mathrm{BC}}-\frac{b_{\mathrm{da}}+e_{\mathrm{d}}}{c_{\mathrm{da}}}\right)c_{\mathrm{da}}+\eta_1 p_{\mathrm{d}}$	0	$(b_{\mathrm{oa}}-c_{\mathrm{oa}}+e_{\mathrm{o}})-\lambda_3\left(R_{\mathrm{BC}}-\frac{b_{\mathrm{oa}}+e_{\mathrm{o}}}{c_{\mathrm{oa}}}\right)c_{\mathrm{oa}}+\eta_3 p_{\mathrm{o}}$
①③⑤⑧	$p_{\mathrm{d}}+p_{\mathrm{h}}-e_{\mathrm{d}}-e_{\mathrm{c}}-e_{\mathrm{h}}$	$(b_{\mathrm{da}}-c_{\mathrm{da}}+e_{\mathrm{d}})-\lambda_1\cdot\left(R_{\mathrm{BC}}-\frac{b_{\mathrm{da}}+e_{\mathrm{d}}}{c_{\mathrm{da}}}\right)c_{\mathrm{da}}+\eta_1 p_{\mathrm{d}}$	$(b_{\mathrm{ha}}-c_{\mathrm{ha}}+e_{\mathrm{h}})-\lambda_2\cdot\left(R_{\mathrm{BC}}-\frac{b_{\mathrm{ha}}+e_{\mathrm{h}}}{c_{\mathrm{ha}}}\right)c_{\mathrm{ha}}+\eta_2 p_{\mathrm{h}}$	0
①③⑥⑧	$p_{\mathrm{d}}-e_{\mathrm{d}}-e_{\mathrm{c}}$	$(b_{\mathrm{da}}-c_{\mathrm{da}}+e_{\mathrm{d}})-\lambda_1\cdot\left(R_{\mathrm{BC}}-\frac{b_{\mathrm{da}}+e_{\mathrm{d}}}{c_{\mathrm{da}}}\right)c_{\mathrm{da}}+\eta_1 p_{\mathrm{d}}$	0	0
①④	0	0	—	—
②③⑤⑦	$p'_{\mathrm{d}}+p'_{\mathrm{h}}+p'_{\mathrm{o}}$	$(b_{\mathrm{da}}-c_{\mathrm{da}})-\lambda_1\left(R_{\mathrm{BC}}-\frac{b_{\mathrm{da}}}{c_{\mathrm{da}}}\right)c_{\mathrm{da}}+\eta_1 p'_{\mathrm{d}}$	$(b_{\mathrm{ha}}-c_{\mathrm{ha}})-\lambda_2\left(R_{\mathrm{BC}}-\frac{b_{\mathrm{ha}}}{c_{\mathrm{ha}}}\right)c_{\mathrm{ha}}+\eta_2 p'_{\mathrm{h}}$	$(b_{\mathrm{oa}}-c_{\mathrm{oa}})-\lambda_3\left(R_{\mathrm{BC}}-\frac{b_{\mathrm{oa}}}{c_{\mathrm{oa}}}\right)c_{\mathrm{oa}}+\eta_3 p'_{\mathrm{o}}$

续表

策略组合	政府的得益	建设单位的得益	供热单位的得益	物业单位的得益
②③⑥⑦	$p'_{d}+p'_{o}$	$(b_{da}-c_{da})-\lambda_1\left(R_{BC}-\frac{b_{da}}{c_{da}}\right)c_{da}+\eta_1 p'_{d}$	0	$(b_{oa}-c_{oa})-\lambda_3\left(R_{BC}-\frac{b_{oa}}{c_{oa}}\right)c_{oa}+\eta_3 p'_{o}$
②③⑤⑧	$p'_{d}+p'_{h}$	$(b_{da}-c_{da})-\lambda_1\left(R_{BC}-\frac{b_{da}}{c_{da}}\right)c_{da}+\eta_1 p'_{d}$	$(b_{ha}-c_{ha})-\lambda_2\left(R_{BC}-\frac{b_{ha}}{c_{ha}}\right)c_{ha}+\eta_2 p'_{h}$	0
②③⑥⑧	p'_{d}	$(b_{da}-c_{da})-\lambda_1\left(R_{BC}-\frac{b_{da}}{c_{da}}\right)c_{da}+\eta_1 p'_{d}$	0	0
②④	0	0	—	—

注：①代表政府实施经济激励；②代表政府不实施经济激励；③代表建设单位开发绿色建筑；④代表建设单位开发普通住房；⑤代表供热单位按热量收费；⑥代表供热单位按面积收费；⑦代表物业单位运营新增共用设施设备；⑧代表物业单位不运营新增共用设施设备。

相关参数的含义 表6-2

参数	含义
c_{da}、b_{da}	分别为建设单位建设绿色建筑的边际费用、边际效益
c_{ha}、b_{ha}	分别为供热单位对绿色建筑供热按热量收费的边际费用、边际效益
c_{oa}、b_{oa}	分别为物业单位运营绿色建筑新增共用设施设备的边际费用、边际效益
p_d、p'_d	分别为政府实施、不实施经济激励时，建设单位建设绿色建筑为政府带来的边际净效益（不考虑绿色建筑供热单位、物业单位的绿色行为）
p_h、p'_h	分别为政府实施、不实施经济激励时，供热单位对绿色建筑按热量收费为政府带来的边际净效益
p_o、p'_o	分别为政府实施、不实施经济激励时，物业单位运营绿色建筑新增共用设施设备为政府带来的边际净效益
e_d、e_c、e_h、e_o	分别为政府对绿色建筑建设单位、消费者、供热单位、物业单位的经济激励值，$e=e_d+e_c+e_h+e_o$
R_{BC}	绿色住房全产业链增量效益与增量费用比
λ_1、η_1	分别为建设单位的差异厌恶偏好系数、利他偏好系数
λ_2、η_2	分别为供热单位的差异厌恶偏好系数、利他偏好系数
λ_3、η_3	分别为物业单位的差异厌恶偏好系数、利他偏好系数
X、$1-X$	分别为政府选择实施、不实施经济激励的比例
Y、$1-Y$	分别为建设单位选择建设绿色建筑、普通建筑的比例
Z_0、$1-Z_0$	分别为供热单位选择对绿色建筑按热量收费、按面积收费的比例
Z_1、$1-Z_1$	分别为物业单位选择运营、不运营绿色建筑新增共用设施设备的比例

6.2 不同参与主体演化稳定策略分析

6.2.1 建设单位的演化稳定策略分析

根据表6-1，建设单位建设绿色建筑的效用期望值$E\left(u_1^1\right)$、建设普通建筑的效用期望值$E\left(u_1^2\right)$、平均效用期望值$E\left(\overline{u}_1\right)$分别为：

$$E\left(u_1^1\right)=X\left[\left(b_{\mathrm{da}}-c_{\mathrm{da}}+e_{\mathrm{d}}\right)-\lambda_1\left(R_{\mathrm{BC}}-\frac{b_{\mathrm{da}}+e_{\mathrm{d}}}{c_{\mathrm{da}}}\right)c_{\mathrm{da}}+\eta_1 p_{\mathrm{d}}\right]+ \\ \left(1-X\right)\left[\left(b_{\mathrm{da}}-c_{\mathrm{da}}\right)-\lambda_1\left(R_{\mathrm{BC}}-\frac{b_{\mathrm{da}}}{c_{\mathrm{da}}}\right)c_{\mathrm{da}}+\eta_1 p'_{\mathrm{d}}\right] \tag{6-3}$$

$$E\left(u_1^2\right)=0 \tag{6-4}$$

$$E\left(\bar{u}_1\right)=E\left(u_1^1\right)Y+E\left(u_1^2\right)\left(1-Y\right) \tag{6-5}$$

建设单位绿色建筑建设策略的复制动态方程为：

$$F\left(Y\right)=\frac{dY}{dt}=Y\left[E\left(u_1^1\right)-E\left(\bar{u}_1\right)\right] \\ =Y\left(1-Y\right)\left\{X\left[e_{\mathrm{d}}+\lambda_1 e_{\mathrm{d}}+\eta_1\left(p_{\mathrm{d}}-p'_{\mathrm{d}}\right)\right]+\left(b_{\mathrm{da}}-c_{\mathrm{da}}\right)-\lambda_1\left(R_{\mathrm{BC}}-\frac{b_{\mathrm{da}}}{c_{\mathrm{da}}}\right)c_{\mathrm{da}}+\eta_1 p'_{\mathrm{d}}\right\} \tag{6-6}$$

由于$e_{\mathrm{d}}+\lambda_1 e_{\mathrm{d}}+\eta_1\left(p_{\mathrm{d}}-p'_{\mathrm{d}}\right)>0$。根据$X$和$\dfrac{-\left(b_{\mathrm{da}}-c_{\mathrm{da}}\right)+\lambda_1\left(R_{\mathrm{BC}}-\frac{b_{\mathrm{da}}}{c_{\mathrm{da}}}\right)c_{\mathrm{da}}-\eta_1 p'_{\mathrm{d}}}{e_{\mathrm{d}}+\lambda_1 e_{\mathrm{d}}+\eta_1\left(p_{\mathrm{d}}-p'_{\mathrm{d}}\right)}$的大小不同，建设单位的均衡结果存在以下几种情况：

（1）当$X=\dfrac{-\left(b_{\mathrm{da}}-c_{\mathrm{da}}\right)+\lambda_1\left(R_{\mathrm{BC}}-\frac{b_{\mathrm{da}}}{c_{\mathrm{da}}}\right)c_{\mathrm{da}}-\eta_1 p'_{\mathrm{d}}}{e_{\mathrm{d}}+\lambda_1 e_{\mathrm{d}}+\eta_1\left(p_{\mathrm{d}}-p'_{\mathrm{d}}\right)}$时，$X\left[e_{\mathrm{d}}+\lambda_1 e_{\mathrm{d}}+\eta_1\left(p_{\mathrm{d}}-p'_{\mathrm{d}}\right)\right]+\left(b_{\mathrm{da}}-c_{\mathrm{da}}\right)-\lambda_1\left(R_{\mathrm{BC}}-\frac{b_{\mathrm{da}}}{c_{\mathrm{da}}}\right)c_{\mathrm{da}}+\eta_1 p'_{\mathrm{d}}=0$。此时，$F\left(Y\right)$恒等于0，对$\forall Y\in\left[0,1\right]$均为稳态。

（2）当$X\neq\dfrac{-\left(b_{\mathrm{da}}-c_{\mathrm{da}}\right)+\lambda_1\left(R_{\mathrm{BC}}-\frac{b_{\mathrm{da}}}{c_{\mathrm{da}}}\right)c_{\mathrm{da}}-\eta_1 p'_{\mathrm{d}}}{e_{\mathrm{d}}+\lambda_1 e_{\mathrm{d}}+\eta_1\left(p_{\mathrm{d}}-p'_{\mathrm{d}}\right)}$时，$X\left[e_{\mathrm{d}}+\lambda_1 e_{\mathrm{d}}+\eta_1\left(p_{\mathrm{d}}-p'_{\mathrm{d}}\right)\right]+\left(b_{\mathrm{da}}-c_{\mathrm{da}}\right)-\lambda_1\left(R_{\mathrm{BC}}-\frac{b_{\mathrm{da}}}{c_{\mathrm{da}}}\right)c_{\mathrm{da}}+\eta_1 p'_{\mathrm{d}}\neq 0$。令$F\left(Y\right)=\dfrac{dY}{dt}=0$，$Y_1^*=0$和$Y_2^*=1$是可能的两个稳定点。根据$\dfrac{-\left(b_{\mathrm{da}}-c_{\mathrm{da}}\right)+\lambda_1\left(R_{\mathrm{BC}}-\frac{b_{\mathrm{da}}}{c_{\mathrm{da}}}\right)c_{\mathrm{da}}-\eta_1 p'_{\mathrm{d}}}{e_{\mathrm{d}}+\lambda_1 e_{\mathrm{d}}+\eta_1\left(p_{\mathrm{d}}-p'_{\mathrm{d}}\right)}$的取值范围不同，存在以下三种情况：

1）当$\frac{-(b_{da}-c_{da})+\lambda_1\left(R_{BC}-\frac{b_{da}}{c_{da}}\right)c_{da}-\eta_1 p'_d}{e_d+\lambda_1 e_d+\eta_1(p_d-p'_d)}<0$时，

$X>\frac{-(b_{da}-c_{da})+\lambda_1\left(R_{BC}-\frac{b_{da}}{c_{da}}\right)c_{da}-\eta_1 p'_d}{e_d+\lambda_1 e_d+\eta_1(p_d-p'_d)}$。此时，$X\left[e_d+\lambda_1 e_d+\eta_1(p_d-p'_d)\right]+(b_{da}-c_{da})-\lambda_1\left(R_{BC}-\frac{b_{da}}{c_{da}}\right)c_{da}+\eta_1 p'_d>0$，有$F'(0)>0$，$F'(1)<0$，$Y_2^*=1$是演化稳定策略，表明当政府选择实施经济激励的比例$X$满足本条件时，建设单位最终选择建设绿色建筑。

2）当$0<\frac{-(b_{da}-c_{da})+\lambda_1\left(R_{BC}-\frac{b_{da}}{c_{da}}\right)c_{da}-\eta_1 p'_d}{e_d+\lambda_1 e_d+\eta_1(p_d-p'_d)}<1$时，根据$X$的取值范围不同，具体可划分为以下两种情况：

①当$X>\frac{-(b_{da}-c_{da})+\lambda_1\left(R_{BC}-\frac{b_{da}}{c_{da}}\right)c_{da}-\eta_1 p'_d}{e_d+\lambda_1 e_d+\eta_1(p_d-p'_d)}$时，$X\left[e_d+\lambda_1 e_d+\eta_1(p_d-p'_d)\right]+(b_{da}-c_{da})-\lambda_1\left(R_{BC}-\frac{b_{da}}{c_{da}}\right)c_{da}+\eta_1 p'_d>0$。此时，有$F'(0)>0$，$F'(1)<0$，$Y_2^*=1$是平衡点，表明当政府选择实施经济激励的比例$X$满足本条件时，建设单位最终选择建设绿色建筑。

②当$X<\frac{-(b_{da}-c_{da})+\lambda_1\left(R_{BC}-\frac{b_{da}}{c_{da}}\right)c_{da}-\eta_1 p'_d}{e_d+\lambda e_d+\eta_1(p_d-p'_d)}$时，$X\left[e_d+\lambda_1 e_d+\eta_1(p_d-p'_d)\right]+(b_{da}-c_{da})-\lambda_1\left(R_{BC}-\frac{b_{da}}{c_{da}}\right)c_{da}+\eta_1 p'_d<0$。此时，有$F'(0)<0$，$F'(1)>0$，$Y_1^*=0$是平衡点，表明当政府选择实施经济激励的比例$X$满足本条件时，建设单位最终选择建设普通建筑。

3）当$\frac{-(b_{da}-c_{da})+\lambda_1\left(R_{BC}-\frac{b_{da}}{c_{da}}\right)c_{da}-\eta_1 p'_d}{e_d+\lambda_1 e_d+\eta_1(p_d-p'_d)}>1$时，

$X < \dfrac{-(b_{da}-c_{da})+\lambda_1\left(R_{BC}-\dfrac{b_{da}}{c_{da}}\right)c_{da}-\eta_1 p'_d}{e_d+\lambda_1 e_d+\eta_1(p_d-p'_d)}$。此时，$X\left[e_d+\lambda_1 e_d+\eta_1(p_d-p'_d)\right]+(b_{da}-c_{da})-\lambda_1\left(R_{BC}-\dfrac{b_{da}}{c_{da}}\right)c_{da}+\eta_1 p'_d<0$，有$F'(0)<0$，$F'(1)>0$，$Y_1^*=0$是演化稳定策略，表明当政府选择实施经济激励的比例$X$满足本条件时，建设单位最终选择建设普通建筑。

经过上述分析，当X和$\dfrac{-(b_{da}-c_{da})+\lambda_1\left(R_{BC}-\dfrac{b_{da}}{c_{da}}\right)c_{da}-\eta_1 p'_d}{e_d+\lambda_1 e_d+\eta_1(p_d-p'_d)}$满足不同的大小关系时，建设单位的策略演化过程如图6-1所示。

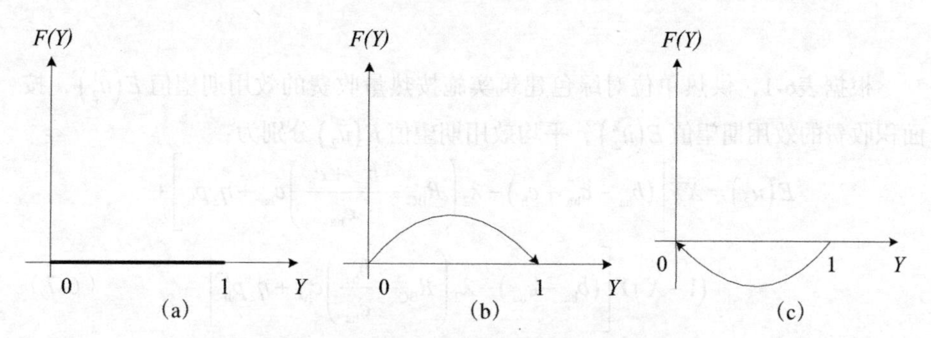

图 6-1 建设单位的演化博弈复制动态相位图

（a）$X=\dfrac{-(b_{da}-c_{da})+\lambda_1\left(R_{BC}-\dfrac{b_{da}}{c_{da}}\right)c_{da}-\eta_1 p'_d}{e_d+\lambda_1 e_d+\eta_1(p_d-p'_d)}$；（b）$X>\dfrac{-(b_{da}-c_{da})+\lambda_1\left(R_{BC}-\dfrac{b_{da}}{c_{da}}\right)c_{da}-\eta_1 p'_d}{e_d+\lambda_1 e_d+\eta_1(p_d-p'_d)}$；

（c）$X<\dfrac{-(b_{da}-c_{da})+\lambda_1\left(R_{BC}-\dfrac{b_{da}}{c_{da}}\right)c_{da}-\eta_1 p'_d}{e_d+\lambda_1 e_d+\eta_1(p_d-p'_d)}$

同时，可以得出建设单位有以下两种演化稳定策略：

当$\dfrac{-(b_{da}-c_{da})+\lambda_1\left(R_{BC}-\dfrac{b_{da}}{c_{da}}\right)c_{da}-\eta_1 p'_d}{e_d+\lambda_1 e_d+\eta_1(p_d-p'_d)}<0$时，$(b_{da}-c_{da})-\lambda_1\left(R_{BC}-\dfrac{b_{da}}{c_{da}}\right)c_{da}+\eta_1 p'_d>0$。此时，$Y_2^*=1$是演化稳定策略，表明在政府不实施经济激励时，若建设

单位建设绿色建筑的效用大于建设普通建筑的效用，则建设单位最终选择建设绿色建筑。

当$\dfrac{-(b_{da}-c_{da})+\lambda_1\left(R_{BC}-\dfrac{b_{da}}{c_{da}}\right)c_{da}-\eta_1 p_d'}{e_d+\lambda_1 e_d+\eta_1(p_d-p_d')}>1$时，$(b_{da}-c_{da}+e_d)-\lambda_1\left(R_{BC}-\dfrac{b_{da}+e_d}{c_{da}}\right)$ $c_{da}+\eta_1 p_d<0$。此时，$Y_1^*=0$是演化稳定策略，表明在政府实施经济激励时，如果建设单位建设绿色建筑的效用小于建设普通建筑的效用，则建设单位最终选择建设普通建筑。

6.2.2 供热单位的演化稳定策略分析

根据表6-1，供热单位对绿色建筑实施按热量收费的效用期望值$E(u_2^1)$，按面积收费的效用期望值$E(u_2^2)$，平均效用期望值$E(\bar{u}_2)$分别为：

$$E(u_2^1)=XY\left[(b_{ha}-c_{ha}+e_h)-\lambda_2\left(R_{BC}-\frac{b_{ha}+e_h}{c_{ha}}\right)c_{ha}+\eta_2 p_h\right]+$$
$$(1-X)Y\left[(b_{ha}-c_{ha})-\lambda_2\left(R_{BC}-\frac{b_{ha}}{c_{ha}}\right)c_{ha}+\eta_2 p_h'\right] \quad (6\text{-}7)$$

$$E(u_2^2)=0 \quad (6\text{-}8)$$

$$E(\bar{u}_2)=Z_0E(u_2^1)+(1-Z_0)E(u_2^2) \quad (6\text{-}9)$$

供热单位供热按热量收费策略的复制动态方程为：

$$F(Z_0)=\frac{dZ_0}{dt}=Z_0\left[E(u_2^1)-E(\bar{u}_2)\right]$$
$$=Z_0(1-Z_0)Y\left\{X\left[e_h+\lambda_2 e_h+\eta_2(p_h-p_h')\right]+(b_{ha}-c_{ha})-\lambda_2\cdot\left(R_{BC}-\frac{b_{ha}}{c_{ha}}\right)c_{ha}+\eta_2 p_h'\right\}$$
$$(6\text{-}10)$$

由于$e_h+\lambda_2 e_h+\eta_2(p_h-p_h')>0$。根据$X$和$\dfrac{-(b_{ha}-c_{ha})+\lambda_2\left(R_{BC}-\dfrac{b_{ha}}{c_{ha}}\right)c_{ha}-\eta_2 p_h'}{e_h+\lambda_2 e_h+\eta_2(p_h-p_h')}$的大小不同，供热单位的均衡结果存在以下几种情况：

（1）当 $Y>0$，$X=\dfrac{-(b_{ha}-c_{ha})+\lambda_2\left(R_{BC}-\dfrac{b_{ha}}{c_{ha}}\right)c_{ha}-\eta_2 p_h'}{e_h+\lambda_2 e_h+\eta_2\left(p_h-p_h'\right)}$ 时，$X\left[e_h+\lambda_2 e_h+\eta_2\left(p_h-p_h'\right)\right]+\left(b_{ha}-c_{ha}\right)-\lambda_2\left(R_{BC}-\dfrac{b_{ha}}{c_{ha}}\right)c_{ha}+\eta_2 p_h'=0$。此时，$F\left(Z_0\right)$恒为0，对$\forall Z_0\in[0,1]$均为稳态。

（2）当 $Y>0$，$X\neq\dfrac{-(b_{ha}-c_{ha})+\lambda_2\left(R_{BC}-\dfrac{b_{ha}}{c_{ha}}\right)c_{ha}-\eta_2 p_h'}{e_h+\lambda_2 e_h+\eta_2\left(p_h-p_h'\right)}$时，$X\left[e_h+\lambda_2 e_h+\eta_2\left(p_h-p_h'\right)\right]+\left(b_{ha}-c_{ha}\right)-\lambda_2\left(R_{BC}-\dfrac{b_{ha}}{c_{ha}}\right)c_{ha}+\eta_2 p_h'\neq 0$。此时，令$F\left(Z_0\right)=\dfrac{dZ_0}{dt}=0$，$Z_{01}^*=0$和$Z_{02}^*=1$是可能的两个稳定点。

根据$\dfrac{-(b_{ha}-c_{ha})+\lambda_2\left(R_{BC}-\dfrac{b_{ha}}{c_{ha}}\right)c_{ha}-\eta_2 p'_h}{e_h+\lambda_2 e_h+\eta_2\left(p_h-p_h'\right)}$的取值范围不同，存在以下三种情况：

1）当$Y>0$，$\dfrac{-(b_{ha}-c_{ha})+\lambda_2\left(R_{BC}-\dfrac{b_{ha}}{c_{ha}}\right)c_{ha}-\eta_2 p_h'}{e_h+\lambda_2 e_h+\eta_2\left(p_h-p_h'\right)}<0$时，$X>\dfrac{-(b_{ha}-c_{ha})+\lambda_2\left(R_{BC}-\dfrac{b_{ha}}{c_{ha}}\right)c_{ha}-\eta_2 p_h'}{e_h+\lambda_2 e_h+\eta_2\left(p_h-p_h'\right)}$。此时，$X\left[e_h+\lambda_2 e_h+\eta_2\left(p_h-p_h'\right)\right]+\left(b_{ha}-c_{ha}\right)-\lambda_2\left(R_{BC}-\dfrac{b_{ha}}{c_{ha}}\right)c_{ha}+\eta_2 p_h'>0$，有$F'(0)>0$，$F'(1)<0$，$Z_{02}^*=1$是演化稳定策略，表明当政府选择实施经济激励的比例$X$满足本条件时，供热单位最终选择按热量收费。

2）当$Y>0$，$0<\dfrac{-(b_{ha}-c_{ha})+\lambda_2\left(R_{BC}-\dfrac{b_{ha}}{c_{ha}}\right)c_{ha}-\eta_2 p_h'}{e_h+\lambda_2 e_h+\eta_2\left(p_h-p_h'\right)}<1$时，根据$X$的取值范围不同，可划分为以下两种情况：

①当$X>\frac{-(b_{ha}-c_{ha})+\lambda_2\left(R_{BC}-\frac{b_{ha}}{c_{ha}}\right)c_{ha}-\eta_2 p_h'}{e_h+\lambda_2 e_h+\eta_2(p_h-p_h')}$时，$X\left[e_h+\lambda_2 e_h+\eta_2(p_h-p_h')\right]+(b_{ha}-c_{ha})-\lambda_2\cdot\left(R_{BC}-\frac{b_{ha}}{c_{ha}}\right)c_{ha}+\eta_2 p_h'>0$。此时，有$F'(0)>0$，$F'(1)<0$，$Z_{02}^*=1$是平衡点，表明当政府选择实施经济激励的比例X满足本条件时，供热单位最终选择按热量收费。

②当$X<\frac{-(b_{ha}-c_{ha})+\lambda_2\left(R_{BC}-\frac{b_{ha}}{c_{ha}}\right)c_{ha}-\eta_2 p_h'}{e_h+\lambda_2 e_h+\eta_2(p_h-p_h')}$时，$X\left[e_h+\lambda_2 e_h+\eta_2(p_h-p_h')\right]+(b_{ha}-c_{ha})-\lambda_2\cdot\left(R_{BC}-\frac{b_{ha}}{c_{ha}}\right)c_{ha}+\eta_2 p_h'<0$。此时，有$F'(0)<0$，$F'(1)>0$，$Z_{01}^*=0$是平衡点，表明当政府选择实施经济激励的比例X满足本条件时，供热单位最终选择按面积收费。

3）当$Y>0$，$\frac{-(b_{ha}-c_{ha})+\lambda_2\left(R_{BC}-\frac{b_{ha}}{c_{ha}}\right)c_{ha}-\eta_2 p_h'}{e_h+\lambda_2 e_h+\eta_2(p_h-p_h')}>1$时，

$X<\frac{-(b_{ha}-c_{ha})+\lambda_2\left(R_{BC}-\frac{b_{ha}}{c_{ha}}\right)c_{ha}-\eta_2 p_h'}{e_h+\lambda_2 e_h+\eta_2(p_h-p_h')}$。此时，$X\left[e_h+\lambda_2 e_h+\eta_2(p_h-p_h')\right]+(b_{ha}-c_{ha})-\lambda_2\left(R_{BC}-\frac{b_{ha}}{c_{ha}}\right)c_{ha}+\eta_2 p_h'<0$，有$F'(0)<0$，$F'(1)>0$，$Z_{01}^*=0$是演化稳定策略，表明当政府选择实施经济激励的比例X满足本条件时，供热单位最终选择按面积收费。

经过上述分析，当X和$\frac{-(b_{ha}-c_{ha})+\lambda_2\left(R_{BC}-\frac{b_{ha}}{c_{ha}}\right)c_{ha}-\eta_2 p_h'}{e_h+\lambda_2 e_h+\eta_2(p_h-p_h')}$满足不同的大小关系时，供热单位的策略演化过程如图6-2所示。

同时，可以得出供热单位有以下两种演化稳定策略：

当$\frac{-(b_{ha}-c_{ha})+\lambda_2\left(R_{BC}-\frac{b_{ha}}{c_{ha}}\right)c_{ha}-\eta_2 p_h'}{e_h+\lambda_2 e_h+\eta_2(p_h-p_h')}<0$时，$(b_{ha}-c_{ha})-\lambda_2\left(R_{BC}-\frac{b_{ha}}{c_{ha}}\right)c_{ha}+$

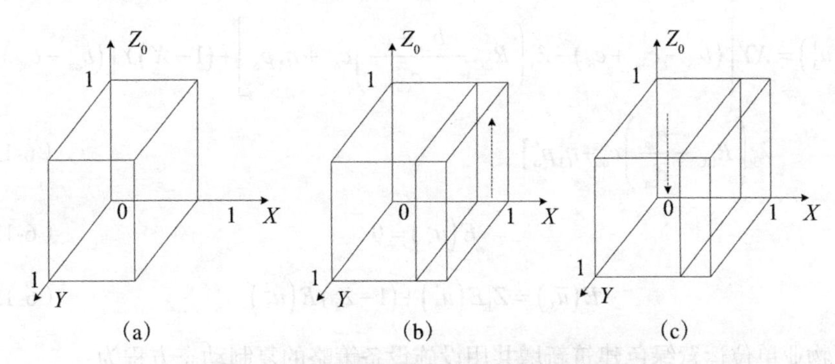

图 6-2　供热单位的演化博弈复制动态相位图

$$（a）X=\frac{-(b_{ha}-c_{ha})+\lambda_2\left(R_{BC}-\dfrac{b_{ha}}{c_{ha}}\right)c_{ha}-\eta_2 p_h'}{e_h+\lambda_2 e_h+\eta_2(p_h-p_h')}；（b）X>\frac{-(b_{ha}-c_{ha})+\lambda_2\left(R_{BC}-\dfrac{b_{ha}}{c_{ha}}\right)c_{ha}-\eta_2 p_h'}{e_h+\lambda_2 e_h+\eta_2(p_h-p_h')}；$$

$$（c）X<\frac{-(b_{ha}-c_{ha})+\lambda_2\left(R_{BC}-\dfrac{b_{ha}}{c_{ha}}\right)c_{ha}-\eta_2 p_h'}{e_h+\lambda_2 e_h+\eta_2(p_h-p_h')}$$

$\eta_2 p_h'>0$，$Z_{02}^*=1$是演化稳定策略，表明在政府不实施经济激励时，如果供热单位对绿色建筑按热量收费的效用大于按面积收费的效用，则供热单位最终选择对绿色建筑按热量收费。

当$\dfrac{-(b_{ha}-c_{ha})+\lambda_2\left(R_{BC}-\dfrac{b_{ha}}{c_{ha}}\right)c_{ha}-\eta_2 p_{ha}'}{e_h+\lambda_2 e_h+\eta_2(p_h-p_h')}>1$时，$(b_{ha}-c_{ha}+e_h)-\lambda_2\left(R_{BC}-\dfrac{b_{ha}+e_h}{c_{ha}}\right)$
$c_{ha}+\eta_2 p_h<0$，$Z_{01}^*=0$是演化稳定策略，表明在政府实施经济激励时，如果供热单位对绿色建筑按热量收费的效用小于按面积收费的效用，则供热单位最终选择对绿色建筑按面积收费。

6.2.3　物业单位的演化稳定策略分析

根据表6-1，物业单位运营绿色建筑新增共用设施设备的效用期望值$E(u_3^1)$、不运营绿色建筑新增共用设施设备的效用期望值$E(u_3^2)$、平均效用期望值$E(\bar{u}_3)$分别为：

$$E\left(u_3^1\right)=XY\left[\left(b_{\mathrm{oa}}-c_{\mathrm{oa}}+e_{\mathrm{o}}\right)-\lambda_3\left(R_{\mathrm{BC}}-\frac{b_{\mathrm{oa}}+e_{\mathrm{o}}}{c_{\mathrm{oa}}}\right)c_{\mathrm{oa}}+\eta_3 p_{\mathrm{o}}\right]+(1-X)Y\left[\left(b_{\mathrm{oa}}-c_{\mathrm{oa}}\right)-\lambda_3\left(R_{\mathrm{BC}}-\frac{b_{\mathrm{oa}}}{c_{\mathrm{oa}}}\right)c_{\mathrm{oa}}+\eta_3 p_{\mathrm{o}}'\right] \tag{6-11}$$

$$E\left(u_3^2\right)=0 \tag{6-12}$$

$$E\left(\bar{u}_3\right)=Z_1 E\left(u_3^1\right)+\left(1-Z_1\right)E\left(u_3^2\right) \tag{6-13}$$

物业单位运营绿色建筑新增共用设施设备策略的复制动态方程为：

$$F\left(Z_1\right)=\frac{dZ_1}{dt}=Z_1\left[E\left(u_3^1\right)-E\left(\bar{u}_3\right)\right]=Z_1\left(1-Z_1\right)Y\left\{X\left[e_{\mathrm{o}}+\lambda_3 e_{\mathrm{o}}+\eta_3\left(p_{\mathrm{o}}-p_{\mathrm{o}}'\right)\right]+\left(b_{\mathrm{oa}}-c_{\mathrm{oa}}\right)-\lambda_3\left(R_{\mathrm{BC}}-\frac{b_{\mathrm{oa}}}{c_{\mathrm{oa}}}\right)\cdot c_{\mathrm{oa}}+\eta_3 p_{\mathrm{o}}'\right\} \tag{6-14}$$

由于$e_{\mathrm{o}}+\lambda_3 e_{\mathrm{o}}+\eta_3\left(p_{\mathrm{o}}-p_{\mathrm{o}}'\right)>0$。根据$X$和$\frac{-\left(b_{\mathrm{oa}}-c_{\mathrm{oa}}\right)+\lambda_3\left(R_{\mathrm{BC}}-\frac{b_{\mathrm{oa}}}{c_{\mathrm{oa}}}\right)c_{\mathrm{oa}}-\eta_3 p_{\mathrm{o}}'}{e_{\mathrm{o}}+\lambda_3 e_{\mathrm{o}}+\eta_3\left(p_{\mathrm{o}}-p_{\mathrm{o}}'\right)}$的大小不同，物业单位的均衡结果存在以下几种情况：

（1）当 $Y>0$，$X=\frac{-\left(b_{\mathrm{oa}}-c_{\mathrm{oa}}\right)+\lambda_3\left(R_{\mathrm{BC}}-\frac{b_{\mathrm{oa}}}{c_{\mathrm{oa}}}\right)c_{\mathrm{oa}}-\eta_3 p_{\mathrm{o}}'}{e_{\mathrm{o}}+\lambda_3 e_{\mathrm{o}}+\eta_3\left(p_{\mathrm{o}}-p'_{\mathrm{o}}\right)}$时，$X\left[e_{\mathrm{o}}+\lambda_3 e_{\mathrm{o}}+\eta_3\left(p_{\mathrm{o}}-p_{\mathrm{o}}'\right)\right]+\left(b_{\mathrm{oa}}-c_{\mathrm{oa}}\right)-\lambda_3\left(R_{\mathrm{BC}}-\frac{b_{\mathrm{oa}}}{c_{\mathrm{oa}}}\right)c_{\mathrm{oa}}+\eta_3 p_{\mathrm{o}}'=0$。此时，$F\left(Z_1\right)$恒为0，对$\forall Z_1\in[0,1]$均为稳态。

（2）当 $Y>0$，$X\neq\frac{-\left(b_{\mathrm{oa}}-c_{\mathrm{oa}}\right)+\lambda_3\left(R_{\mathrm{BC}}-\frac{b_{\mathrm{oa}}}{c_{\mathrm{oa}}}\right)c_{\mathrm{oa}}-\eta_3 p'_{\mathrm{o}}}{e_{\mathrm{o}}+\lambda_3 e_{\mathrm{o}}+\eta_3\left(p_{\mathrm{o}}-p_{\mathrm{o}}'\right)}$时，$X\left[e_{\mathrm{o}}+\lambda_3 e_{\mathrm{o}}+\eta_3\left(p_{\mathrm{o}}-p_{\mathrm{o}}'\right)\right]+\left(b_{\mathrm{oa}}-c_{\mathrm{oa}}\right)-\lambda_3\left(R_{\mathrm{BC}}-\frac{b_{\mathrm{oa}}}{c_{\mathrm{oa}}}\right)c_{\mathrm{oa}}+\eta_3 p_{\mathrm{o}}'\neq 0$。此时，令$F\left(Z_1\right)=\frac{dZ_1}{dt}=0$，$Z_{11}^*=0$和$Z_{12}^*=1$是可能的两个稳定点。根据$\frac{-\left(b_{\mathrm{oa}}-c_{\mathrm{oa}}\right)+\lambda_3\left(R_{\mathrm{BC}}-\frac{b_{\mathrm{oa}}}{c_{\mathrm{oa}}}\right)c_{\mathrm{oa}}-\eta_3 p_{\mathrm{o}}'}{e_{\mathrm{o}}+\lambda_3 e_{\mathrm{o}}+\eta_3\left(p_{\mathrm{o}}-p_{\mathrm{o}}'\right)}$的取值范围不同，存在以下三种情况：

1）当$Y>0$，$\dfrac{-(b_{oa}-c_{oa})+\lambda_3\left(R_{BC}-\dfrac{b_{oa}}{c_{oa}}\right)c_{oa}-\eta_3 p_o'}{e_o+\lambda_3 e_o+\eta_3(p_o-p_o')}<0$时，

$X>\dfrac{-(b_{oa}-c_{oa})+\lambda_3\left(R_{BC}-\dfrac{b_{oa}}{c_{oa}}\right)c_{oa}-\eta_3 p_o'}{e_o+\lambda_3 e_o+\eta_3(p_o-p_o')}$。此时，$X\left[e_o+\lambda_3 e_o+\eta_3(p_o-p_o')\right]+(b_{oa}-c_{oa})-\lambda_3\left(R_{BC}-\dfrac{b_{oa}}{c_{oa}}\right)c_{oa}+\eta_3 p_o'>0$，有$F'(0)>0$，$F'(1)<0$，$Z_{12}^*=1$是演化稳定策略，表明当政府选择实施经济激励的比例$X$满足本条件时，物业单位最终选择运营绿色建筑的新增共用设施设备。

2）当$Y>0$，$0<\dfrac{-(b_{oa}-c_{oa})+\lambda_3\left(R_{BC}-\dfrac{b_{oa}}{c_{oa}}\right)c_{oa}-\eta_3 p_o'}{e_o+\lambda_3 e_o+\eta_3(p_o-p_o')}<1$时，根据$X$的取值范围不同，可划分为以下两种情况：

①当$X>\dfrac{-(b_{oa}-c_{oa})+\lambda_3\left(R_{BC}-\dfrac{b_{oa}}{c_{oa}}\right)c_{oa}-\eta_3 p_o'}{e_o+\lambda_3 e_o+\eta_3(p_o-p_o')}$时，$X\left[e_o+\lambda_3 e_o+\eta_3(p_o-p_o')\right]+(b_{oa}-c_{oa})-\lambda_3\left(R_{BC}-\dfrac{b_{oa}}{c_{oa}}\right)c_{oa}+\eta_3 p_o'>0$。此时，有$F'(0)>0$，$F'(1)<0$，$Z_{12}^*=1$是平衡点，表明当政府选择实施经济激励的比例$X$满足本条件时，物业单位最终选择运营绿色建筑的新增共用设施设备。

②当$X<\dfrac{-(b_{oa}-c_{oa})+\lambda_3\left(R_{BC}-\dfrac{b_{oa}}{c_{oa}}\right)c_{oa}-\eta_3 p_o'}{e_o+\lambda_3 e_o+\eta_3(p_o-p_o')}$时，$X\left[e_o+\lambda_3 e_o+\eta_3(p_o-p_o')\right]+(b_{oa}-c_{oa})-\lambda_3\left(R_{BC}-\dfrac{b_{oa}}{c_{oa}}\right)c_{oa}+\eta_3 p_o'<0$。此时，有$F'(0)<0$，$F'(1)>0$，$Z_{11}^*=0$是平衡点，表明当政府选择实施经济激励的比例$X$满足本条件时，物业单位最终选择不运营绿色建筑的新增共用设施设备。

3）当$Y>0$，$\dfrac{-(b_{oa}-c_{oa})+\lambda_3\left(R_{BC}-\dfrac{b_{oa}}{c_{oa}}\right)c_{oa}-\eta_3 p_o'}{e_o+\lambda_3 e_o+\eta_3(p_o-p_o')}>1$时，

$X < \dfrac{-(b_{oa} - c_{oa}) + \lambda_3 \left(R_{BC} - \dfrac{b_{oa}}{c_{oa}} \right) c_{oa} - \eta_3 p_o'}{e_o + \lambda_3 e_o + \eta_3 (p_o - p_o')}$。此时，$X\left[e_o + \lambda_3 e_o + \eta_3 (p_o - p_o')\right] + (b_{oa} - c_{oa}) - \lambda_3 \left(R_{BC} - \dfrac{b_{oa}}{c_{oa}} \right) c_{oa} + \eta_3 p_o' > 0$，有$F'(0) < 0$，$F'(1) > 0$，$Z_{11}^* = 0$是演化稳定策略，表明当政府选择实施经济激励的比例$X$满足本条件时，物业单位最终选择不运营绿色建筑的新增共用设施设备。

经过上述分析，当X和$\dfrac{-(b_{oa} - c_{oa}) + \lambda_3 \left(R_{BC} - \dfrac{b_{oa}}{c_{oa}} \right) c_{oa} - \eta_3 p_o'}{e_o + \lambda_3 e_o + \eta_3 (p_o - p_o')}$满足不同的大小关系时，物业单位的策略演化过程如图6-3所示。

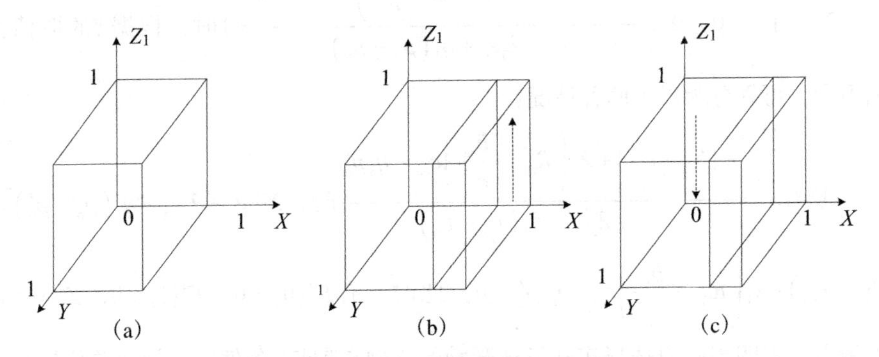

图 6-3　物业单位的演化博弈复制动态相位图

（a）$X = \dfrac{-(b_{oa} - c_{oa}) + \lambda_3 \left(R_{BC} - \dfrac{b_{oa}}{c_{oa}} \right) c_{oa} - \eta_3 p_o'}{e_o + \lambda_3 e_o + \eta_3 (p_o - p_o')}$；（b）$X > \dfrac{-(b_{oa} - c_{oa}) + \lambda_3 \left(R_{BC} - \dfrac{b_{oa}}{c_{oa}} \right) c_{oa} - \eta_3 p_o'}{e_o + \lambda_3 e_o + \eta_3 (p_o - p_o')}$；

（c）$X < \dfrac{-(b_{oa} - c_{oa}) + \lambda_3 \left(R_{BC} - \dfrac{b_{oa}}{c_{oa}} \right) c_{oa} - \eta_3 p_o'}{e_o + \lambda_3 e_o + \eta_3 (p_o - p_o')}$

同时，可以得出物业单位有以下2种演化稳定策略：

当$\dfrac{-(b_{oa} - c_{oa}) + \lambda_3 \left(R_{BC} - \dfrac{b_{oa}}{c_{oa}} \right) c_{oa} - \eta_3 p_o'}{e_o + \lambda_3 e_o + \eta_3 (p_o - p_o')} < 0$时，$(b_{oa} - c_{oa}) - \lambda_3 \left(R_{BC} - \dfrac{b_{oa}}{c_{oa}} \right) c_{oa} + \eta_3 p_o' > 0$，$Z_{12}^* = 1$是演化稳定策略，表明在政府不实施经济激励时，如果物业单位

运营绿色建筑新增共用设施设备的效用大于不运营绿色建筑新增共用设施设备的效用，则物业单位最终选择运营绿色建筑的新增共用设施设备。

当$\dfrac{-(b_{oa}-c_{oa})+\lambda_3\left(R_{BC}-\dfrac{b_{oa}}{c_{oa}}\right)c_{oa}-\eta_3 p_o'}{e_o+\lambda_3 e_o+\eta_3(p_o-p_o')}>1$时，$(b_{oa}-c_{oa}+e_o)-\lambda_3\left(R_{BC}-\dfrac{b_{oa}+e_o}{c_{oa}}\right)c_{oa}+\eta_3 p_o<0$，$Z_{11}^*=0$是演化稳定策略，表明当政府实施经济激励时，如果物业单位运营绿色建筑新增共用设施设备的效用小于不运营绿色建筑新增共用设施设备的效用，则物业单位最终选择不运营绿色建筑的新增共用设施设备。

6.3 不同参与主体成本分摊方案

政府经济激励可以有效缓解绿色建筑全寿命期、全产业链、全参与主体边际环境、社会效益的产生，导致的绿色建筑建设单位、消费者、供热单位、物业单位边际效益与边际费用匹配度不高和不同单位实施绿色行为效用不足的问题。因此，如何分配绿色建筑全寿命期、全产业链、全参与主体的边际环境、社会效益，成为促使政府和绿色建筑建设单位、消费者、供热单位、物业单位达到帕累托最优均衡的关键。基于建设单位、供热单位、物业单位的演化稳定策略，现实中，当政府不实施经济激励时，基本不存在建设单位、供热单位、物业单位实施绿色行为的效用大于实施非绿色行为效用的情形。为了防止政府经济激励无效情形的出现，同时兼顾政府的利益，即政府付出的经济激励应小于获得的边际净效益，在政府和绿色建筑建设单位、消费者、供热单位、物业单位达到帕累托最优均衡时，政府对绿色建筑建设单位、消费者、供热单位、物业单位的经济激励e_d、e_c、e_h、e_o应满足以下条件：

$$e_d+e_c+e_h+e_o<p_d+p_h+p_o \quad (6\text{-}15)$$

$$(b_{da}-c_{da}+e_d)-\lambda_1\left(R_{BC}-\frac{b_{da}+e_d}{c_{da}}\right)c_{da}+\eta_1 p_d>0 \quad (6\text{-}16)$$

$$(b_{ha}-c_{ha}+e_h)-\lambda_2\left(R_{BC}-\frac{b_{ha}+e_h}{c_{ha}}\right)c_{ha}+\eta_2 p_h>0 \quad (6\text{-}17)$$

$$\left(b_{\mathrm{oa}}-c_{\mathrm{oa}}+e_{\mathrm{o}}\right)-\lambda_3\left(R_{\mathrm{BC}}-\frac{b_{\mathrm{oa}}+e_{\mathrm{o}}}{c_{\mathrm{oa}}}\right)c_{\mathrm{oa}}+\eta_3 p_{\mathrm{o}}>0 \tag{6-18}$$

根据政府对绿色建筑建设单位、消费者、供热单位、物业单位的激励方案可知，面对当前绿色建筑建设单位、供热单位、物业单位边际效益与边际费用匹配度不高的局面，当λ_1、λ_2、λ_3越大，$\frac{b_{\mathrm{da}}}{c_{\mathrm{da}}}$、$\frac{b_{\mathrm{ha}}}{c_{\mathrm{ha}}}$、$\frac{b_{\mathrm{oa}}}{c_{\mathrm{oa}}}$越小时，不等式（6-16）、（6-17）、（6-18）越不容易成立。因此，政府在实施经济激励时，应将绿色建筑建设单位、供热单位、物业单位的差异厌恶偏好考虑在内，根据不同单位的边际效益与边际费用匹配度实施协同经济激励。此外，η_1、η_2、η_3越大，不等式（6-16）、（6-17）、（6-18）越容易成立，即通过激发绿色建筑建设单位、供热单位、物业单位的利他偏好，可以减轻政府的经济激励负担。

6.4 绿色公共建筑和绿色居住建筑全寿命期、全产业链、不同参与主体成本分摊的区别

根据产权的不同，绿色公共建筑可分为建设单位自持使用型和建设单位销售型两种类型。

当绿色公共建筑为建设单位自持使用型时，与绿色居住建筑相比，绿色公共建筑产业链成本分摊的主体及其分摊的额度不同，具体如下：

（1）成本分摊的主体不同。当绿色公共建筑为建设单位自持使用型时，绿色公共建筑的建设单位和消费者是同一主体。因此，与绿色居住建筑相比，绿色公共建筑产业链成本分摊的主体缺少了消费者，仅有政府、建设单位、供热单位、物业单位4类主体。

（2）成本分摊的额度不同。当绿色公共建筑为建设单位自持使用型时，与绿色居住建筑相比，绿色公共建筑产业链有关主体的边际效益和边际费用存在差异，产业链多主体利益协同度评价模型不同，绿色建筑建设单位、供热单位、物业单位的效用函数不同。因此，与政府对绿色居住建筑建设单位、供热单位、物业单位的激励额度相比，政府对绿色公共建筑建设单位、供热单位、物业单位的

激励额度不同，但是政府对不同主体的激励准则与6.3分析的一致。由于此时建设单位不仅获得了绿色建筑决策、设计、发包、制造、建造阶段的边际效益，还获得了绿色建筑运营阶段的边际效益，当建设单位建设绿色公共建筑的效用大于建设绿色居住建筑的效用时，相比于建设绿色居住建筑，建设单位选择建设绿色公共建筑的概率更大，政府对绿色公共建筑建设单位的激励额度较少。

当绿色公共建筑为建设单位销售型时，绿色公共建筑产业链上的成本分摊主体与绿色居住建筑的一致，政府对不同主体的激励准则与6.3分析的相同，但是由于与绿色居住建筑建设单位、消费者、供热单位、物业单位相比，绿色公共建筑建设单位、消费者、供热单位、物业单位的边际效益和边际费用与之不同，政府对绿色公共建筑产业链不同参与主体的激励额度与对绿色居住建筑产业链不同参与主体的激励额度存在区别。

7 绿色建筑全寿命期、全产业链、不同参与主体多层面激励机制设计

基于第7章研究的政府和绿色建筑建设单位、消费者、供热单位、物业单位的成本分摊方案，本章首先以绿色居住建筑为例，结合协同治理理论，从绿色建筑产业链不同个体、不同主体之间和全产业链三个层面，确定针对绿色建筑建设单位、消费者、供热单位、物业单位的激励机制要素。其次，利用社会网络分析方法，建立激励机制不同要素的关系网络模型，揭示不同要素之间的相互影响关系。在此基础上，从不同的层面，提出绿色建筑推广过程中针对绿色建筑建设单位、消费者、供热单位、物业单位的培育激励机制、经济激励机制、保障激励机制。最后，分析绿色公共建筑和绿色居住建筑产业链不同参与主体激励机制的区别。

7.1 不同参与主体激励机制设计的指导思想

为提高绿色建筑建设单位、消费者、供热单位、物业单位的边际效益与边际费用匹配度和多主体利益协同度，提高不同单位实施绿色行为的效用，基于协同治理理论，面向绿色建筑建设单位、消费者、供热单位、物业单位设计激励机制的指导思想应包括实现社会资源配置最优、激发多主体内生动力、实现多主体协同发展、推进动态持续治理。

7.1.1 实现社会资源配置最优

绿色建筑的发展，不仅节约了绿色建筑建设、运营过程中的材料费用、用能费用、用水费用，还减少了温室气体排放，净化了城市空气，减少了城市基础设施投资，拉动了相关产业发展，新增了就业岗位，绿色建筑的正外部性明显。绿色建筑的正外部性对推进形成绿色生产方式和生活方式，助力“双碳”目标实现，满足人们日益增长的美好生活需要具有重要意义。然而，绿色建筑的外部性会导致绿色建筑产业链建设单位、消费者、供热单位、物业单位的边际私人成本和边际社会成本、边际私人效益和边际社会效益不一致，从而导致市场失灵。借鉴公共品提供的贝叶斯机制，绿色建筑产业链不同参与主体激励机制应解决绿色建筑的外部性，推动社会资源配置达到最优。

7.1.2 激发多主体内生动力

动机理论表明动机是促使人们发生行为的内在原因，并指出需要对动机形成的重要作用，其中由内在需要触发的动机为内部动机，由外界环境触发的动机为外部动机。自我决定理论根据动机来源的不同，将人类行为划分为自我决定行为和非自我决定行为，其中自我决定行为是满足人们内在需要的行为，非自我决定行为是受外部因素驱动的行为。同样的行为内容，自我决定行为可能更容易发生。我国绿色建筑采用“自上而下”的推广模式，由于市场动力还不足，绿色建筑的运行实效与设计目标还存在差距，因此绿色建筑产业链不同参与主体激励机制应满足建设单位、消费者、供热单位、物业单位的内在动机，形成政府主导，建设单位、供热单位、物业单位积极参与，消费者购买意愿较高的发展格局。

7.1.3 实现多主体协同发展

绿色建筑产业链参与主体众多，推动绿色建筑普及并保障其运行实效是一个超出单一主体边界的问题，需要建设单位、消费者、供热单位、物业单位等共同践行绿色行为。然而，不同主体在践行绿色行为时，会面临自身利益与他人利益、短期利益与长期利益的选择，从而产生社会困境。当存在有关主体追求短期自身利益最大化时，绿色建筑产业链运行便存在堵点，绿色建筑不能被有效建设或运营，不同主体获得的效益也会低于不同主体均选择合作时的效益。大多数亲环境主体在面临社会困境时往往会选择有条件的合作，而这些有条件合作者的决定受主体间利益协同的影响，因此绿色建筑产业链不同参与主体激励机制应实现产业链供给侧、需求侧、运营侧的协同发展。

7.1.4 推进动态持续治理

与其他产业相同，绿色建筑产业生命周期包括初创期、成长期、成熟期、衰退期。在产业生命周期的不同阶段，建设单位开发绿色建筑、供热单位按热量收费、物业单位运营新增共用设施设备的边际费用、边际效益、社会责任意识以及绿色建筑消费人群、购房意愿等均不相同，因此在绿色建筑产业生命周期的不同阶段，绿色建筑产业链不同参与主体激励机制应具有差异性，既保障绿色建筑不同市场主体的利益，又避免加重财政负担。

根据协同治理理论的特征，实现社会资源配置最优、激发多主体内生动力、实现多主体协同发展、推进动态持续治理分别与协同治理理论的治理目标的趋同性、治理方式的协作性、治理主体的多元性和治理过程的动态性相对应。

7.2 不同参与主体激励的逻辑与机制要素确定

7.2.1 不同参与主体激励的逻辑

根据6.3得出的政府和绿色建筑建设单位、消费者、供热单位、物业单位的成本分摊方案，本研究先提出对绿色建筑建设单位、消费者、供热单位、物业单位激励的逻辑结构（图7-1），为确定绿色建筑建设单位、消费者、供热单位、物业单位的激励机制要素提供依据。针对差异厌恶偏好、利他偏好引起不同单位实施绿色行为的效用变化，采用政府经济激励等手段，提高不同单位实施绿色行为的边际效益与边际费用匹配度，减少差异厌恶偏好引起不同单位实施绿色行为的效用损失，并通过激发不同单位的利他偏好和明确实施绿色行为引起的政府边际净效益，提高不同单位实施绿色行为的效用。上述措施的实施，可以促使供热单位对绿色建筑按热量收费、物业单位运营绿色建筑的新增共用设施设备。供热单位、物业单位对绿色建筑的充分运营，能够有效保障消费者购买和居住绿色建筑的边际效益，从而提高消费者对绿色建筑的支付意愿。消费者支付意愿的提高，可进一步提升建设单位建设绿色建筑的边际效益与边际费用匹配度，从而促使其

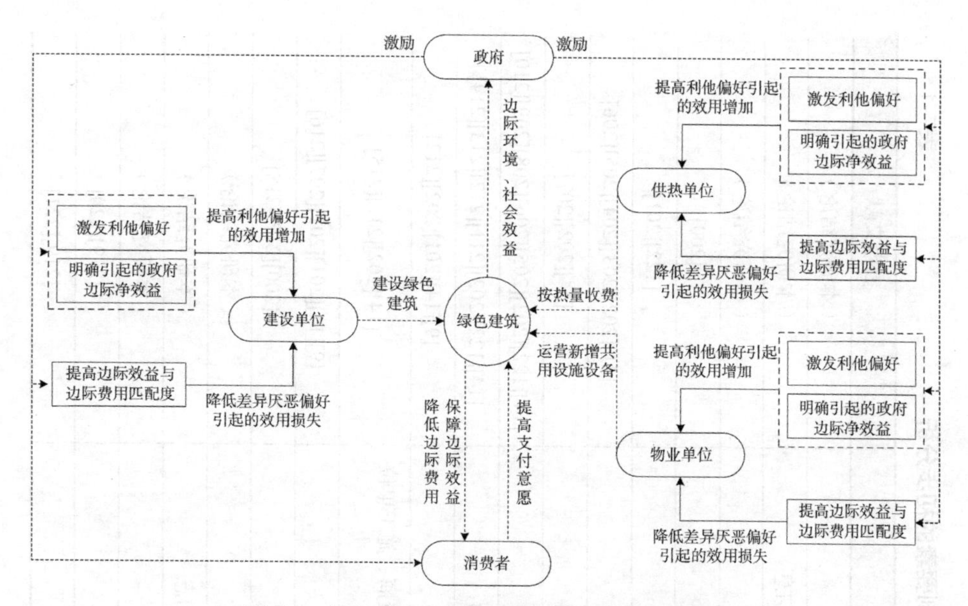

图 7-1 绿色建筑产业链不同参与主体的激励逻辑

进一步选择建设绿色建筑。在绿色建筑规模和运行实效提升过程中，政府获得了显著的边际环境、社会效益。最终，政府和绿色建筑建设单位、消费者、供热单位、物业单位达到帕累托最优均衡。

7.2.2 不同参与主体激励机制要素的确定

根据绿色建筑产业链不同参与主体的激励逻辑，本研究基于上一章的研究结论，同时参考有关文献，结合调研，从不同主体的不同维度确定绿色建筑建设单位、消费者、供热单位、物业单位激励机制的要素，具体见表7-1。其中，在不同单位层面，本研究分别从利他偏好、外部效益、边际效益、边际费用4个维度进行机制要素的识别。前两个维度聚焦于提高利他偏好引起不同单位实施绿色行为的效用，后两个维度聚焦于提高不同单位的边际效益与边际费用匹配度，减少差异厌恶偏好引起不同单位实施绿色行为的效用损失。在消费者层面，本研究主要从消费者支付意愿维度识别机制要素。

在不同单位的利他偏好维度，由于利他偏好主要是指不同单位本身的特征，

绿色建筑产业链不同参与主体激励机制要素的初步分析 表7-1

主体	维度	机制要素	参考文献
建设单位	利他偏好	建设单位的利他偏好	（本研究结论）
	外部效益	绿色建筑开发引起的政府边际净效益信息	（本研究结论）
	边际效益	政府经济激励	（本研究结论）
		绿色建筑价格管控政策	[200]
		市场化生态补偿	[122][201]
	边际费用	建设单位开发能力	[41][202][203][204][205][206]
		绿色建筑咨询机构咨询能力	[14][202][207]
		设计单位设计能力	[14][122][202][205][206][208][209][210]
		制造商制造绿色材料、设备的能力	[14][122][202][211][212][213][214]
		施工单位施工能力	[9][14][201][202][212]
		建设单位、绿色建筑咨询机构、设计单位、制造商、施工单位协作能力	[14][202][211][215]
		相关标准规范	[9][14][201][202][207][216]
		绿色金融支持	[200][217][218]
供热单位	利他偏好	供热单位的利他偏好	（本研究结论）
	外部效益	按热量收费引起的政府边际净效益信息	（本研究结论）
	边际效益	政府经济激励	（本研究结论）
		供热计量设计标准规范	[219][220]
		供热单位运营管理能力	[219][221]

续表

主体	维度	机制要素	参考文献
供热单位	边际效益	市场化生态补偿	[122][201]
	边际费用	按热量收费的收费标准	[219][220][221][222][223]
		供热计量装置维护、维修、更新办法	[219][222]
物业单位	利他偏好	物业单位的利他偏好	（本研究结论）
	外部效益	运营绿色建筑新增共用设施设备引起的政府边际净效益信息	（本研究结论）
	边际效益	政府经济激励	（本研究结论）
		设计单位和物业单位协作能力	[224]
		电价、水价	[225][226]
		绿色建筑物业服务标准规范	[202][210][224][227]
		市场化生态补偿	[122][201]
		绿色建筑物业服务收费管理办法	（调研）
	边际费用	物业单位服务能力	[41][202][204][206][208][224]
消费者	支付意愿	边际效益信息	[200][202]
		政府经济激励	[41][59][142][206]
		市场化生态补偿	[122][201]
		电价、水价	[225][226]

因此本研究直接将利他偏好作为不同单位利他偏好维度的机制要素。在不同单位的外部效益维度，明确不同单位的绿色行为引起的政府边际净效益，有助于避免给政府带来的边际效益不清而导致利他偏好不能提升不同单位实施绿色行为效用的情形。因此，本研究将绿色建筑开发、对绿色建筑供热按热量收费、运营绿色建筑新增共用设施设备引起的政府边际效益信息作为不同单位外部效益维度的机制要素。

在建设单位的边际效益维度，除政府经济激励外，绿色建筑的资产增值效益（销售溢价）是绿色建筑建设单位边际效益的重要组成部分。然而，自2016年中央经济工作会议明确强调“房子是用来住的、不是用来炒的”定位以来，政府有关部门对住房销售价格实施了严格的管控政策，从而对绿色建筑的资产增值效益产生影响。此外，市场化生态补偿也有助于提升绿色建筑开发的边际效益。因此，本研究将政府经济激励、市场化生态补偿、绿色建筑价格管控政策作为建设单位边际效益维度的机制要素。在建设单位的边际费用维度，绿色建筑建设单位的边际费用与自身的开发能力、绿色建筑咨询机构的实践经验、设计单位不同专业的协同设计能力、制造商生产绿色材料、设备等的能力、施工单位建造绿色建筑的技术水平和绿色建筑建设单位、咨询机构、设计单位、制造商、施工单位的协作能力以及产业标准化水平、绿色金融支持力度有关。产业发展的标准化可以促使绿色建筑设计、制造、建造的标准化，从而降低绿色建筑建设单位的边际费用。绿色金融对减少绿色建筑建设单位的边际银行贷款利息具有重要意义。因此，本研究将建设单位开发能力、绿色建筑咨询机构咨询能力、设计单位设计能力、制造商制造绿色材料、设备的能力、施工单位施工能力建设单位、绿色建筑咨询机构、设计单位、制造商、施工单位协作能力、相关标准规范以及绿色金融支持作为建设单位边际费用维度的机制要素。

在供热单位的边际效益维度，供热计量设计标准规范是供热单位对绿色建筑实施按热量收费的技术基础。除政府经济激励、市场化生态补偿外，实施按热量收费后，供热单位的成本节约是供热单位对绿色建筑按热量收费的主要组成部分。然而，在实施按热量收费后，消费者对室内供热系统的调节对供热管网的热平衡影响巨大，供热单位对供热系统运行规律的把握能力和对供热系统的精确调节能力，直接关系到供热单位的热量输出。因此，本研究将供热计量设计标准规范、政府经济激励、市场化生态补偿、供热单位运营管理能力作为供热单位边际效益维度的机制要素。在供热单位的边际费用维度，收费减少是供热单位实施按热量收费的主要障碍。因此，科学制定按热量收费的收费标准，使供热价格更好地反映供给成本、资源稀缺程度、供求关系，有助于减少供热单位的边际费用。同时，完善供热计量装置的维护、维修、更新办法有利于明确各方的责任，保障供热单位的利益。因此，本研究将按热量收费的收费标准和供热计量装置维护、维修、更新办法作为供热单位边际费用维度的机制要素。

在物业单位的边际效益维度，绿色建筑设计对物业单位运营绿色建筑新增共用设施设备的边际效益具有直接影响。在设计阶段，通过开展设计单位和物业单位协作，优化绿色建筑新增共用设施设备的配置，可以从设计层面保障物业单位的边际效益。除政府经济激励、市场化生态补偿外，物业单位运营绿色建筑新增共用设施设备的边际效益主要是电费、水费的节约，电价、水价的高低直接关系到电费、水费节约的多少。同时，绿色建筑运行数据监测、设施设备管理等标准规范，有助于提升物业单位运营新增共用设施设备的规范化水平，从而提高物业单位运营新增共用设施设备的边际效益。此外，边际物业管理收费也是物业单位边际效益的重要组成部分，完善的物业服务收费管理办法是物业单位征收边际物业管理费的依据。因此，本研究将设计单位和物业单位协作能力、政府经济激励、市场化生态补偿、电价和水价、绿色建筑物业服务标准规范、绿色建筑物业服务收费管理办法作为物业单位边际效益维度的机制要素。在物业单位的边际费用维度，物业单位对绿色建筑新增共用设施设备的管理能力对设施设备的运行效率产生直接影响，从而影响设施设备的运行费用。因此，本研究将物业单位服务能力作为物业单位边际费用维度的机制要素。

在消费者支付意愿维度，绿色建筑消费者的边际费用与边际效益存在时间错配的问题，明确的边际效益信息能够提升消费者对绿色建筑的认知水平，从而降低损失规避心理对消费者绿色建筑支付意愿的影响。此外，政府经济激励、市场化生态补偿、合理的电价和水价有助于提高消费者购买和居住绿色建筑的边际效益，从而提高消费者对绿色建筑的支付意愿。因此，本研究将边际效益信息、政府经济激励、市场化生态补偿、电价和水价作为消费者支付意愿维度的机制要素。

通过以上分析，本研究将表7-1中属于同一范畴的要素进行合并，并对要素名称进行重新命名，得出面向绿色建筑建设单位、消费者、供热单位、物业单位的激励机制的要素主要分布在不同主体本身、不同主体之间、全产业链三个层面，具体见表7-2。本研究将表7-2中的要素作为最终的绿色建筑产业链不同参与主体激励机制的要素。

绿色建筑产业链不同参与主体激励机制要素的最终确定及其内涵解释　表7-2

层面	要素	要素解释
不同主体本身	G1：主体利他偏好	建设单位、供热单位、物业单位的利他偏好
	G2：主体参与能力	建设单位开发能力、供热单位运营管理能力、物业单位服务能力
不同主体之间	G3：政府经济激励	政府对建设单位、消费者、供热单位、物业单位的经济激励
	G4：市场化生态补偿	用能权、用水权、碳排放交易权等市场化生态补偿机制
	G5：绿色金融支持	绿色金融对绿色建筑开发的支持
全产业链	G6：产业协作配套能力	绿色建筑咨询机构咨询能力、设计单位设计能力、制造商制造能力、施工单位施工能力以及建设单位、绿色建筑咨询机构、设计单位、施工单位、供热单位、物业单位的协作能力
	G7：资源定价	居民电价、水价、热价
	G8：配套政策	绿色建筑价格管控政策，绿色建筑物业服务收费管理办法，供热计量装置维护、维修、更新办法
	G9：产业标准规范	绿色建筑设计、制造、建造、物业服务标准规范
	G10：相关经济信息	绿色建筑产业链上有关主体的边际费用和边际效益信息

7.3 不同参与主体激励机制要素的关系网络构建与分析

7.3.1 不同参与主体激励机制要素的关系网络构建

为进一步识别绿色建筑产业链不同参与主体激励机制的关键要素，并以此制定多主体激励机制，提高多主体激励的效率，本研究通过构建激励机制不同要素的关系网络模型，以分析不同要素在网络中的地位、影响力。因此，本研究采用赋值有向型关系数据表示要素之间的关系，首先设计了表7-2中10个要素之间的关系强度调查表。本研究将不同要素之间的关系强度分为5个等级，其中0分表示没有关系，1分表示弱关系，2分表示中等关系，3分表示较强关系，4分表示强关系。其次，按照“15～20个参与者就已足够”的原则，邀请专家对问卷进行作答。考虑到专家的地域、领域代表性，本研究共邀请了16名专家参与问卷调查，其中男性专家11人、女性专家5人，获得高级职称的专家6人、获得中级职称的专家7人。不同专家的就职单位涵盖政府部门、建设单位、绿色建筑咨询机构、设计单位、施工单位、供热单位、物业单位、高校。

本研究通过某平台设计问卷，并在征得专家同意后，向各位专家发送调查问卷。本研究共回收有效问卷16份，有效问卷率为100%。根据问卷调查结果，本研究将不同要素之间关系强度的期望值作为不同要素之间的关系强度，并以此建立绿色建筑产业链不同参与主体激励机制要素关系强度的赋值有向型矩阵，具体见表7-3。

绿色建筑产业链不同参与主体激励机制要素关系强度矩阵　表7-3

	G1	G2	G3	G4	G5	G6	G7	G8	G9	G10
G1	—	2.44	2.75	2.56	2.25	2.56	2.56	3.06	2.88	2.13
G2	2.75	—	2.13	2.38	2.38	2.31	1.88	2	2.38	2.25
G3	3.19	3.06	—	2.81	2.88	2.75	2.5	2.5	2.63	2.88
G4	2.81	2.69	3.13	—	2.69	2.63	2.75	2.75	2.63	2.63
G5	3.19	3.19	3.06	2.69	—	2.94	2.13	2.25	2.31	2.38
G6	2.75	3.13	2.81	1.94	2.44	—	1.88	2.06	2.19	1.81
G7	3.13	2.69	2.81	2.88	2.88	2.44	—	2.5	2	2.5
G8	3.25	3.19	3.13	2.88	2.88	3.06	2.63	—	2.44	2.44
G9	2.81	3	2.94	2.88	2.5	3	2.13	2.88	—	2.625
G10	3.06	2.88	3.19	2.88	2.94	2.69	2.81	2.88	2.88	—

基于表7-3，采用NetDraw绘图工具，本研究绘制出绿色建筑产业链不同参与主体激励机制要素的关系网络图，具体如图7-2所示。

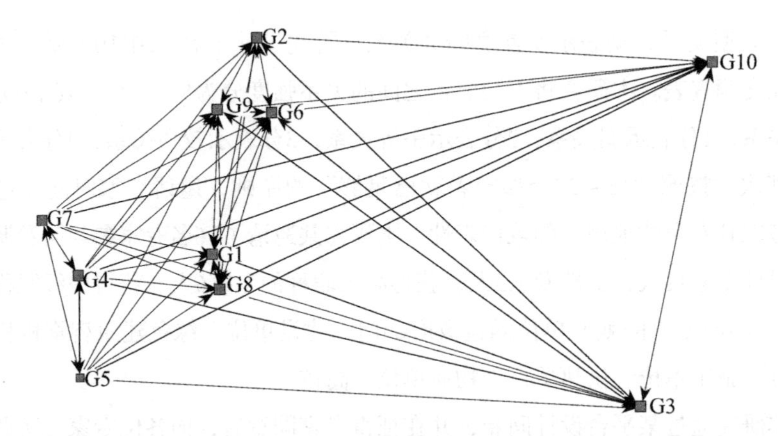

图 7-2 绿色建筑产业链不同参与主体激励机制要素的关系网络图

7.3.2 不同参与主体激励机制要素的关系网络分析

为进一步探讨绿色建筑产业链不同参与主体激励机制不同要素之间的相互影响关系，本研究采用软件UCINET6.560，从要素关系网络的整体属性、个体属性两个维度进行分析。

（1）网络整体属性分析

1）网络密度分析

网络密度主要用来反映网络中各个节点之间联系的紧密程度，网络密度值越大，代表网络节点之间的关系越紧密，网络整体凝聚力越强。网络密度值（*Density*）的计算公式为：

$$Density=\frac{K}{N\left(N-1\right)} \tag{7-1}$$

其中，*K*表示网络中存在的节点数，*N*表示网络中不同节点的连接边数。根据UCINET6.560的计算结果，绿色建筑产业链不同参与主体激励机制要素网络的网络密度值为2.660，标准差为0.353，表明网络整体密度较大，关系网络中不同要素的联系十分紧密。不同要素的变动会引起网络中其他要素的变动，进而影响网络结构。因此，网络中的要素对绿色建筑产业链不同单位和消费者的策略选择均具有重要影响，即绿色建筑产业链不同参与主体的激励是从不同个体本身、不同主体之间、全产业链多层面开展综合激励的结果。

2）凝聚子群分析

凝聚子群是指由具有相对较强、直接且紧密联系的不同要素组成的一个集合，用于描述不同要素之间真实存在或潜在的关系。通过凝聚子群分析，可以发现关系网络中由彼此联系紧密的要素组成的次级团体。基于UCINET6.560中CONCOR法的计算结果（图7-3），可知网络中共有4个次级团体，即“主体参与能力—产业协作配套能力”“绿色金融支持—资源定价”“配套政策—产业标准规范”“市场化生态补偿—相关经济信息”。在网络所有的要素中，以上团体内部要素的联系尤为紧密。在以上要素中，主体参与能力和产业协作配套能力具有相互促进的作用。良好的收益是促进绿色金融发展的重要条件，科学的资源定价有助于提高绿色金融的收益，从而促进绿色金融的发展。同时，绿色金融的实施对当前资源定价的理顺也具有一定的影响。配套政策与产业标准规范相互适应、互为补充。此外，开展市场化生态补偿有助于明确绿色建筑的减碳量、节能量、节水量，从而为披露不同主体的有关经济信息提供数据支撑，不同主体有关经济信息的明确也会进一步促进市场化生态补偿的开展。除不同团体内部的要素外，主体利他偏好、政府经济激励的加入会增进不同团体之间协调互动的效率，从而形成“团体内互动、团体间互通”的动态关系网络。因此，从不同主体本身、不同主体

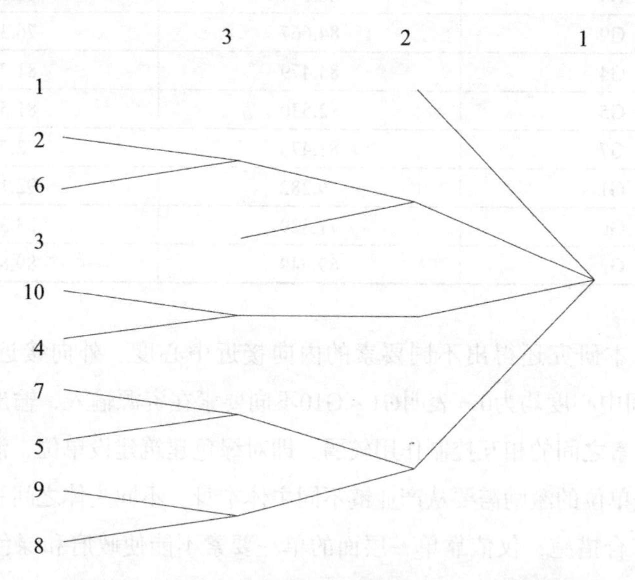

图7-3　绿色建筑产业链不同参与主体激励机制要素的凝聚子群分析

之间、全产业链三个层面实施面向绿色建筑建设单位、消费者、供热单位、物业单位的激励机制对提高绿色建筑产业链不同参与主体激励的效率具有重要意义。

（2）网络个体属性分析

1）中心性分析

中心性是指某一节点在网络中处于核心地位的程度，可以通过点度中心度、中间中心度和接近中心度三个指标反映。不同要素点度中心度的计算结果见表7-4。由表7-4可知，相关经济信息的外向点度中心度最高，表明相关经济信息指向其他要素节点数量的总和最大；主体利他偏好的内向点度中心度最高，表明其他要素节点指向主体利他偏好的数量总和最大。结合外向点度中心度、内向点度中心度的分析结果，可知政府经济激励和主体利他偏好与其他要素的互动较为频繁，是对绿色建筑建设单位、消费者、供热单位、物业单位激励产生重要影响的因素。

绿色建筑产业链不同参与主体激励机制要素的点度中心度　　表7-4

要素	点度中心度（外向度）	点度中心度（内向度）
G10	89.607	74.000
G8	88.547	78.222
G3	86.154	88.718
G9	84.667	76.376
G4	84.479	81.709
G5	82.530	81.504
G7	81.470	72.718
G1	79.282	92.103
G6	71.829	83.350
G2	69.949	89.812

此外，本研究还得出不同要素的内向接近中心度、外向接近中心度均为100%，中间中心度均为0，表明G1～G10不同要素在资源输入、输出上不相互依赖，不同要素之间的相互控制作用较弱，即对绿色建筑建设单位、消费者、供热单位、物业单位的激励需要从产业链不同主体本身、不同主体之间和全产业链多层面采取综合措施，仅依靠单一层面的单一要素不能使政府和绿色建筑建设单位、消费者、供热单位、物业单位达到帕累托最优均衡。

2）结构洞分析

结构洞反映关系网络中某个或某些要素与一些要素发生直接联系，而不与其他要素发生直接联系的现象。根据表7-5的分析结果可知，政府经济激励的规模最大、效率最高、限制度最低，其次是主体利他偏好，表明政府经济激励、主体利他偏好在网络中占据的结构洞较多，对网络中的其他要素具有更强的影响能力。结合第1）点，可知政府经济激励、主体利他偏好在激励绿色建筑建设单位、消费者、供热单位、物业单位中发挥着关键作用。因此，应充分发挥政府经济激励、主体利他偏好对激励机制要素网络整体的撬动作用。此外，还可以得出资源价格的规模最小、效率最低、限制度最高，表明资源价格容易受其他要素的影响，难以单独发挥核心作用，因此应充分发挥其他要素对该要素的积极影响，实现不同要素间的有序互动。

绿色建筑产业链不同参与主体激励机制要素关系网络结构洞分析 表7-5

要素	有效规模	效率	限制度
G1	1.826	0.203	0.394
G2	1.804	0.200	0.398
G3	1.892	0.210	0.393
G4	1.813	0.201	0.396
G5	1.792	0.199	0.397
G6	1.747	0.194	0.400
G7	1.706	0.190	0.401
G8	1.767	0.196	0.396
G9	1.786	0.198	0.398
G10	1.766	0.196	0.397

7.4 不同参与主体激励机制设计的内容

根据上述分析，面向绿色建筑建设单位、消费者、供热单位、物业单位的激励需要从绿色建筑产业链不同主体本身、不同主体之间和全产业链三个层面采取综合措施，其中要素政府经济激励、主体利他偏好发挥着关键作用，仅依靠任一层面的单一要素均不能使政府和绿色建筑建设单位、消费者、供热单位、物业单位达到帕累托最优均衡。因此，对绿色建筑建设单位、消费者、供热单位、物业单位的激励不仅要发挥要素政府经济激励、主体利他偏好的关键作用，还要发挥不同激励机制要素的联动作用，以提高激励的效率和效果。基于此，本研究分别从绿色建筑产业链不同主体本身、不同主体之间和全产业链三个层面，提出面向绿色建筑建设单位、消费者、供热单位、物业单位的培育激励机制、经济激励机制、保障激励机制。

7.4.1 培育激励机制

（1）提高主体利他偏好

在培育和提高建设单位开发绿色建筑和供热单位、物业单位运营绿色建筑的利他偏好方面，采用定制化的宣讲方式，向建设单位、供热单位、物业单位宣传绿色建筑的概念、效益和不同单位在绿色建筑产业链上的地位以及不同单位践行绿色行为对绿色建筑发展和对环境、社会可持续发展的意义，激发不同单位的社会责任感。鼓励投资机构开展企业社会责任投资，为绿色建筑开发、运营提供投资导向。倡导行业协会建立包括绿色建筑开发、运营在内的建筑产业链社会责任履行模式，发布企业社会责任管理体系，引导不同单位参加社会责任认证，为有关单位开发、运营绿色建筑营造行业氛围。此外，加强媒体、非政府组织对不同单位履行社会责任的监督，加大对开发、运营绿色建筑较好的单位的宣传，为有关单位参与开发、运营绿色建筑营造良好的舆论氛围。通过培育不同单位的社会责任感，培育和提高建设单位开发绿色建筑和供热单位、物业单位运营绿色建筑的利他偏好。

此外，还可以通过引导消费者的绿色生活和绿色建筑消费观念，从市场需求端激发建设单位开发绿色建筑和供热单位、物业单位运营绿色建筑的利他偏好。同时，通过向有关单位提供非经济激励，例如向绿色建筑建设单位提供容积率奖励、项目快速审批、评优评奖、企业资质升级加分或年检免检等激励，向绿色建筑供热单位提供评优评奖、企业资质审查免检等激励，向绿色建筑物业单位提供评优评奖等激励，也有助于培育和提高建设单位开发绿色建筑和供热单位、物业单位运营绿色建筑的利他偏好。

（2）提高主体参与能力

在建设单位方面，鼓励建设单位突破技术路径锁定效应，在调查不同地区消费者对绿色建筑支付意愿和性能偏好的基础上，对消费者群体进行细分，并建立面向不同类型消费者的标准化产品体系，完成迎合市场需求的绿色建筑产品体系研发。倡导通过产学研合作，探索与绿色建筑设计、发包、制造、建造、销售阶段相适应的住房开发管理模式，更新住房开发知识体系，为建设单位开发绿色建筑提供知识储备。鼓励建设单位通过联合开发绿色建筑，加强行业不同单位的沟通交流，促进住房开发行业绿色建筑开发能力的整体提升。实施使用者监督机制，推进绿色建筑各项性能指标进入住房买卖合同、质量保证书，推动建设单位提升绿色建筑开发能力。

在供热单位方面，由于热量具有不可储存性，热量难以像电力、自来水一样在管网中储存，导致绿色建筑的入住率较低时，供热单位对其实施按热量收费的热量损失较高。同时，集中供热面积较大为供热单位实现按需供热带来了困难，从而减小了供热单位实施按热量收费的成本节约量。为此，应通过分析实施按热量收费时不同入住率下绿色建筑的有效利用热量和损失热量，明确绿色建筑实施按热量收费的入住率条件，对不符合条件的绿色建筑小区暂缓执行按热量收费。同时，完善供热单位的供热能耗监测体系，建立供热单位供热系统的负荷监测、预测和智能供热调度平台，提高供热单位对供热系统的运行管理水平，实现供热单位按需供热，从技术层面提高供热单位实施按热量收费的收益水平；推行用热高峰期和低谷期的不同热价，鼓励居民错峰用热，避免供热系统长时间低负荷运行，从管理层面降低供热单位实施按热量收费的收益损失。

在物业单位方面，与“三保一修”的传统物业管理模式不同，绿色建筑物业管理呈现出明显的知识密集型特征，高质量的物业管理对绿色建筑运行实效达到预期目标必不可少。然而，目前行业的人员素质、知识体系已不能满足绿色建筑的运行要求。为此，在管理手段方面，推行物业管理人员培训上岗制度，提升物业管理人员综合素养。实施设计单位对物业单位交底制度，帮助物业单位更快、更好地了解绿色建筑的绿色性能。推动物业单位制定绿色设施使用手册或节能、节水、节材、绿化的操作规程，提高物业管理人员对建筑能耗监测和管理系统、雨水回用系统等设备的管理能力。实施能源资源管理激励机制，调动物业单位人员在服务过程中节能、节水等的积极性。推动物业单位定期开展绿色建筑运营效果评估和消费者满意度调查，并根据评估、调查结果不断优化物业管理措施，提高物业管理水平。在技术手段方面，推进BIM技术在绿色建筑运营阶段的应用，建立融合BIM技术、智能设备、物联网的物业管理平台，提高物业单位物业管理的信息化、智能化水平。

7.4.2 经济激励机制

（1）完善政府经济激励机制

Olubunmi O A等（2016）通过系统回顾65份出版物后，得出政府激励是促进绿色建筑发展的重要手段。针对绿色建筑建设单位，政府可以采用的经济激励手段包括经济补贴、税收减免、城市基础设施配套费减免等；针对绿色建筑消费者、供热单位、物业单位，政府可以采用的经济激励手段包括经济补贴、税收减免等。通过政府的经济激励，可以直接提高绿色建筑建设单位、消费者、供热单位、物业单位的边际效益与边际费用匹配度以及政府和绿色建筑建设单位、消费者、供热单位、物业单位的利益协同度，减少不同单位因参与绿色建筑开发、运营的边际效益不足而引起的效用损失。

同时，为了提高政府的经济激励效率，防止激励不足或过度，针对不同阶段、不同地域、不同主体，应采取不同的激励策略。在绿色建筑发展近期，有关单位开发、运营绿色建筑的效用不高，消费者对绿色建筑的支付意愿不足，政府应该同时采用多种经济激励手段，且经济激励的力度应较强。在绿色建筑发展中期，有关单位开发、运营绿色建筑的效用不断提高，消费者对绿色建筑的支付意愿不断增加，政府可以减少所采用的经济激励手段的类型，且经济激励的力度可以减弱。在绿色建筑发展远期，当消费者对绿色建筑的支付意愿较高，且有关单位开发、运营绿色建筑的效用分别大于开发、运营基准建筑的效用时，政府的经济激励手段便可以退出。此外，针对不同的地域，政府在确定对不同主体的经济激励强度和不同经济激励手段的退出时间时，应考虑不同单位的差异厌恶偏好，依据不同区域绿色建筑建设单位、消费者、供热单位、物业单位的边际效益与边际费用匹配度和多主体利益协同度确定。一般来说，经济发达地区的绿色建筑产业链较为成熟，消费者对绿色建筑的支付意愿较高，因此与欠发达地区相比，针对同等级的绿色建筑，政府对发达地区绿色建筑建设单位、消费者、供热单位、物业单位的经济激励强度应较低，有关经济激励手段的退出时间应较早，或在同等经济激励强度下，政府对发达地区绿色建筑开发、运营的标准要求较高。政府在不同阶段的经济激励策略见表7-6。伴随绿色建筑有关法律、法规、政策、标准、规范的完善，政府对绿色建筑建设单位、消费者、供热单位、物业单位的经济激励策略、强度也应发生动态变化。

政府经济激励策略 表7-6

经济激励时机	经济激励对象	经济激励模式	经济激励力度
近期	绿色建筑建设单位、消费者、供热单位、物业单位	综合采用多种经济激励手段	较强
中期		采用单一经济激励手段	减弱
远期		经济激励手段退出	无

（2）加大绿色金融支持力度

绿色金融能够有效缓解边际费用对绿色建筑开发的压力，因此在绿色金融产品方面，应鼓励银行、保险企业、证券机构发展与绿色建筑相关的基金、信贷、债券、保险、资产证券化等金融及其衍生品，并进行合理定价，降低建设单位的融资成本。同时，伴随碳排放权交易市场的发展，应鼓励银行、证券机构开展碳质押、碳信用、碳期权等金融及其衍生品业务，进一步丰富绿色建筑金融产品的类型。此外，为扩大绿色建筑金融市场的规模，应降低社会资本参与绿色建筑金融建设的门槛，引导社会资本更多支持绿色建筑金融的发展。在房地产业金融调控方面，应把握好绿色金融对绿色建筑开发的支持规模、力度、节奏，以保证房地产行业整体贷款增速、杠杆率等调控目标的实现。同时，为加强对绿色建筑金融的监管，应基于区域能耗管理平台，完善绿色建筑全寿命期、全产业链、全参与主体信息披露制度，缓解绿色建筑金融市场各方的信息不对称，降低绿色建筑金融发展的风险。

（3）开展市场化生态补偿

目前90%以上的生态补偿资金来自政府财政，为进一步完善市场化生态补偿机制，应积极贯彻《关于深化生态保护补偿制度改革的意见》，探索建立环境权交易市场。在绿色建筑领域，首先，建立用能权、用水权、碳排放权确权制度。根据绿色建筑开发、使用、运营过程中的用能量、用水量、碳排放量，在区域总量范围内，科学制定不同单位开发、运营和消费者使用绿色建筑的用能、用水权指标和碳排放初始配额。在初始用能、用水权指标和碳排放配额范围内，有关单位和消费者可以自由用能、用水、排碳。其次，制定用能权、用水权、碳排放权交易机制。当有关单位和消费者的用能量、用水量、碳排放量超出用能、用水权指标和碳排放配额时，需重新购买有关指标或配额。有关单位和消费者也可以将富余的用能、用水权指标、碳排放配额进行转让。再次，建立用能权、用水权、碳排放权交易市场。构建用能权、用水权、碳排放权交易平台，有关单位和消费者可以基于平台自由交易。最后，针对用能权、用水权、碳排放权的交易价格，政府应建立价值核算体系，制定基准价格。不同主体围绕基准价格开展交易，使交易价格更好地反映市场供求关系。

7.4.3 保障激励机制

（1）增强产业协作配套能力

为提高绿色建筑的产业配套能力，在绿色建筑咨询机构方面，首先，参考LEED AP、BREEAM AP等，开展绿色建筑咨询工程师职业资格认证工作，提升绿色建筑咨询人员的专业能力。其次，实施绿色建筑咨询机构资质管理制度，明确绿色建筑咨询机构的资质等级、不同资质等级对应的业务范围、申报要求等，对符合要求的咨询机构，由行政主管部门颁发资质证书，提高绿色建筑咨询行业的准入门槛。当获得低等级资质认证的咨询机构达到更高等级的资质认证要求时，绿色建筑咨询机构可以申请资质升级。再次，为加强对绿色建筑咨询机构的监督管理，还应实施绿色建筑咨询机构资质年检制度。当绿色建筑咨询机构的内部条件已经不能满足当前所认证的资质要求，或者咨询机构存在出具虚假报告、超越资质等级开展业务、转借资质证书等不良行为时，降低其资质等级直至撤销其资质证书。通过提高对绿色建筑咨询机构的要求，提升绿色建筑咨询机构的咨询能力。

在设计单位方面，首先，加强对设计单位关于绿色建筑设计要求、评价标准、验收规范等知识的宣贯与培训，提高设计人员对绿色建筑的认知水平。其次，引入集成化设计理念，优化当前传统设计模式，推动不同专业的设计人员以提高绿色建筑全寿命期、全产业链、全参与主体的边际效益为目标开展协同设计，具体流程为：首先，确定绿色建筑全寿命期、全产业链、全参与主体的性能和边际经济、环境、社会效益的目标。其次，在多重目标约束下，不同专业的设计人员结合不同地域的气候、水文特征，综合利用多种绿色技术，开展协同设计，形成设计方案。在选择绿色技术时，尽量选择运营维护专业性要求不高的技术，以降低绿色建筑的运营维护难度。再次，对设计方案开展全寿命期、全产业链、全参与主体边际费用效益预评价，并根据评价结果进行优化。通过以上措施，提高设计单位的绿色建筑设计能力。

在绿色设备、材料方面，首先，深化产学研合作，加大研发投入，增加研发人员，在持续提高既有供热计量产品、外墙保温材料等绿色设备、材料可靠性、耐久性的基础上，推动单位、研发机构等研发更多的高性能产品，不断提高绿色设备、材料的技术性能。其次，加强对绿色设备、材料制造主体，特别是装配式建筑部品、部件生产单位的培育，促进绿色设备、材料供应链快速发展，不断提高绿色设备、材料的制造质量和可用数量。此外，构建绿色设备、材料数据库，并标明不同设备、材料的技术性能及施工、安装、使用要求信息，为绿色设备、材料使用提供决策支持。

在施工单位方面，首先，加快推动施工单位建立与装配式建造相适应的施工工艺工法和施工组织方式，不断优化施工单位建造绿色建筑的建造和管理方式。其次，加快培育新时代建筑产业工人，提升建筑工人的技术素质，为提高绿色建筑设计方案的实现程度提供人力、智力保障。再次，鼓励施工单位采用BIM技术、物联网、人工智能技术等先进技术以及建筑机器人等先进设备，提高施工单位建造绿色建筑的智慧化和资源利用水平。

在不同主体协作方面，推广全过程工程咨询服务，为绿色建筑提供跨阶段、综合性咨询服务，提高绿色建筑建设、运营的效率和质量。同时，推行工程总承包模式，使具有绿色建筑系统解决方案能力的工程总承包单位，统筹绿色建筑设计、制造、建造阶段，提高绿色建筑建设期不同主体的协作水平。此外，推动BIM技术在绿色建筑全寿命期应用，减少产业链不同主体协作过程中的信息不对称，为提高不同主体的协作效率提供平台保障。

（2）理顺资源定价

电价、水价、热价的高低是影响消费者、有关单位边际效益的重要因素。为此，应首先界定电价、水价、热价所包含的内容，并明确不同内容价格的测算方法。同时，应进一步推进电价、水价、热价的市场化改革，还原电力、水力、热力的商品属性，使电价、水价、热价更好地反映供给成本、供需关系和资源稀缺程度，为保障消费者、有关单位的边际效益提供保障。此外，针对两部制供热价格，应根据供热单位的固定成本和变动成本，结合不同楼层、不同方位房间的热传导和热辐射，科学确定多户绿色建筑中不同楼层、不同方位住户的基准热价、计量热价收费标准，以达到既保障消费者的利益，又保障供热单位利益的目的。

（3）完善配套政策

首先，结合绿色建筑建设单位的边际费用，对绿色建筑销售实施差别化限价政策，以缓解绿色建筑建设单位边际效益与边际费用不匹配的问题。再次，完善《物业服务收费管理办法》，明确不同等级绿色建筑物业服务收费标准，为物业单位运营绿色建筑新增共用设施设备提供收费依据。最后，完善《住宅专项维修资金管理办法》，优化住宅专项维修资金使用流程，缓解住宅专项维修资金使用条件严苛造成物业单位使用住房专项维修资金维修、更新新增共用设施设备困难的问题。

（4）完善标准规范

标准规范能够有效提高绿色建筑开发、运营的效率，对降低绿色建筑全寿命期、全产业链、全参与主体的边际费用和提高边际效益具有重要意义。因此，在绿色建筑设计方面，不同地区应根据气候特征、地理环境等，建立典型的绿色建筑技术体系，形成“人—建筑—环境”良好融合的系统性解决方案，并制定成设计标准规范。在绿色建筑装配式构件、部品部件和绿色材料、设备制造方面，完善有关生产、质量验收标准规范，提高绿色建筑装配式构件、部品部件和绿色材料、设备的质量和使用效益。在绿色建筑建造方面，构建与绿色建筑系统性解决方案和装配化建造相匹配的建造、验收标准规范，不断提高绿色建筑的建造质量。在绿色建筑物业管理方面，制定绿色建筑物业管理标准规范，规范绿色建筑物业单位的行为，提高物业单位运营绿色建筑的精细化水平。

（5）明确经济信息

根据《绿色建筑评价标准》GB/T 50378—2019，结合不同地区颁布的有关标准、规范、政策，首先，明确不同地区绿色建筑产业链上政府、建设单位、消费者、供热单位、物业单位的边际费用、边际效益内容。其次，出台不同边际费用和边际效益的计算规则。再次，及时做好不同边际费用和边际效益计算所需的相关价格信息的采集、发布工作，并根据已通过绿色建筑预评价、评价的绿色建筑信息和绿色建筑运营期的能耗动态监测信息，定期发布不同地区、不同等级绿色建筑产业链上不同主体的边际费用和边际效益，为不同主体参与绿色建筑开发、购买和居住、运营提供信息参考。

7.5 绿色公共建筑和绿色居住建筑全寿命期、全产业链、不同参与主体激励机制的区别

根据产权的不同，绿色公共建筑可分为建设单位自持使用型和销售型两种类型。

当绿色公共建筑为建设单位自持使用型时，与绿色居住建筑相比，在绿色公共建筑产业链不同个体层面、全产业链层面，绿色公共建筑产业链不同参与主体培育激励机制和保障激励机制的内容相同；在绿色公共建筑产业链不同主体之间层面，经济激励机制中开展市场化生态补偿的内容也相同，但是在政府经济激励和绿色金融支持方面，存在以下差异：

（1）经济激励的对象不同。当绿色公共建筑为建设单位自持使用型时，绿色公共建筑的建设单位和消费者是同一主体，绿色公共建筑和绿色居住建筑的产业链结构不同。因此，与绿色居住建筑产业链不同参与主体的激励机制相比，绿色公共建筑产业链不同参与主体激励机制中政府经济激励的对象不含有消费者。

（2）经济激励的强度不同。与绿色居住建筑相比，由于绿色公共建筑产业链

上建设单位、物业单位、供热单位的效用函数不同，因此与绿色居住建筑产业链不同参与主体的激励机制相比，绿色公共建筑产业链不同参与主体的激励机制中政府经济激励和绿色金融支持的强度存在差异。

当绿色公共建筑为建设单位销售型时，由于绿色公共建筑产业链不同参与主体的边际效益和边际费用与绿色居住建筑产业链不同参与主体存在差异，因此与绿色居住建筑产业链不同参与主体的激励机制相比，绿色公共建筑产业链不同参与主体的激励机制中政府经济激励和绿色金融支持的强度不同，其他方面的激励机制内容相同。

8 案例分析

8.1 YD项目概况

YD住宅项目位于陕西省西安市长安区。项目建设用地面积为63030.82m^2，总建筑面积为314035.10m^2，其中地上建筑面积208632.00m^2，地下建筑面积105403.10m^2。YD项目共有15栋住宅楼和地下车库，容积率为3.31，建筑密度为21.44%，绿地率为35.31%。YD项目设计住宅户数为1119户，居住人口为3581人，拥有140m^2、180m^2、230m^2、248m^2四种户型，共配建停车位2690个，其中地下停车位2609个。YD项目设计使用年限为50年，抗震设防烈度为8度，建筑结构安全等级为二级。YD项目效果图如图8-1所示，项目关键评价指标数据见表8-1。YD项目性能评价总得分为76.6分。

图 8-1 YD 项目效果图

YD项目关键评价指标数据 表8-1

指标	单位	数据
用地面积	m^2	63030.82
总建筑面积	m^2	314035.10
申报建筑面积	m^2	314035.10
地下建筑面积	m^2	105403.10
容积率	—	3.31
绿地率	%	35.31
围护结构热工性能提高比例	%	10
严寒和寒冷地区住宅外窗传热系数降低比例	%	10
室内噪声级（设计）	dB（A）	昼间≤40 夜间≤30
构件空气声隔声设计值（设计）	dB	>50
楼板撞击声隔声值（设计）	dB	<62
室内主要空气污染物浓度降低比例	%	>20
建筑总能耗	GJ/a	15073540.8
建筑单位面积能耗	kW·h/（m^2·a）	48
节能率	%	75
室内PM2.5年均浓度（预评估）	μg/m^3	14
室内PM10年均浓度（预评估）	μg/m^3	25
选用绿色装饰装修材料数量	类	5
室外健身场地与总用地面积比例	%	3.7
室内健身空间与地上建筑面积比例	%	0.342
装饰性构件造价占比	%	0.88
可再生能源产生的热水量	m^3/a	6900
建筑生活热水量	m^3/a	78423
可再生能源提供的热水比例	%	8.76
建筑平均日用水量	m^3	553.19
用水总量	m^3/a	201913.49
非传统水量	m^3/a	6309.55
非传统水源利用率	%	3.12

续表

指标	单位	数据
绿化灌溉、车库及道路冲洗、洗车用水非传统水源比例	%	66.67
400MPa及以上高强度钢筋应用比例	%	90.35
建筑材料总重量	t	230117.09
可再循环可再利用材料重量	t	10896.77
可再循环可再利用材料利用率	%	4.74
绿色建材应用比例	%	50
场地年径流总量控制率	%	80.95
调蓄雨水功能面积占绿地面积比例	%	33.54
透水铺装占硬质铺装面积比例	%	58.92
场地遮阴面积比例	%	8.8
室内空间满足采光要求的面积比例	%	>60
通风开口面积与房间地板面积比例	%	>5
人均住宅用地面积	m^2/人	17.6
人均集中绿地面积	m^2/人	0.76
地下建筑面积与地上建筑面积比例	%	50.52
地下一层建筑面积与总用地面积比例	%	72.45

8.2 YD项目全寿命期、全产业链、全参与主体性能及边际费用效益综合评价

8.2.1 全寿命期、全产业链、全参与主体边际费用分析

根据《建设项目经济评价方法与参数》，由于YD项目为一般项目，本研究将折现率取为8%。

（1）决策阶段边际费用

借鉴文献[183]，本研究将YD项目前期调查与咨询边际费用取为3万元。

（2）设计阶段边际费用

1）绿色建筑预评价工程咨询费

YD项目共有15栋住宅楼组成，建筑面积大于2万m^2，因此借鉴《绿色建筑工程咨询、设计及施工图审查收费标准（试行）》（粤建节协〔2013〕09号），YD项目的绿色建筑预评价工程咨询费为：

$$300000+(314035.10-20000)\times1.2=652842.12\text{元}$$

2）边际设计费

根据市场调研，单位面积住房设计（方案设计+初步设计+施工图设计）费约40元/m^2。借鉴1）中的标准，YD项目的边际设计费为：

$$40\times314035.10\times0.1=1256140.4\text{元}$$

3）边际施工图设计文件审查费

根据市场调研，西安市施工图设计文件审查费约1.2元/m^2（其中，人防工程施工图设计文件审查费约6元/m^2）。YD项目含有人防工程5621m^2，则借鉴1）中的标准，YD项目的边际施工图设计文件审查费为：

$$\left[1.2\times(314035.10-5621)+6\times5621\right]\times0.1=40382.29\text{元}$$

4）绿色建筑预评价费

参照2019～2022年广州市建筑节能与墙材革新管理办公室采购绿色建筑评价服务的价格，YD项目的绿色建筑预评价费用取9853元。

综上，YD项目设计阶段的边际费用为1959217.81元。

（3）制造、建造阶段边际费用

1）CO浓度监测系统费用

为提高YD项目的健康宜居性能，YD项目地下车库配有与排风机联动的CO浓度监测系统，且一个防火分区设置一个监测点。根据绿色建筑评价申报书，CO浓度监测系统的费用为12.65万元。

2）电动汽车充电桩费用

为提高YD项目的生活便利性能，YD项目共建有停车位2690个，其中包括带充电桩的停车位807个，其余停车位均具备充电设施的安装条件。《陕西省电动汽车充电基础设施建设运营管理办法》指出，新建居住小区停车位建设需全部具备充电设施安装条件。以7kW刷卡充电带屏幕立柱式充电桩（2000元/台）为计算规格，YD项目增设电动汽车充电桩的费用为：

$$2000\times807=1614000元$$

3）健身慢行道边际费用

为提高YD项目的生活便利性能，YD项目建有宽度为2.4m的健身慢行道441m（占用地红线周长的41.96%），大于《绿色建筑评价标准》GB/T 50378—2019中“宽度不小于1.25m，长度不小于用地红线周长的1/4且不少于100m”的规定。根据市场调研，健身慢行道的建设费用约为498元/m^2，小区路面普通硬化（200mm厚混凝土面层）的建设费用约为220元/m^2。YD项目用地红线周长为1051m（用地红线周长的1/4大于100m），则YD项目建设健身慢行道边际费用为：

$$\left(2.4\times441-1.25\times1051\times25\%\right)\times\left(498-220\right)=202929.58元$$

4）能耗监测系统费用

为监测、控制住房用电能耗，YD项目对每个住房单元的公共用电以及地下车库、室外景观照明设施的用电均进行计量监测，并进行远传，根据市场调研，由此增加能耗监测系统费用35万元。

5）围护结构边际费用

为达到节能75%的设计目标，YD项目采取相关措施降低了围护结构的传热系数，不同部位采用的材料以及构造做法见表8-2。根据绿色建筑评价标识申报书，围护结构热工性能提升产生的边际费用为942万元。

YD项目围护结构采用的材料及构造做法　　表8-2

围护结构	部位	主要构造材料名称	厚度（mm）
墙体	外墙主体	抗裂砂浆（网格布）	5
		岩棉板（平行纤维）	120
		钢筋混凝土	200
	热桥梁、柱构造	抗裂砂浆（网格布）	5
		岩棉板（平行纤维）	120
		钢筋混凝土	200
屋面	平屋面	细石混凝土	40
		LC5.0陶粒混凝土	30

续表

围护结构	部位	主要构造材料名称	厚度（mm）
屋面	平屋面	挤塑聚苯板	120
		钢筋混凝土	120
外窗		断桥铝合金+5Low-E+9氩气+5+9氩气+5	

6）微喷灌系统费用

为节约灌溉用水，YD项目设有微喷灌系统，根据绿色建筑评价标识申报书，由此增加的费用为16.21万元。

7）雨水收集系统费用

为收集雨水灌溉绿地、浇洒道路、冲洗地下车库，提高雨水利用率，YD项目建有雨水收集系统，系统的工艺流程如图8-2所示。YD项目的雨水收集系统由200m^{3}蓄水池、雨水分流井、雨水弃流井、雨水过滤井和有关设备组成，其中所需的设备具体见表8-3。根据绿色建筑评价标识申报书，该雨水收集系统的费用为53.42万元。

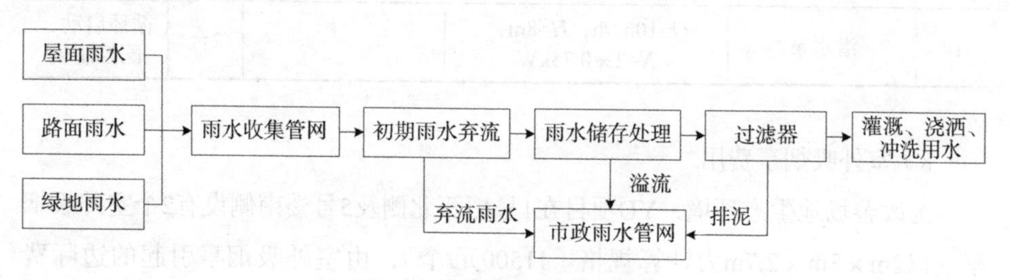

图 8-2　雨水收集工艺流程图

YD项目雨水回用系统设备表　　**表8-3**

序号	设备名称	规格型号/性能参数	外形尺寸	数量	备注
1	弃流控制器	DN300		1台	
2	复合流过滤器	DN300		1台	
3	蓄水池排污泵	Q=40m^3/h，H=10m，N=1×2.2kW		2台	备用1台
4	增压水泵	Q=13m^3，H=20m，N=1×3kW		2台	备用1台

续表

序号	设备名称	规格型号/性能参数	外形尺寸	数量	备注
5	混凝加药装置	加药泵，N=42W；搅拌电机，N=370W	储药罐V=200L	1套	
6	反应器	电机N=1.1kW	反应罐 φ=1200mm × 2200mm	1套	
7	过滤器	φ600 × 2240		1台	浮动床式
8	三叶罗茨鼓风机	N=1.5kW		1台	
9	消毒加药装置	加药泵N=42W	储药罐V=200V	1套	
10	管道混合器	DN65		1个	
11	雨水处理电控柜	装机容量9kW		1台	
12	净水箱	V=35m^3，拼装	4m × 2.5m × 3.5m	1套	304L
13	气压供水设备	水泵：Q=13m^3/h，H=20m，N=1 × 2.2kW		2台	备用1台
		气压罐：SQL1200 × 0.6		1套	隔膜式
		控制柜：智能柜		1套	
14	潜水泵	Q=10m^3/h，H=8m，N=2 × 0.75kW		2台	循环启动，配控制箱

8）室外吸烟亭费用

为改善场地生态环境，YD项目在1号楼西北侧及5号楼南侧设有2个室外吸烟亭。以2m × 3m × 2.7m为计算规格（11500元/个），由室外吸烟亭引起的边际费用为：

$$11500 \times 2 = 23000\text{元}$$

9）边际绿地费用

YD项目的绿地率为35.31%，大于规划指标规定的30%。《绿色建筑评价标准》GB/T 50378—2019指出，绿地率达到规划指标105%及以上时，得10分。YD项目采用复层绿化的方式，每100m^{2}的绿地面积有乔木6.67株、球类2.49株、灌木4900株（丛），草坪满铺。经市场调查，该复层绿化的建设费用约1405.61元/m^2，与普通地面硬化（200mm厚混凝土面层）相比，YD项目增加绿地面积产生的边际费用为：

$$63030.82\times(35.31\%-30\%\times105\%)\times(1405.61-220)=2847211.88\text{元}$$

10）边际地面透水铺装费用

YD项目硬质铺装地面的面积为10200m^2，为削减雨水径流、径流污染，其中透水铺装的面积达到6010m^2，透水铺装面积占硬质铺装面积的比例为58.92%，大于《绿色建筑评价标准》GB/T 50378—2019中50%的要求。根据市场调研，透水砖的价格为240元/m^2，PC砖的价格为220元/m^2，则YD项目地面透水铺装产生的边际费用为：

$$10200\times(58.92\%-50\%)\times(240-220)=18196.8\text{元}$$

综上，YD项目制造、建造阶段的边际费用为15298138.26元。

（4）交付阶段边际费用

1）绿色建筑评价工程咨询费

借鉴《绿色建筑工程咨询、设计及施工图审查收费标准（试行）》（粤建节协〔2013〕09号），YD项目的绿色建筑评价工程咨询费为：

$$400000+(314035.10-20000)\times1.2=752842.12\text{元}$$

2）绿色建筑评价费

参照2019～2022年广州市建筑节能与墙材革新管理办公室采购绿色建筑评价服务的价格，YD项目绿色建筑评价费用取49555元/项目。

3）边际销售费用

借鉴长沙市发展和改革委员会颁布的《关于明确我市成本法监制商品住房价格构成有关事项的通知》（长发改价调〔2019〕296号），YD项目的边际销售费用为：

$$(30000+1959217.81-9853+15298138.26+752842.12)\times2\%=360606.9\text{元}$$

综上，YD项目交付阶段边际费用为1163004.02元。

借鉴长沙市发展和改革委员会颁布的《关于明确我市成本法监制商品住房价格构成有关事项的通知》（长发改价调〔2019〕296号），为组织YD项目决策、设计、制造、建造、交付所发生的边际建设管理费用为：

$$(30000+1959217.81-9853+15298138.26+752842.12)\times5\%=901517.26\text{元}$$

（5）运营阶段边际费用

1）电动汽车充电桩更新费用

根据市场调研，电动汽车充电桩的使用寿命约为5年，因此YD项目电动汽车充电桩在住房运营阶段需更新9次，由此产生的边际费用现值为：

$$2000\times807\times\left(P/A,i_1,9\right)=1614000\times\frac{\left(1+i_1\right)^9-1}{i_1\left(1+i_1\right)^9}=3331223.68\text{元}$$

其中，$i_1=\left(1+8\%\right)^5-1=46.93\%$。

2）微喷灌系统运行、更新费用

微喷灌系统的运行费用主要是指维修、大修费用。参照给水排水行业经济评价参数和文献[189]，假设微喷灌系统的固定资产形成率为90%，系统的使用寿命为15年，其中每8年大修一次，大修费用按系统可计提折旧固定资产的2.05%计取，每年的小修费用按可计提固定资产的1%计。由此可知，YD项目微喷灌系统在住房运营阶段运行的小修费用现值为：

$$162100\times90\%\times1\%\times\left(P/A,8\%,50\right)=1458.9\times\frac{\left(1+8\%\right)^{50}-1}{8\%\times\left(1+8\%\right)^{50}}=17847.43\text{元}$$

微喷灌系统在住房运营阶段运行的大修费用现值为：

$$162100\times90\%\times2.05\%\times\left[\left(P/F,8\%,8\right)+\left(P/F,8\%,23\right)+\left(P/F,8\%,38\right)\right]=2285.75\text{元}$$

微喷灌系统在住房运营阶段的更新费用现值为：

$$162100\times\left(P/A,i_2,3\right)=162100\times\frac{\left(1+2.17\right)^3-1}{2.17\times\left(1+2.17\right)^3}=72288\text{元}$$

其中，$i_2=\left(1+8\%\right)^{15}-1=2.17$。

此外，参照给水排水行业经济评价参数，微喷灌系统的残值按可计提折旧固定资产的4%计取，则微喷灌系统的残值现值为：

$$162100\times4\%\times\left(P/A,i_2,3\right)+162100\times\left(1-\frac{96\%}{15}\times5\right)\left(P/F,8\%,50\right)=5241.72\text{元}$$

综上，微喷灌系统在住房运营阶段的运行、更新费用现值为87179.46元。

3）雨水收集系统运行、更新费用

雨水收集系统的运行费用包括人工费、药剂费、电费、维修费、大修费。由于雨水收集系统运营的专业性较强，参照人力资源和社会保障部发布的2020年陕西第二档月最低工资标准，本研究将设备运营人员的工资标准计为1700元/月，则YD项目雨水收集系统在住房运营阶段运行所需的人工费现值为：

$$1700\times12\times(P/A,8\%,50)=1700\times12\times\frac{(1+8\%)^{50}-1}{8\%\times(1+8\%)^{50}}=249563.09\text{元}$$

由于雨水的水质相对较好，每吨雨水处理所需的药剂费、电费仅为0.16～0.19元，本研究取平均值0.175元。根据YD项目年均雨水处理量，雨水收集系统在住房运营阶段运行所需的药剂费、电费现值为：

$$6309.55\times0.175\times(P/A,8\%,50)=13507.86\text{元}$$

参照给水排水行业经济评价参数和文献[189]，假设雨水收集系统小修、大修、更新费用的计算规则与微喷灌系统相同，则雨水收集系统在住房运营阶段运行的小修费用现值为：

$$534200\times90\%\times1\%\times(P/A,8\%,50)=4807.8\times\frac{(1+8\%)^{50}-1}{8\%\times(1+8\%)^{50}}=58816.15\text{元}$$

雨水收集系统在住房运营阶段运行的大修费用现值为：

$$534200\times90\%\times2.05\%\times\left[(P/F,8\%,8)+(P/F,8\%,23)+(P/F,8\%,38)\right]=7532.68\text{元}$$

雨水收集系统在住房运营阶段运行的更新费用现值为：

$$534200\times(P/A,i_2,3)=534200\times\frac{(1+2.17)^{3}-1}{2.17\times(1+2.17)^{3}}=238224.84\text{元}$$

雨水收集系统的残值现值为：

$$534200\times4\%\times(P/A,i_2,3)+534200\times\left(1-\frac{96\%}{15}\times5\right)(P/F,8\%,50)=17274.05\text{元}$$

综上，雨水收集系统在住房运营阶段的运行、更新费用现值为550370.57元。

YD项目运营阶段的边际费用为3968773.71元。

（6）拆除阶段边际费用

受数据可得性的影响，本研究暂不考虑拆除阶段的边际费用。

综上，YD项目全寿命期、全产业链、全参与主体的边际费用为23320651.06元。

8.2.2 全寿命期、全产业链、全参与主体边际经济效益分析

（1）交付阶段边际经济效益

借鉴长沙市发展和改革委员会颁布的《关于明确我市成本法监制商品住房价

格构成有关事项的通知》(长发改价调〔2019〕296号)，YD项目的资产增值效益为：

$$(30000+1959217.81-9853+15298138.26+752842.12)\times7\%=1262124.16元$$

（2）运营阶段边际经济效益

YD项目运营阶段的边际经济效益主要是指资源节约效益，包括节能与能源利用效益和节水与水资源利用效益两方面。

1）节能与能源利用效益

①围护结构热工性能提升效益

根据软件“节能设计BECS2020”的测算，YD项目1～15号楼的年均供暖、制冷能耗数据见表8-4。通过与参照建筑对比，YD项目年均节约采暖能耗362136.64kW·h，换算为1303.69GJ，年均节约制冷能耗452483.4kW·h。假设YD项目所在区域的供暖热源为燃气锅炉，依据《民用建筑能耗标准》GB/T 51161—2016，过量供热率取20%，管网热损失率取5%，热源效率取27Nm^3/GJ。根据《西安市发展和改革委员会关于调整我市天然气价格有关问题的通知》（市发改发〔2019〕121号），西安市市政集中供热单位采购天然气的价格为2.07元/Nm^3，则YD项目在运营阶段因围护结构热工性能提升而节约的燃气费用为：

$$\frac{1303.69\times(1+20\%)}{1-5\%}\times27\times2.07\times(P/A,8\%,50)=92037.9\times\frac{(1+8\%)^{50}-1}{8\%\times(1+8\%)^{50}}$$

$$=1125944.28元$$

YD项目供暖制冷能耗 **表8-4**

楼宇	楼层	供暖能耗（kW·h/m^2）		制冷能耗（kW·h/m^2）		地上面积（m^2）
		设计建筑	参照建筑	设计建筑	参照建筑	
1号楼	31F	13.80	15.86	17.25	19.82	23879
2号楼	6F	8.61	9.95	10.76	12.44	5058
3号楼	10F	7.37	8.61	9.21	10.76	2529
4号楼	23F+31F	6.63	8.61	8.29	10.76	21103
5号楼	20F	17.94	20.07	22.42	25.08	15708
6号楼	10F	27.76	28.68	34.70	35.86	9751
7号楼	31F	14.98	17.08	18.73	21.35	24317

续表

楼宇	楼层	供暖能耗（kW·h/m²）		制冷能耗（kW·h/m²）		地上面积（m²）
		设计建筑	参照建筑	设计建筑	参照建筑	
8号楼	31F	14.39	16.34	17.98	20.43	12115
9号楼	10F	31.32	32.55	39.14	40.69	4864
10号楼	21F	21.63	23.96	27.04	29.96	9734
11号楼	24F	16.35	18.44	20.44	23.05	18757
12号楼	32F	11.56	12.87	14.45	16.09	18431
13号楼	17F	18.93	20.52	23.66	25.65	9821
14号楼	17F	20.00	21.54	25.00	26.92	9821
15号楼	32F	10.50	11.66	13.13	14.57	18431

根据西安市居民电费收费标准，以年累计用电量在2160kW·h以下的平段电价（0.49元/kW·h）为计算标准，则YD项目在运营阶段因围护结构热工性能优化而节约的制冷电费为：

$$452483.4\times0.49\times\left(P/A,8\%,50\right)=221716.87\times\frac{\left(1+8\%\right)^{50}-1}{8\%\times\left(1+8\%\right)^{50}}=2712369.88\text{元}$$

综上，YD项目围护结构热工性能提升效益现值为3838314.16元。

② 供暖空调输配系统能耗降低效益

根据热媒压力与温度，YD项目设低区、高区两个热力入口，其中1～16层为低区，17～32层为高区，具体相关参数见表8-5。根据表8-5，低区、高区热水循环泵的耗电输热比分别比现行国家标准规定的限值低20.48%、21.18%，均满足《绿色建筑评价标准》GB/T 50378—2019中“比现行国家标准的规定值低20%”的要求。

YD项目供暖系统耗电输热比　　表8-5

设计热负荷（kW）	设计供回水温差（℃）	A	B	供回水管道总长度	α	集中供暖系统耗电输热比	
						设计值	限值
6870（低区）	10	0.003749	17	1020	0.0069	0.007165	0.00901
3320（高区）	10	0.003858	17	1120	0.0069	0.007519	0.00954

结合表8-4，考虑20%的过量供热率，可得YD项目低区和高区的年均供暖能耗分别为235441.74kW · h、126694.90kW · h，因此YD项目在运营阶段因供暖系统热水循环泵耗电输热比降低而节约的电费为：

$$\left[235441.74\times(0.00901-0.007165)+126694.90\times(0.00954-0.007519)\right]\times(1+20\%)\times0.49\times(P/A,8\%,50)=405.98\times\frac{(1+8\%)^{50}-1}{8\%\times(1+8\%)^{50}}=4966.54\text{元}$$

③ 节能型电气设备及节能控制效益

YD项目不同楼宇的照明功率密度设计值见表8-6。

YD项目照明功率密度设计值　　表8-6

楼宇	房间类型	房间面积（m^2）	照明功率密度（W/m^2）	
			设计值	目标值
1号楼、4号楼、5号楼、7号楼、8号楼、11号楼	起居室	21.06	2.18	≤5
	卧室	11.02	1.45	≤5
	卫生间	4.48	2.01	≤5
2号楼、3号楼、6号楼、9号楼	起居室	45.14	2.04	≤5
	卧室	12.56	1.27	≤5
	卫生间	3.73	2.41	≤5
10号楼	起居室	39.53	2.33	≤5
	卧室	12.15	1.32	≤5
	卫生间	3.73	2.41	≤5
12号楼、15号楼	起居室	16.00	2	≤5
	卧室	16.56	0.97	≤5
	卫生间	4.69	1.92	≤5
13号楼、14号楼	起居室	16.00	2	≤5
	卧室	16.56	0.97	≤5
	卫生间	4.69	1.92	≤5

根据不同楼宇户数以及不同类型房间面积、照明功率密度设计值与目标值的差值、月均照明小时数，可得YD项目年均节约照明能耗264051.33kW · h，则YD项目在运营阶段因降低照明功率密度设计值而节约的电费为：

$$264051.33\times0.49\times\left(P/A,8\%,50\right)=129385.15\times\frac{\left(1+8\%\right)^{50}-1}{8\%\times\left(1+8\%\right)^{50}}=1582831.29\text{元}$$

④ 可再生能源利用效益

虽然YD项目在2号、3号、6号、9号楼宇设有太阳能生活热水系统，但由于太阳能生活热水系统提供的热水比例小于《绿色建筑评价标准》GB/T 50378—2019规定的20%，因此本研究不计算YD项目采用太阳能生活热水系统的边际效益。

2）节水与水资源利用效益

① 节水卫生器具使用效益

YD项目的给水配件全部采用节水型产品，包括节水龙头、节水坐便器、节水淋浴器，具体见表8-7。YD项目的设计用水量为140L/（人·日），根据YD项目居住人口，可得YD项目平均日用水量为501.34m³，全年用水量为182989.1m³（全年按365天计算）。根据《城市居民生活用水量标准》GB/T 50331—2002，不同类型居民家庭生活用水的情况如图8-3所示。由于YD项目属于改善型住房小区，本研究假设YD项目居民家庭生活用水属于一般型，那么YD项目居民家庭年均冲厕、洗浴、洗衣、厨用、饮用、浇花、开展卫生的用水量分别为53249.83m³、52700.86m³、12443.26m³、39342.66m³、4025.76m³、10613.37m³、10613.37m³。

YD项目节水器具使用表　　表8-7

器具名称	器具类型	用水量	用水效率等级	数量
面盆龙头	低阻力陶瓷阀芯水嘴	3.5L/min	1	3852
厨房龙头	低阻力陶瓷阀芯水嘴	3.9L/min	1	1119
坐便器	选用3L/4.5L两档冲洗阀	3.4L	1	3031
淋浴龙头	节水型花洒	4.6L/min	1	2967

根据《水嘴水效限定值及水效等级》GB 25501—2019、《坐便器水效限定值及水效等级》GB 25502—2017，水嘴和坐便器的用水效率等级指标分别见表8-8、表8-9。结合表8-7的用水量数据，可得YD项目面盆龙头、厨房龙头、坐便器、淋浴龙头的用水效率分别比节水评价值高53.33%、48%、32%、38.67%。

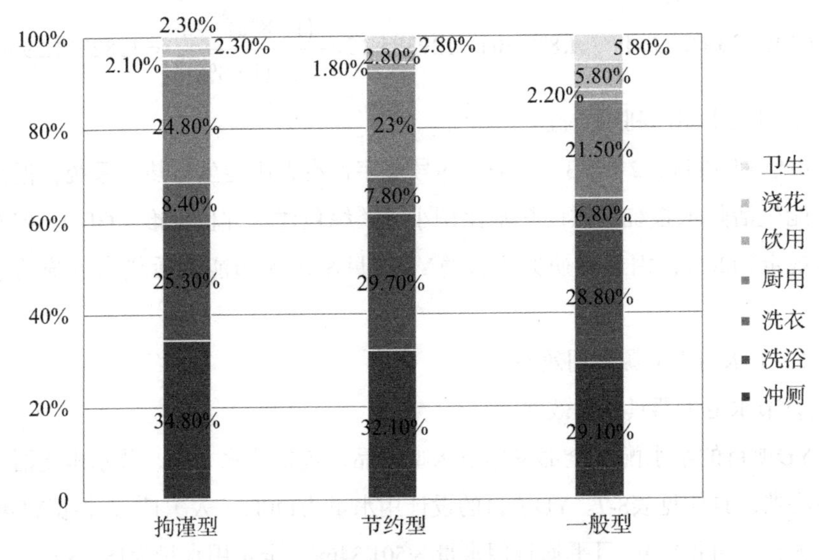

图 8-3 不同类型居民家庭生活用水情况

水嘴用水效率等级指标 表8-8

用水效率等级	1级	2级	3级
水嘴流量（L/s）	0.1	0.125	0.15

坐便器用水效率等级指标 表8-9

水效等级	1级	2级	3级
坐便器平均用水量（L）	≤4.0	≤5.0	≤6.4
双冲坐便器全冲用水量（L）	≤5.0	≤6.0	≤8.0

假设YD项目洗漱、浇花、开展卫生的用水出自面盆龙头，厨用、饮用的用水出自厨房龙头，洗浴用水出自淋浴龙头，则YD项目年均因采用节水器具而减少的用水量为：

$$(10613.37+10613.37)\times 53.33\%+(39342.66+4025.76)\times 48\%+53249.83\times 32\%+52700.86\times 38.67\%=69556.43\text{m}^3$$

根据西安市居民用水收费标准，以一阶终端水价（3.8元/m^3）为计算标准，YD项目在运营阶段采用节水卫生器具的经济效益为：

$$69556.43 \times 3.8 \times (P/A, 8\%, 50) = 264314.43 \times \frac{(1+8\%)^{50}-1}{8\% \times (1+8\%)^{50}} = 3233486.38\text{元}$$

② 绿化灌溉节水效益

YD项目年均绿化浇灌设计用水量为4451.62m³，由于采用了微喷灌系统，YD项目可以节约60%～70%的浇灌用水（本研究取平均值65%），则YD项目在运营阶段采用微喷灌系统的节水经济效益现值为：

$$4451.62 \times 65\% \times 3.8 \times (P/A, 8\%, 50) = 10995.50 \times \frac{(1+8\%)^{50}-1}{8\% \times (1+8\%)^{50}} = 134513.30\text{元}$$

③ 非传统水源利用效益

YD项目年均使用非传统水源（雨水）6309.55m³，占绿化灌溉、车库及道路冲洗用水量的66.67%，满足《绿色建筑评价标准》GB/T 50378—2019中不低于40%的规定，YD项目在运营阶段使用非传统水源的经济效益现值为：

$$6309.55 \times 3.8 \times (P/A, 8\%, 50) = 23976.29 \times \frac{(1+8\%)^{50}-1}{8\% \times (1+8\%)^{50}} = 293313.58\text{元}$$

综上，YD项目运营阶段的边际经济效益为9087425.25元。

YD项目全寿命期、全产业链、全参与主体的边际经济效益为10349549.41元。

8.2.3 全寿命期、全产业链、全参与主体边际环境效益分析

（1）碳减排效益

1）制造、建造阶段的效益

YD项目制造、建造阶段的碳净减排效益主要是指绿色设备、材料使用增加引起的碳减排负效益。《中国能源统计年鉴2020》显示，2019年全国万元国内生产总值标准煤消耗量为0.55t，标准煤与原煤的折算系数为0.7143kgce/kg。YD项目在制造、建造阶段的边际费用为14984138.26元，折算为增加标准煤消耗824.13t（原煤1153.76t）。根据文献[184]，标准煤燃烧的CO_2排放系数取2.493t/t；根据《IPCC 2006年国家温室气体清单指南 2019修订版》中不同类型原煤开采碳排放的平均值，原煤开采的CO_2排放系数取10.856kg/t。根据中国碳排放权交易市场的首日成交均价，本研究将碳价取为51.23元/t，则YD项目制造、建造阶段的

碳减排负效益为：

$$51.23\times(824.13\times2.493+1153.76\times10.856\div1000)=105896.57\text{元}$$

2）运营阶段的效益

YD项目运营阶段的碳净减排效益是指天然气、电力、自来水使用减少引起的碳减排效益、新增绿地引起的碳汇效益与电动汽车充电桩、微喷灌系统、雨水收集系统更新引起的碳减排负效益之和。

① 天然气使用减少引起的碳净减排效益

根据8.2.2，YD项目围护结构热工性能优化引起年均减少采暖天然气消耗44462.76Nm^3。根据《IPCC 2006年国家温室气体清单指南 2019修订版》，天然气生产、运输、存储、分配系列活动的CO_2排放系数见表8-10。同时，根据《建筑碳排放计算标准》GB/T 51366—2019，天然气燃烧的CO_2排放系数为55.54t/TJ。

天然气生产、运输、存储、分配系列活动的CO_2排放系数（t/百万立方米）表8-10

活动类型	勘探	开采	收集	加工	去硫	输送与存储	分配	设备逃逸
系数	0.05	19.57	0.35	7.21	66.7	0.15	0.02	$3.3e^{-3}$

注：选取陆上常规天然气勘探、煤层开采、50%以上离心式压缩机拥有干密封、泄漏检测和修复技术在分配管道中使用的有关数据。其中，去硫过程碳排放的计算基数为硫化气体的处理量，本研究取天然气的含硫量为32%。

YD项目运营阶段减少供热天然气生产、使用的碳净减排效益为：

$$\left[10^{-6}\times\left(0.05+19.57+0.35+7.21+66.7\times32\%+0.15+0.02+3.3e^{-3}\right)+55.54\div27\times10^{-3}\right]\times$$

$$44462.76\times51.23\times(P/A,8\%,50)=4796.50\times\frac{(1+8\%)^{50}-1}{8\%\times(1+8\%)^{50}}=58677.90\text{元}$$

② 电力使用减少引起的碳净减排效益

根据8.2.2，可知YD项目与基准建筑相比年均减少制冷电耗452483.4kW·h、照明电耗264051.33kW·h、供热系统热水循环泵电耗828.53kW·h，合计717363.26kW·h。目前，中国用电主要来自火力发电。根据《民用建筑能耗标准》GB/T 51161—2016，中国平均火力供电的标准煤耗为0.320kgce/kW·h，则YD项目年均电力使用减少引起的标准煤消耗减少为229.56t，即减少原煤消耗321.37t。YD项目运营阶段减少电力使用的碳净减排效益为：

$$51.23\times\left(229.56\times2.493+321.37\times10.856\div1000\right)\times\left(P/A,8\%,50\right)$$
$$=29497.31\times\frac{\left(1+8\%\right)^{50}-1}{8\%\times\left(1+8\%\right)^{50}}=360854.83\text{元}$$

③ 自来水使用减少引起的碳净减排效益

根据8.2.2，YD项目通过采用节水卫生器具、微喷灌系统和利用非传统水源而年均分别减少用水消耗69556.43m^3、2893.55m^3、6309.55m^3，合计78759.53m^3。根据《建筑碳排放计算标准》GB/T 51366—2019，自来水生产的碳排放系数取0.168kg/t。YD项目运营阶段减少自来水使用的碳净减排效益为：

$$51.23\times\left(78759.53\times0.168\div1000\right)\times\left(P/A,8\%,50\right)$$
$$=677.85\times\frac{\left(1+8\%\right)^{50}-1}{8\%\times\left(1+8\%\right)^{50}}=8292.53\text{元}$$

④ 新增绿地引起的碳汇效益

由于YD项目采用了复层绿化的形式，本研究将YD项目新增绿地的年均固碳量取为1200kg/m^2，则YD项目运营阶段新增绿地的碳汇效益为：

$$51.23\times\left[63030.82\times\left(35.31\%-30\%\times105\%\right)\times1200\times10^{-3}\right]\times\left(P/A,8\%,50\right)$$
$$=147633.03\times\frac{\left(1+8\%\right)^{50}-1}{8\%\times\left(1+8\%\right)^{50}}=1806066.41\text{元}$$

⑤ 电动汽车充电桩、微喷灌系统、雨水收集系统更新引起的碳减排负效益

YD项目每次更新电动汽车充电桩需花费161.4万元，折算为增加标准煤消耗88.77t（原煤124.28t）；每次更新微喷灌系统需花费16.21万元，折算为增加标准煤消耗8.92t（原煤12.48t）；每次更新雨水收集系统需花费53.42万元，折算为增加标准煤消耗29.38t（原煤41.13t），则YD项目运营阶段更新电动汽车充电桩的碳减排负效益为：

$$51.23\times\left(88.77\times2.493+124.28\times10.856\div1000\right)\times\left(P/A,i_1,9\right)$$
$$=11406.50\times\frac{\left(1+46.93\%\right)^{9}-1}{46.93\%\times\left(1+46.93\%\right)^{9}}=23542.51\text{元}$$

YD项目运营阶段更新微喷灌系统和雨水收集系统的碳减排负效益为：

$$51.23\times\left[\left(8.92+29.38\right)\times2.493+\left(12.48+41.13\right)\times10.856\div1000\right]\times\left(P/A,i_2,3\right)$$

$$=4921.35\times\frac{(1+2.17)^3-1}{2.17\times(1+2.17)^3}=2194.66\text{元}$$

由上可得，YD项目运营阶段更新电动汽车充电桩、微喷灌系统、雨水收集系统的碳减排负效益为25737.17元。

综上，YD项目运营阶段的碳净减排效益为2208154.5元。YD项目全寿命期、全产业链、全参与主体的碳减排效益为2102257.93元。

（2）大气、水污染物减排效益

1）制造、建造阶段的效益

由（1）可知，YD项目绿色设备、材料使用增加，可折算为增加标准煤消耗824.13t（原煤1153.76t）。根据文献[184]和《未纳入排污许可管理行业适用的排污系数、物料衡算方法（试行）》，标准煤燃烧的大气污染物排放系数以及原煤开采的水污染物排放系数见表8-11。

标准煤燃烧、原煤开采的污染物排放系数　表8-11

标准煤燃烧			原煤开采		
污染物类型	排放系数	污染当量值（kg）	污染物类型	排放系数	污染当量值（kg）
SO_2	0.033t/t	0.95	化学需氧量	7g/t	1
NO_x	0.0038t/t	0.95	石油类	0.596g/t	0.1
烟尘	0.0096t/t	2.18			

注：原煤开采的排放系数选用烟煤和无烟煤井工综采、生产规模≥120万t/年的数据。

根据《陕西省环境保护税适用税额方案》和不同污染物的污染当量值，1t标准煤燃烧产生的负效益为51.77元，开采1t原煤产生的负效益为0.02元。绿色设备、材料使用增加引起的大气、水污染物减排负效益为：

$$824.13\times51.77+1153.76\times0.02=42688.29\text{元}$$

综上，YD项目制造、建造阶段的大气、水污染物净减排效益为−42688.29元。

2）运营阶段的效益

① 天然气使用减少引起的大气、水污染物净减排效益

由（1）可知，YD项目与基准建筑相比年均减少采暖天然气消耗44462.76Nm^3。根据《未纳入排污许可管理行业适用的排污系数、物料衡算方法（试行）》《环

境保护实用数据手册》，天然气开采、燃烧的大气、水污染物排放系数见表8-12。

天然气开采、燃烧的大气、水污染物排放系数　　表8-12

	SO_2	NO_x	烟尘	化学需氧量	石油类
开采	0.9kg/万m^3	—	—	17.83g/万m^3	0.257g/万m^3
燃烧	1kg/万m^3	8kg/万m^3	2.4kg/万m^3	—	—

注：天然气开采的SO_2、化学需氧量、石油类排放系数取《未纳入排污许可管理行业适用的排污系数、物料衡算方法（试行）》中多种末端处理技术排放系数的平均值。

YD项目运营阶段减少天然气使用的大气、水污染物净减排效益为：

$$44462.76\times10^{-4}\times\left[\left(\frac{0.9+1+8}{0.95}+\frac{2.4}{2.18}\right)\times1.2+\left(17.83+\frac{0.257}{0.1}\right)\times\frac{1.4}{1000}\right]\times(P/A,8\%,50)$$

$$=61.60\times\frac{(1+8\%)^{50}-1}{8\%\times(1+8\%)^{50}}=753.62\text{元}$$

② 电力使用减少引起的大气、水污染物净减排效益

由（1）可知，YD项目年均因电力消耗减少引起的标准煤消耗减少为229.56t，换算为原煤321.37t。结合表8-10，YD项目运营阶段减少电力使用的大气、水污染物净减排效益为：

$$(229.56\times51.77+321.37\times0.02)\times(P/A,8\%,50)=11890.75\times\frac{(1+8\%)^{50}-1}{8\%\times(1+8\%)^{50}}$$

$$=145465.29\text{元}$$

③ 自来水使用减少引起的水污染物净减排效益

由（1）可知，与基准建筑相比，YD项目年均减少自来水消耗78759.53m^3。根据《未纳入排污许可管理行业适用的排污系数、物料衡算方法（试行）》，结合地表水混凝沉淀（或澄清）过滤消毒工艺、生产规模大于等于50万t/日、末端采用沉淀分离治理技术下的数据，取自来水生产的化学需氧量排放系数为0.096g/t，则YD项目运营阶段减少自来水使用的水污染物净减排效益为：

$$78759.53\times\frac{0.096}{1000}\times1.4\times(P/A,8\%,50)=10.59\times\frac{(1+8\%)^{50}-1}{8\%\times(1+8\%)^{50}}=129.49\text{元}$$

④ 新增绿地引起的空气净化效益

受数据可得性的影响，参照文献[187]，根据屋顶绿化的CO_2吸收量与SO_2吸收量、滞尘量的比例关系，结合YD项目年均复层绿化的固碳量，YD项目运营阶段新增绿地的空气净化效益为：

$$63030.82\times\left(35.31\%-30\%\times105\%\right)\times\frac{1200}{1.77}\times\left(\frac{3.1}{1000}\times\frac{1.2}{0.95}+\frac{150}{1000}\times\frac{1.2}{2.18}\right)\times\left(P/A,8\%,50\right)$$

$$=140807.14\times\frac{\left(1+8\%\right)^{50}-1}{8\%\times\left(1+8\%\right)^{50}}=1722561.99\text{元}$$

⑤ 电动汽车充电桩、微喷灌系统、雨水收集系统更新引起的大气、水污染物减排负效益

根据（1）中计算得出的YD项目电动汽车充电桩、微喷灌系统、雨水收集系统更新可折算为增加标准煤（原煤）消耗的数量，YD项目运营阶段更新电动汽车充电桩的大气、水污染物减排负效益为：

$$\left(88.77\times51.77+124.28\times0.02\right)\times\left(P/A,i_1,9\right)=4598.11\times\frac{\left(1+46.93\%\right)^{9}-1}{46.93\%\times\left(1+46.93\%\right)^{9}}$$

$$=9490.29\text{元}$$

YD项目运营阶段更新微喷灌系统、雨水收集系统的大气、水污染物减排负效益为：

$$\left[\left(8.92+29.38\right)\times51.77+\left(12.48+41.13\right)\times0.02\right]\times\left(P/A,i_2,3\right)$$

$$=1983.86\times\frac{\left(1+2.17\right)^{3}-1}{2.17\times\left(1+2.17\right)^{3}}=884.70\text{元}$$

YD项目运营阶段更新电动汽车充电桩、微喷灌系统、雨水收集系统的大气、水污染物减排负效益共10374.99元。

YD项目运营阶段的大气、水污染物净减排效益为1858535.4元。YD项目全寿命期、全产业链、全参与主体的大气、水污染物减排效益为1815847.11元。

（3）边际释氧效益

参照文献[187]，根据屋顶绿化的CO_2吸收量与释氧量的比例关系，结合YD项目复层绿化的年均固碳量，YD项目运营阶段新增绿地的边际释氧效益为：

$$63030.82\times(35.31\%-30\%\times105\%)\times\frac{1200}{1.77}\times1.31\times0.4\times(P/A,8\%,50)$$

$$=853133.90\times\frac{(1+8\%)^{50}-1}{8\%\times(1+8\%)^{50}}=10436800.47\text{元}$$

YD项目全寿命期、全产业链、全参与主体的边际环境效益为14354905.51元。

8.2.4 全寿命期、全产业链、全参与主体边际社会效益分析

（1）基础设施投资减少效益

1）电力设施投资减少效益

与基准建筑相比，YD项目年均减少电力消耗717363.26kW·h，YD项目运营阶段电力消耗减少引起的电力设施投资减少为：

$$0.2\times717363.26\times(P/A,8\%,50)=143472.65\times\frac{(1+8\%)^{50}-1}{8\%\times(1+8\%)^{50}}=1755170.48\text{元}$$

此外，根据YD项目更新一次电动汽车充电桩、微喷灌系统、雨水收集系统的费用，可知YD项目每更新一次电动汽车充电桩、微喷灌系统、雨水收集系统，可分别折算为增加电力消耗129120kW·h、12968kW·h、42736kW·h，则YD项目运营阶段更新电动汽车充电桩、微喷灌系统、雨水收集系统引起的电力设施投资增加为：

$$0.2\times129120\times(P/A,i_1,9)+0.2\times(12968+42736)\times(P/A,i_2,3)=25824\times$$

$$\frac{(1+46.93\%)^{9}-1}{46.93\%\times(1+46.93\%)^{9}}+11140.8\times\frac{(1+2.17)^{3}-1}{2.17\times(1+2.17)^{3}}=58267.78\text{元}$$

YD项目运营阶段引起的电力设施投资净减少为1696902.70元。

2）给水排水设施投资减少效益

根据8.2.3，YD项目通过采用节水卫生器具、微喷灌系统、非传统水源而年均减少用水消耗78759.53m³，则YD项目运营阶段用水消耗减少引起的给水排水设施投资减少为：

$$\frac{78759.53}{365}\times(1000+1800\times0.7)\times[1+(P/F,8\%,25)]=558869.09\text{元}$$

3）供热设施投资减少效益

根据8.2.3，与基准建筑相比，YD项目年均减少采暖能耗1303.69GJ。根据《民用建筑能耗标准》GB/T 51161—2016，西安市建筑折算耗热量指标为0.21GJ/（m^2·a），则YD项目年均节约的采暖能耗可以增加供暖面积6208.05m^2。根据文献[190]，参照热源投资的有关数据，YD项目通过减少采暖能耗引起的供热设施投资减少为294581.44元。

（2）城市洪涝灾害减灾效益

根据8.2.3，YD项目年均利用雨水6309.55m^3，参照“7·20”郑州特大暴雨灾害的有关数据，YD项目在运营阶段通过利用雨水而减少的城市洪涝损失为：

$$195.92\times6309.55\times(P/A,8\%,50)=1236167.04\times\frac{(1+8\%)^{50}-1}{8\%\times(1+8\%)^{50}}=15122630.45\text{元}$$

（3）健康宜居效益

YD项目1～15号楼宇室内PM_{10}年均预评估浓度为24.5μg/m^3，满足《绿色建筑评价标准》GB/T 50378—2019中“不高于50μg/m^3”的规定。YD项目的健康宜居效益为：

$$3581\times\left\{9.4\times10^{-3}\times\left[1-\frac{1}{e^{2.1\times10^{-3}\times(50-24.5)}}\right]\times0.15+1.48\times10^{-3}\times\left[1-\frac{1}{e^{4.5\times10^{-3}\times(50-24.5)}}\right]\times40+\right.$$

$$14.28\times10^{-3}\times\left[1-\frac{1}{e^{0.7\times10^{-3}\times(50-24.5)}}\right]\times1.04+6.36\times10^{-3}\times\left[1-\frac{1}{e^{0.85\times10^{-3}\times(50-24.5)}}\right]\times0.67+$$

$$\left.515.6\times10^{-3}\times\left[1-\frac{1}{e^{0.9\times10^{-3}\times(50-24.5)}}\right]\times0.03\right\}\times(P/A,8\%,50)=257706.94\times\frac{(1+8\%)^{50}-1}{8\%\times(1+8\%)^{50}}$$

$$=3152653.87\text{元}$$

（4）边际绿地文化服务效益

根据YD项目的绿地率，结合文献[194]，YD项目的边际绿地文化服务效益为：

$$63030.82\times(35.31\%-30\%\times105\%)\times13.36=32083.70\text{元}$$

（5）边际拉动就业效益

西安市城市居民月最低生活保障标准为740元，结合YD项目的边际建筑安装工程费用，YD项目的带动就业效益为：

$$14984138.26\times10^{-9}\times1550\times740\times12=206241.68\text{元}$$

综上，YD项目全寿命期、全产业链、全参与主体的边际社会效益为21063962.93元。

8.2.5 全寿命期、全产业链、全参与主体边际费用效益评价

（1）边际净现值

根据以上分析，可得YD项目全寿命期、全产业链、全参与主体的边际费用为23320651.06元，边际经济效益为10349549.41元，边际环境效益为14354905.51元，边际社会效益为21063962.93元。YD项目全寿命期、全产业链、全参与主体的边际净现值为22447766.79元>0。因此，在国民经济评价视角下，YD项目是可行的。同时，也可以得出，当仅考虑经济效益时，YD项目在国民经济评价视角下并不可行；当同时考虑经济、环境、社会效益时，YD项目是可行的。

（2）边际效益费用比

YD项目全寿命期、全产业链、全参与主体的边际效益费用比为：

$$\frac{10349549.41+14354905.51+21063962.93}{23320651.06}=1.96>1$$

由此可知，YD项目在国民经济评价的视角下是可行的。

（3）边际投资回收期

YD项目全寿命期、全产业链、全参与主体的边际费用效益流量表见表8-13。根据边际投资回收期的计算公式，可得YD项目的边际投资回收期为：

$$6+\frac{-1889019.69}{(3568687.41-9070.87)\times(1+8\%)^{-7}}=6.91\text{年}$$

由此可知，YD项目全寿命期、全产业链、全参与主体的边际投资回收期较短。

8.2.6 全寿命期、全产业链、全参与主体性能及边际费用效益综合评价

根据YD项目全寿命期、全产业链、全参与主体性能评价的结果和边际费用效益评价的结果（表8-13），YD项目全寿命期、全产业链、全参与主体性能及边际费用效益综合评价的结果如下：

YD项目全寿命期、全产业链、全参与主体边际费用效益流量表（单位：元） 表8-13

年度	0	1	2	3	4	5	6	7	8	9
费用	19351877.35	9070.87	9070.87	9070.87	9070.87	1623070.87	9070.87	9070.87	21917.61	9070.87
效益	2134107.87	3568687.41	3568687.41	3568687.41	3568687.41	3526858.80	3568687.41	3568687.41	3568687.41	3568687.41
NPV	−17217769.48	−13921828.24	−10870030.79	−8044292.42	−5427868.00	−4132181.92	−1889019.69	187982.37	2104191.73	3884886.23
年度	10	11	12	13	14	15	16	17	18	19
费用	1623070.87	9070.87	9070.87	9070.87	9070.87	2291518.87	9070.87	9070.87	9070.87	9070.87
效益	3526858.80	3568687.41	3568687.41	3568687.41	3568687.41	3508812.79	3568687.41	3568687.41	3568687.41	3568687.41
年度	20	21	22	23	24	25	26	27	28	29
费用	1623070.87	9070.87	9070.87	21917.61	9070.87	1623070.87	9070.87	9070.87	9070.87	9070.87
效益	3526858.80	3568687.41	3568687.41	3568687.41	3568687.41	4014520.55	3568687.41	3568687.41	3568687.41	3568687.41
年度	30	31	32	33	34	35	36	37	38	39
费用	2291518.87	9070.87	9070.87	9070.87	9070.87	1623070.87	9070.87	9070.87	21917.61	9070.87
效益	3508812.79	3568687.41	3568687.41	3568687.41	3568687.41	3526858.80	3568687.41	3568687.41	3568687.41	3568687.41
年度	40	41	42	43	44	45	46	47	48	49
费用	1623070.87	9070.87	9070.87	9070.87	9070.87	2291518.87	9070.87	9070.87	9070.87	9070.87
效益	3526858.80	3568687.41	3568687.41	3568687.41	3568687.41	3508812.79	3568687.41	3568687.41	3568687.41	3568687.41
年度	50									
费用	9070.87									
效益	4042171.41									

$$绿色建筑性价比=\frac{边际性能评价值}{边际价格}=\frac{36.6}{220}=0.17分/（元/m^2）$$

与YD项目相对比，以西安市某一基准居住建筑项目——ZM项目为例，ZM项目满足《绿色建筑评价标准》GB/T 50378—2019所有控制项要求，性能评价得分为40分。ZM项目除地价外的价格为4013.36元/m^2，ZM项目的性价比为0.01分/（元/m^2）。由此可得，YD项目的边际性价比较高。

8.3 YD项目全寿命期、全产业链、不同参与主体的边际费用效益评价及利益协同度评价

8.3.1 建设单位的边际费用效益分析

（1）边际费用

YD项目建设单位的边际费用包括YD项目决策、设计、制造、建造、交付阶段的边际费用（除绿色建筑预评价、评价费外）、边际建设管理费用、边际银行贷款利息以及边际税费。根据8.2，YD项目决策、设计、制造、建造、交付阶段的边际费用（除绿色建筑预评价、评价费外）为18390952.09元，边际建设管理费为901517.26元。YD项目的计划建设工期为3.5年，参照长沙市发展和改革委员会发布的《关于明确我市成本法监制商品住房价格构成有关事项的通知》（长发改价调〔2019〕296号）的有关规定，计息周期取5.5年，中国人民银行规定的5年期以上贷款市场年利率为4.65%，则YD项目的边际银行贷款利息为：

$$18390952.09\times50\%\times4.65\%\times\frac{5.5}{2}=1175871.50元$$

根据公式（4-3），YD项目的边际税费为：

$$\left(18390952.09+901517.26+1175871.50+1262124.16\right)\times9\%\times\left(1+7\%+3\%+2\%\right)$$
$$=2190430.87元$$

综上，YD项目建设单位的边际费用为22658771.72元。

（2）边际效益

YD项目建设单位的边际效益包括YD项目交付阶段的边际经济效益和政府补贴。根据8.2，YD项目设计、交付阶段的边际经济效益共1262124.16元。针对政府补贴，根据西安市建委、财政局、房管局联合颁布的《进一步推进绿色建筑工作的通知》（市建发〔2012〕202号），中央财政、陕西省财政、西安市财政对二星级绿色建筑的补贴标准分别为45元/m^2、15元/m^2、10元/m^2。其中，针对商品房住宅项目，补贴资金的30%兑付给建设单位或投资方，70%兑付给消费者。此外，该文件还规定补贴资金先由建设单位或投资方兑付给消费者，再由政府有关部门一并兑付给建设单位或投资方。因此，YD项目建设单位最终可以获得政府补贴21982457元。最终，建设单位可以获得的边际经济效益为23244581.16元，大于建设单位承担的边际费用。

8.3.2 供热单位的边际费用效益分析

（1）边际费用

YD项目供热单位的边际费用是指与按面积收费相比，对YD项目按热量收费时的收益损失。西安市统一供暖时间为11月15日至次年3月15日，共4个月。根据西安市物价局、西安市市政公用局颁布的《关于进一步明确城区集中供热价格有关问题的通知》（市物发〔2012〕265号），当按面积收费时，供热收费标准不高于5.8元/（m^2·月）；当按热量收费时，供热收费标准为：

$$\text{总热费}=1.74\times\text{供热建筑面积}\times 4+0.112\text{元/（kW·h）}\times\text{使用热量}$$

YD项目的供热建筑面积为204319m^2，年均耗热量为3081207.23kW·h，供热单位对YD项目按热量收费的收费损失为：

$$\left[5.8\times204319\times4-\left(1.74\times204319\times4+0.112\times3081207.23\right)\right]\left(P/A,8\%,50\right)$$
$$=2973045.35\times\frac{\left(1+8\%\right)^{50}-1}{8\%\times\left(1+8\%\right)^{50}}=36370704.64\text{元}$$

（2）边际效益

YD项目供热单位的边际效益包括供热燃气费用减少、环保税缴纳减少和供热设施投资减少。根据8.2，供热单位对YD项目按热量收费时减少的供热燃气费用为1125944.28元，环保税缴纳减少为690.23元，供热设施投资减少为294581.44元。因此，YD项目供热单位的边际效益为1421215.95元。由此可知，实施按热量收费后，供热单位获得的边际效益远小于收益损失。

8.3.3 物业单位的边际费用效益分析

（1）边际费用

YD项目物业单位的边际费用包括微喷灌系统的维修费用和雨水收集系统的人工费、小修费、药剂费、电费。根据8.2，YD项目物业单位承担的微喷灌系统的小修费用为17847.43元，雨水收集系统的人工费、小修费、药剂费、电费共321887.1元。因此，YD项目物业单位的边际费用为339734.53元。

（2）边际效益

《西安市物业服务收费管理办法》（市发改价格〔2020〕18号）规定，未成立业主大会住宅小区的物业服务费实行政府指导价。政府指导价标准为最高限价，仅适用于包干制计费方式。因此，本研究暂不考虑YD项目的边际物业服务收费。YD项目物业单位的边际效益包括绿化灌溉节水效益、非传统水源利用效益。根据8.2，绿化灌溉节水效益为134513.30元，非传统水源利用效益为293313.58元，合计427826.88元。虽然YD项目物业单位获得的边际效益大于承担的边际费用，但是单从非传统水源利用的角度看，YD项目物业单位运营雨水收集系统的边际费用大于边际效益，YD项目物业单位单运营雨水收集系统是亏损的。

8.3.4 消费者的边际费用效益分析

（1）边际费用

YD项目消费者的边际费用包括边际购房费用、边际契税、电动汽车充电桩更新费用和微喷灌系统、雨水收集系统大修、更新费用。根据西安市购房契税标准，购买90～144m²住房的契税税率为1.5%，购买144m²以上住房的契税税率为3%。YD项目共有140m²、180m²、230m²、248m²四种户型。其中，140m²户型的建筑面积占总建筑面积的28.89%。在支付1262124.16元的边际购房费用时，消费者购买YD项目的边际契税为：

$$1262124.16 \times (28.89\% \times 1.5\% + 71.11\% \times 3\%) = 32394.31\text{元}$$

根据8.2，YD项目电动汽车充电桩的更新费用和微喷灌系统、雨水收集系统的大修、更新费用（减微喷灌系统、雨水收集系统的残值）共3629039.18元。

综上，YD项目消费者的边际费用为4923557.65元。

（2）边际效益

根据8.2，YD项目消费者的边际效益包括围护结构热工性能优化带来的采暖效益36370704.64元、制冷效益2712369.88元，供暖空调输配系统能耗降低效益4966.54元，节能型电气设备及节能控制效益1582831.29元，节水卫生器具使用效益3233486.38元，健康宜居效益3152653.87元，边际绿地文化服务效益32083.7元，合计47089096.3元。由此可知，在当前政府补贴标准下，消费者购买YD项目的边际效益远大于承担的边际费用。

8.3.5　政府的边际费用效益分析

在当前政府补贴标准下，政府付出的补贴资金为21982457元。同时，政府承担的绿色建筑预评价费、评价费共59408元。因此，政府承担的边际费用为22041865元。政府获得的边际税费为2222825.18元。作为公众代表，政府获得的净环境、社会效益为31939549.43元。因此，政府获得的边际效益为34162374.61元。由此可知，在当前政府补贴标准下，政府获得的边际效益远大于付出的边际费用。

8.3.6　不同参与主体边际费用效益评价及利益协同度评价

根据以上分析，本研究可以计算出YD项目建设单位、供热单位、物业单位、消费者和政府的边际效益与边际费用匹配度，见表8-14。由此可知，当前的政府激励方案可以实现YD项目建设单位、物业单位、消费者和政府的边际效益与边际费用相匹配，但是不能实现供热单位的边际效益与边际费用相匹配。

不同参与主体的边际费用效益评价 表8-14

主体	边际效益	边际费用	边际效益与边际费用匹配度
建设单位	23244581.16	22658771.72	1.03
供热单位	1421215.95	36370704.64	0.04
物业单位	427826.88	339734.53	1.26
消费者	47089096.3	4923557.65	9.56
政府	34162374.61	22041865	1.55

政府和YD项目建设单位、供热单位、物业单位、消费者的利益协同度为：

$$S=\sqrt{\frac{(1.03-1.96)^2+(0.04-1.96)^2+(1.26-1.96)^2+(9.56-1.96)^2+(1.55-1.96)^2}{5}}$$

$$=3.55>0$$

因此，政府和YD项目建设单位、供热单位、物业单位、消费者的利益协同度有待进一步提升。

8.4 YD项目全寿命期、全产业链、不同参与主体的激励策略

8.4.1 不同参与主体的演化博弈均衡分析

在当前多主体利益协同度下，建设单位将YD项目建设为绿色建筑的边际效用为 $U_1=585809.44-21072657.7\lambda_1+34037345\eta_1$，供热单位对YD项目供热按热量收费的边际效用为 $U_2=-34949488.69-69831752.9\lambda_2+58741.29\eta_2$，物业单位运营YD项目新增共用设施设备的边际效用为 $U_3=88092.35-237814.17\lambda_3+66288.32\eta_3$。其中，$\lambda_1$、$\lambda_2$、$\lambda_3$ 分别为建设单位、供热单位、物业单位的差异厌恶偏好系数，η_1、η_2、η_3 分别为建设单位、供热单位、物业单位的利他偏好系数，$\lambda_1,\lambda_2,\lambda_3\geqslant 0$，$\eta_1,\eta_2,\eta_3\in[0,1]$。

当 λ_1、λ_2、λ_3 均取最小值0，η_1、η_2、η_3 均取最大值1时，可得 U_1、U_2、U_3 的最大值。此时，U_1 =34623154.44，U_2 =-34890747.4，U_3 =154380.67，表

明无论供热单位拥有怎样的差异厌恶偏好、利他偏好，其对YD项目供热按热量收费的效用始终小于按面积收费的效用，即在当前的政府经济激励方案下，政府和YD项目建设单位、消费者、供热单位、物业单位无法达到帕累托最优均衡。

8.4.2 不同参与主体的激励策略

（1）加强政府经济激励

目前，西安市政府制定了面向绿色建筑供给侧、需求侧的经济激励政策，但对绿色建筑供给侧、需求侧、运营侧的协同经济激励还存在不足，因此政府应加强对绿色建筑供给侧、需求侧、运营侧的协同经济激励。结合6.3，政府对YD项目建设单位、供热单位、物业单位、消费者的经济激励e_d、e_h、e_o、e_c应满足：

$$(e_d-21396647.56)-22658771.72\lambda_1\left(1.96-\frac{e_d+1262124.16}{22658771.72}\right)+34037345\eta_1>0$$

$$(e_h-34949488.69)-36370704.64\lambda_2\left(1.96-\frac{e_h+1421215.95}{36370704.64}\right)+58741.29\eta_2>0$$

$$(e_o+88092.35)-339734.53\lambda_3\left(1.96-\frac{e_o+427826.88}{339734.53}\right)+66288.32\eta_3>0$$

$$e_d+e_h+e_c+e_o\leqslant 31939549.43$$

然而，当前YD项目供热单位的边际效益与边际费用匹配度较低，假如政府将边际净效益全部补贴给YD项目供热单位，则供热单位对YD项目按热量收费的边际效用为$U_2'=-846522.08-35762398.53\lambda_2+58741.29\eta_3$。当$\lambda_2$取最小值0，$\eta_2$取最大值1时，可得$U_2'$的最大值-787780.79，表明即使政府将全部边际净效益均补贴给YD项目供热单位，供热单位对YD项目供热按热量收费的效用仍低于按面积收费的效用。由此可知，虽然政府经济激励可以缓解不同单位实施绿色行为效用不足的问题，但不能使供热单位对YD项目按热量收费的效用大于按面积收费的效用，即仅靠政府经济激励不足以使政府和YD项目建设单位、消费者、供热单位、物业单位达到帕累托最优均衡，验证了对绿色建筑建设单位、消费者、供热单位、物业单位的激励不是培育激励、经济激励、保障激励任一维度的单一要素能够实现的结论（7.3.2的有关结论）。

（2）理顺资源定价

当前，供热计量收费标准的不合理，导致与按面积收费相比，供热单位实施按热量收费的边际效益与边际费用匹配度低、效用不足，供热单位对实施按热量收费的动机不强。在YD项目运营期，供热单位对YD项目供热按热量收费，虽然消费者可以因此节约36370704.64元的采暖费用，但是供热单位会因此产生34949488.69元的收益净损失。结合（1）中的有关分析，除政府经济激励外，还需理顺供热单位按热量收费的收费标准，平衡消费者和供热单位的利益，提高供热单位按热量收费的效用。

此外，面对YD项目雨水收集系统运行边际效益不足的问题，为激励物业单位运营雨水收集系统，还需进一步理顺当前的自来水价格。当西安目前的自来水价格（一阶终端水价）由3.8元提高至4.4元时，YD项目物业单位运营雨水收集系统的边际效益与边际费用持平。

在采取以上措施的基础上，还需要通过进一步提高建设单位、供热单位、物业单位的利他偏好和参与能力、加大绿色金融支持力度、完善市场化生态补偿机制、提升产业协作配套能力、完善配套政策法规、完善标准规范等措施，提升不同单位实施绿色行为的效用，提高消费者对绿色建筑的支付意愿，保障政府的边际效益，最终促使政府和YD项目建设单位、消费者、供热单位、物业单位达到帕累托最优均衡。

9 结论

自2006年中国颁布国家标准《绿色建筑评价标准》GB/T 50378—2006以来，中国绿色建筑的发展取得了长足的进步。截至2016年9月底，中国共有绿色建筑项目4515个，累计建筑面积达52317万m^2。然而，当前中国绿色建筑全寿命期、全产业链、全参与主体的评价标准仍局限于建筑的绿色性能评价，对费用效益因素考虑较少，以及绿色建筑全寿命期、全产业链、不同参与主体利益不协同的问题，引发当前绿色建筑总量规模不足、运行实效不佳。本研究以绿色公共建筑、绿色居住建筑为例，以中国采暖区的政府和绿色建筑建设单位、消费者、供热单位、物业单位为研究主体，对绿色建筑全寿命期、全产业链、全参与主体的性能及边际费用效益综合评价和绿色建筑全寿命期、全产业链、不同参与主体的利益协同问题进行了深入研究。本研究的主要结论如下：

（1）测算了绿色建筑全寿命期、全产业链、全参与主体的边际费用和边际经济、环境、社会效益，建立了绿色建筑全寿命期、全产业链、全参与主体的性能及边际费用效益综合评价模型。根据《绿色建筑评价标准》GB/T 50378—2019对绿色建筑设计、建造、运营、评价等的新要求，补充绿色建筑的边际销售、建设管理费用，拓展绿色建筑的二氧化碳、大气和水污染物净减排边际环境效益的识别阶段、范围，考虑绿色建筑的健康宜居、城市洪涝灾害减灾边际社会效益，对绿色建筑全寿命期、全产业链、全参与主体的边际费用和边际经济、环境、社会效益进行补充、更新、完善，建立绿色建筑全寿命期、全产业链、全参与主体的费用效益评价模型。最后，采用价值工程理论，构建绿色建筑全寿命期、全产业链、全参与主体的性能及边际费用效益综合评价模型。

（2）建立了绿色建筑产业链不同参与主体的边际费用效益评价模型及利益协同度评价模型。在测算绿色建筑全寿命期、全产业链、全参与主体边际费用和边际经济、环境、社会效益的基础上，考虑不同参与主体的转移支付和交易，测算绿色建筑产业链上政府、建设单位、消费者、供热单位、物业单位的边际效益和边际费用，建立不同参与主体的边际效益与边际费用匹配度评价模型及利益协同度评价模型。研究表明：政府经济激励不足是政府和绿色建筑建设单位、消费者、供热单位、物业单位利益协同度低的重要原因。

（3）提出了“建筑性能设计—室外气象环境—室内热舒适度—室内人员活动—建筑能源消耗”五位一体的绿色建筑节能性能动态监测技术体系，并开展了工程示范。为向绿色建筑全寿命期、全产业链、全参与主体的实际节能效益及有关主体的边际效益测算提供数据支撑，从绿色建筑的能耗数据采集、传输、集成三方面，构建了“建筑性能设计—室外气象环境—室内热舒适度—室内人员活动—建筑能源消耗”五位一体的绿色建筑节能性能动态监测技术体系，并在西安建筑科技大学草堂校区学府城9号教学楼等地建设了示范工程，分析了示范工程的用能规律。最后，采用问卷调查和广义有序Logit模型，探讨了不同类型政策工具对绿色建筑节能性能动态监测技术推广的作用效果。研究表明：命令控制型、自愿型政策工具对当前绿色建筑节能性能动态监测技术推广具有显著影响。

（4）提出了政府和绿色建筑建设单位、消费者、供热单位、物业单位的成本分摊方法。政府的经济激励可有效分摊绿色建筑建设单位、消费者、供热单位、物业单位的边际费用。首先，根据社会偏好理论，将绿色建筑建设单位、供热单位、物业单位的社会偏好假设由仅考虑差异厌恶偏好拓展为同时考虑差异厌恶偏好、利他偏好，并借鉴公平理论，引入绿色建筑产业链不同参与主体的边际效益与边际费用匹配度指标，改进差异厌恶社会福利最大化模型，建立绿色建筑建设单位、供热单位、物业单位的效用函数。其次，建立消费者支付意愿下政府和绿色建筑建设单位、供热单位、物业单位的一对多演化博弈模型，分析不同博弈主体的演化稳定策略，提出政府和绿色建筑建设单位、消费者、供热单位、物业单位的成本分摊方案。

（5）设计了面向绿色建筑建设单位、消费者、供热单位、物业单位的多层面激励机制。首先，根据政府和绿色建筑建设单位、消费者、供热单位、物业单位的成本分摊方案，从绿色建筑产业链不同主体本身、不同主体之间和全产业链三个层面，确定包括政府经济激励、主体利他偏好的10项面向绿色建筑建设单位、消费者、供热单位、物业单位的激励机制要素。其次，采用社会网络分析方法，构建不同机制要素的关系网络模型，分析不同机制要素之间的相互影响关系。研究表明：对绿色建筑建设单位、消费者、供热单位、物业单位的激励，需要从产业链不同主体本身、不同主体之间、全产业链三个层面采取综合措施，其中政府经济激励、主体利他偏好发挥着关键作用。在此基础上，提出了面向绿色建筑建设单位、消费者、供热单位、物业单位的培育激励机制、经济激励机制、保障激励机制。

（6）开展了案例分析。以西安市YD项目为例，开展案例分析，得出YD项目全寿命期、全产业链、全参与主体的边际费用为23320651.06元，边际经济效益为10349549.41元，边际环境效益为14354905.51元，边际社会效益为21063962.93元，边际性价比为0.17分/（元/m^2）。在当前激励政策下，YD项目供热单位的边际效益与边际费用匹配度低，政府和YD项目建设单位、消费者、供热单位、物业单位的利益协同度为3.55，不同主体之间不能达到帕累托最优均衡。最后，从加强政府经济激励、理顺资源定价等方面提出面向YD项目建设单位、消费者、供热单位、物业单位的激励策略。

附录　图像人数识别算法

（1）图像识别算法主函数

```
#! /usr/bin/env python
# -*- coding: utf-8 -*-
"""
Run a YOLO_v3 style detection model on test images.
"""
import numpy as np
import argparse

import cv2
import torch
import torch.backends.cudnn as cudnn
from numpy import random

from models.experimental import attempt_load
from utils.general import (
    check_img_size, non_max_suppression, scale_coords, plot_one_box,)
from utils.torch_utils import select_device
import sys
from PyQt5 import QtCore, QtGui, QtWidgets
from PyQt5.QtWidgets import *

flag = False

def letterbox(img, new_shape=(640, 640), color=(114, 114, 114), auto=True,
scaleFill=False, scaleup=True):
    shape = img.shape[:2]  # current shape [height, width]
```

```
    if isinstance(new_shape, int):
        new_shape = (new_shape, new_shape)

    # Scale ratio (new / old)
    r = min(new_shape[0] / shape[0], new_shape[1] / shape[1])
    if not scaleup:  # only scale down, do not scale up (for better test mAP)
        r = min(r, 1.0)

    # Compute padding
    ratio = r, r  # width, height ratios
    new_unpad = int(round(shape[1] * r)), int(round(shape[0] * r))
    dw, dh = new_shape[1] - new_unpad[0], new_shape[0] - new_unpad[1]  # wh padding
    if auto:  # minimum rectangle
        dw, dh = np.mod(dw, 32), np.mod(dh, 32)  # wh padding
    elif scaleFill:  # stretch
        dw, dh = 0.0, 0.0
        new_unpad = (new_shape[1], new_shape[0])
        ratio = new_shape[1] / shape[1], new_shape[0] / shape[0]  # width, height ratios

    dw /= 2  # divide padding into 2 sides
    dh /= 2

    if shape[::-1] != new_unpad:  # resize
        img = cv2.resize(img, new_unpad, interpolation=cv2.INTER_LINEAR)
    top, bottom = int(round(dh - 0.1)), int(round(dh + 0.1))
    left, right = int(round(dw - 0.1)), int(round(dw + 0.1))
    img = cv2.copyMakeBorder(img, top, bottom, left, right, cv2.BORDER_CONSTANT,
value=color)  # add border
    return img, ratio, (dw, dh)

# with torch.no_grad():
#     detect()
class Ui_MainWindow(QtWidgets.QWidget):
    def __init__(self, parent=None):
        super(Ui_MainWindow, self).__init__(parent)
```

```
        self.timer_camera = QtCore.QTimer()
        self.timer_camera_capture = QtCore.QTimer()
        self.cap = cv2.VideoCapture()
        self.CAM_NUM = 0
        self.set_ui()
        self.slot_init()
        # self.detect_image(self.image)
        self.__flag_work = 0
        self.x = 0
        parser = argparse.ArgumentParser()
        parser.add_argument('--weights', nargs='+', type=str, default='weights/last.pt',
help='model.pt path(s)')
        parser.add_argument('--source', type=str, default='images', help='source')  # file/folder,
0 for webcam
        parser.add_argument('--img-size', type=int, default=640, help='inference size (pixels)')
        parser.add_argument('--conf-thres', type=float, default=0.45, help='object confidence
threshold')
        parser.add_argument('--iou-thres', type=float, default=0.45, help='IOU threshold for
NMS')
        parser.add_argument('--device', default='', help='cuda device, i.e. 0 or 0,1,2,3 or cpu')
        parser.add_argument('--view-img', action='store_true', help='display results')
        parser.add_argument('--save-txt', action='store_true', help='save results to *.txt')
        parser.add_argument('--save-conf', action='store_true', help='save confidences in
--save-txt labels')
        parser.add_argument('--save-dir', type=str, default='results', help='directory to save
results')
        parser.add_argument('--classes', nargs='+', type=int, help='filter by class: --class 0, or
--class 0 2 3')
        parser.add_argument('--agnostic-nms', action='store_true', help='class-agnostic NMS')
        parser.add_argument('--augment', action='store_true', help='augmented inference')
        parser.add_argument('--update', action='store_true', help='update all models')
        self.opt = parser.parse_args()
        print(self.opt)
        ut, source, weights, view_img, save_txt, imgsz = \
            self.opt.save_dir, self.opt.source, self.opt.weights, self.opt.view_img, self.opt.save_
```

```
txt, self.opt.img_size
        self.device = select_device(self.opt.device)
        self.half = self.device.type != 'cpu'  # half precision only supported on CUDA

        # Load model
        self.model = attempt_load(weights, map_location=self.device)  # load FP32 model
        self.imgsz = check_img_size(imgsz, s=self.model.stride.max())  # check img_size
        if self.half:
            self.model.half()  # to FP16

        cudnn.benchmark = True  # set True to speed up constant image size inference

        # Get names and colors
        self.names = self.model.module.names if hasattr(self.model, 'module') else self.model.
names
        self.colors = [[random.randint(0, 255) for _ in range(3)] for _ in range(len(self.
names))]

    def set_ui(self):

        self.__layout_main = QtWidgets.QHBoxLayout()
        self.__layout_fun_button = QtWidgets.QVBoxLayout()
        self.__layout_data_show = QtWidgets.QVBoxLayout()

        self.openimage = QtWidgets.QPushButton(u'打开图片')
        self.opencameras = QtWidgets.QPushButton(u'打开摄像头')
        self.train = QtWidgets.QPushButton(u'打开视频')
        # self.Openvideo = QtWidgets.QPushButton(u'打开视频')
        self.openimage.setMinimumHeight(50)
        self.opencameras.setMinimumHeight(50)
        self.train.setMinimumHeight(50)
        # self.Openvideo.setMinimumHeight(50)

        self.openimage.move(10, 30)
        self.opencameras.move(10, 50)
```

```
        self.train.move(15, 70)

        # 信息显示
        self.showimage = QtWidgets.QLabel()

        self.showimage.setFixedSize(641, 481)
        self.showimage.setAutoFillBackground(False)

        self.__layout_fun_button.addWidget(self.openimage)
        self.__layout_fun_button.addWidget(self.opencameras)
        self.__layout_fun_button.addWidget(self.train)
        # self.__layout_fun_button.addWidget(self.Openvideo)

        self.__layout_main.addLayout(self.__layout_fun_button)
        self.__layout_main.addWidget(self.showimage)

        self.setLayout(self.__layout_main)
        # self.label_move.raise_()
        self.setWindowTitle(u'行人识别')

    def slot_init(self):
        self.openimage.clicked.connect(self.button_open_image_click)
        self.opencameras.clicked.connect(self.button_opencameras_click)
        self.timer_camera.timeout.connect(self.show_camera)
        # self.timer_camera_capture.timeout.connect(self.capture_camera)
        self.train.clicked.connect(self.button_train_click)
        # self.Openvideo.clicked.connect(self.Openvideo_click)

    def button_open_image_click(self):
        imgName, imgType = QFileDialog.getOpenFileName(self, "打开图片", "", "*.jpg;;*.
png;;All Files(*)")
        img = cv2.imread(imgName)
        print(imgName)
        showimg = img
        total_name = []
```

```
with torch.no_grad():
    img = letterbox(img, new_shape=self.opt.img_size)[0]
    # Convert
    img = img[:, :, ::-1].transpose(2, 0, 1)  # BGR to RGB, to 3x416x416
    img = np.ascontiguousarray(img)
    img = torch.from_numpy(img).to(self.device)
    img = img.half() if self.half else img.float()  # uint8 to fp16/32
    img /= 255.0  # 0 - 255 to 0.0 - 1.0
    if img.ndimension() == 3:
        img = img.unsqueeze(0)
    # Inference
    pred = self.model(img, augment=self.opt.augment)[0]
    # Apply NMS
    pred = non_max_suppression(pred, self.opt.conf_thres, self.opt.iou_thres,
classes=self.opt.classes,
                               agnostic=self.opt.agnostic_nms)
    # Process detections
    for i, det in enumerate(pred):  # detections per image
        if det is not None and len(det):
            # Rescale boxes from img_size to im0 size
            det[:, :4] = scale_coords(img.shape[2:], det[:, :4], showimg.shape).round()

            # Write results
            for *xyxy, conf, cls in reversed(det):
                label = '%s %.2f' % (self.names[int(cls)], conf)
                total_name.append(label)
                plot_one_box(xyxy, showimg, label=label, color=self.colors[int(cls)], line_
thickness=3)
tl = round(0.002 * (showimg.shape[0] + showimg.shape[1]) / 2) + 1  # line/font
thickness
tf = max(tl - 1, 1)  # font thickness
cv2.putText(showimg, 'total nums: ' + str(len(total_name)), (10, 40), 0, tl / 2, [0, 0,
255], thickness=tf, lineType=cv2.LINE_AA)
self.result = cv2.cvtColor(showimg, cv2.COLOR_BGR2BGRA)
self.result = cv2.resize(self.result, (640, 480), interpolation=cv2.INTER_AREA)
```

```
    self.QtImg = QtGui.QImage(self.result.data, self.result.shape[1], self.result.shape[0],
                    QtGui.QImage.Format_RGB32)
    # 显示图片到label中;
    self.showimage.setPixmap(QtGui.QPixmap.fromImage(self.QtImg))

  def button_train_click(self):
    global flag
    self.timer_camera_capture.stop()
    self.cap.release()
    if flag == False:
      flag = True
      imgName, imgType = QFileDialog.getOpenFileName(self, "打开视频", "",
"*.mp4;;*.avi;;All Files(*)")
      flag = self.cap.open(imgName)
      if flag == False:
        msg = QtWidgets.QMessageBox.warning(self, u"Warning", u"打开视频失败",
                          buttons=QtWidgets.QMessageBox.Ok,
                          defaultButton=QtWidgets.QMessageBox.Ok)
      else:
        self.timer_camera.start(30)
        self.train.setText(u'关闭识别')
    else:
      flag = False
      self.timer_camera.stop()
      self.cap.release()
      self.showimage.clear()
      self.train.setText(u'打开视频')

  def button_opencameras_click(self):
    self.timer_camera_capture.stop()
    self.cap.release()
    if self.timer_camera.isActive() == False:
      flag = self.cap.open(self.CAM_NUM)
      if flag == False:
        msg = QtWidgets.QMessageBox.warning(self, u"Warning", u"请检测相机与电
```

```
脑是否连接正确",
                                  buttons=QtWidgets.QMessageBox.Ok,
defaultButton=QtWidgets.QMessageBox.Ok)
            else:
                self.timer_camera.start(30)

                self.opencameras.setText(u'关闭识别')
        else:
            self.timer_camera.stop()
            self.cap.release()
            self.showimage.clear()
            self.opencameras.setText(u'打开摄像头')

    def show_camera(self):
        flag, img = self.cap.read()
        if img is not None:
            showimg = img
            total_name = []
            with torch.no_grad():
                img = letterbox(img, new_shape=self.opt.img_size)[0]
                # Convert
                img = img[:, :, ::-1].transpose(2, 0, 1)  # BGR to RGB, to 3x416x416
                img = np.ascontiguousarray(img)
                img = torch.from_numpy(img).to(self.device)
                img = img.half() if self.half else img.float()  # uint8 to fp16/32
                img /= 255.0  # 0 - 255 to 0.0 - 1.0
                if img.ndimension() == 3:
                    img = img.unsqueeze(0)
                # Inference
                pred = self.model(img, augment=self.opt.augment)[0]

                # Apply NMS
                pred = non_max_suppression(pred, self.opt.conf_thres, self.opt.iou_thres,
classes=self.opt.classes,
                                    agnostic=self.opt.agnostic_nms)
```

```
        # Process detections
        for i, det in enumerate(pred):  # detections per image
            if det is not None and len(det):
                # Rescale boxes from img_size to im0 size
                det[:, :4] = scale_coords(img.shape[2:], det[:, :4], showimg.shape).round()
                # Write results
                for *xyxy, conf, cls in reversed(det):
                    label = '%s %.2f' % (self.names[int(cls)], conf)
                    print(label)
                    total_name.append(label)
                    plot_one_box(xyxy, showimg, label=label, color=self.colors[int(cls)],
line_thickness=3)
        tl = round(0.002 * (showimg.shape[0] + showimg.shape[1]) / 2) + 1  # line/font
thickness
        tf = max(tl - 1, 1)  # font thickness
        cv2.putText(showimg, 'total nums: ' + str(len(total_name)), (10, 40), 0, tl / 2, [0, 0,
255], thickness=tf,
                    lineType=cv2.LINE_AA)
        show = cv2.resize(showimg, (640, 480))
        self.result = cv2.cvtColor(show, cv2.COLOR_BGR2RGB)
        showImage = QtGui.QImage(self.result.data, self.result.shape[1], self.result.
shape[0],
                                 QtGui.QImage.Format_RGB888)
        self.showimage.setPixmap(QtGui.QPixmap.fromImage(showImage))
    else:
        flag = False
        self.timer_camera.stop()
        self.cap.release()
        self.showimage.clear()
        self.train.setText(u'打开视频')

if __name__ == '__main__':
    app = QtWidgets.QApplication(sys.argv)
    ui = Ui_MainWindow()
    ui.show()
```

```
    sys.exit(app.exec_())
```

（2）加载videos文件夹指定视频，实时展示

```
import argparse
import os
import shutil
import time
from pathlib import Path

import cv2
import torch
import torch.backends.cudnn as cudnn
from numpy import random

from models.experimental import attempt_load
from utils.datasets import LoadStreams, LoadImages
from utils.general import (
    check_img_size, non_max_suppression, apply_classifier, scale_coords,
    xyxy2xywh, plot_one_box, strip_optimizer, set_logging)
from utils.torch_utils import select_device, load_classifier, time_synchronized

def detect(save_img=False):
    out, source, weights, view_img, save_txt, imgsz = \
        opt.save_dir, opt.source, opt.weights, opt.view_img, opt.save_txt, opt.img_size
    webcam = source.isnumeric() or source.startswith(('rtsp://', 'rtmp://', 'http://')) or source.
endswith('.txt')

    # Initialize
    set_logging()
    device = select_device(opt.device)
    # if os.path.exists(out):  # output dir
    # shutil.rmtree(out)  # delete dir
    # os.makedirs(out)  # make new dir
    half = device.type != 'cpu'  # half precision only supported on CUDA
```

```
    # Load model
    model = attempt_load(weights, map_location=device)  # load FP32 model
    imgsz = check_img_size(imgsz, s=model.stride.max())  # check img_size
    if half:
        model.half()  # to FP16

    # Second-stage classifier
    classify = False
    if classify:
        modelc = load_classifier(name='resnet101', n=2)  # initialize
        modelc.load_state_dict(torch.load('weights/resnet101.pt', map_location=device)
['model'])  # load weights
        modelc.to(device).eval()

    # Set Dataloader
    vid_path, vid_writer = None, None
    if webcam:
        view_img = True
        cudnn.benchmark = True  # set True to speed up constant image size inference
        dataset = LoadStreams(source, img_size=imgsz)
    else:
        view_img = True
        save_img = True
        dataset = LoadImages(source, img_size=imgsz)

    # Get names and colors
    names = model.module.names if hasattr(model, 'module') else model.names
    colors = [[random.randint(0, 255) for _ in range(3)] for _ in range(len(names))]

    # Run inference
    t0 = time.time()
    img = torch.zeros((1, 3, imgsz, imgsz), device=device)  # init img
    _ = model(img.half() if half else img) if device.type != 'cpu' else None  # run once
    for path, img, im0s, vid_cap in dataset:
        img = torch.from_numpy(img).to(device)
```

```
img = img.half() if half else img.float()  # uint8 to fp16/32
img /= 255.0  # 0 - 255 to 0.0 - 1.0
if img.ndimension() == 3:
    img = img.unsqueeze(0)

# Inference
t1 = time_synchronized()
pred = model(img, augment=opt.augment)[0]

# Apply NMS
pred = non_max_suppression(pred, opt.conf_thres, opt.iou_thres, classes=opt.classes, 
agnostic=opt.agnostic_nms)
t2 = time_synchronized()

# Apply Classifier
if classify:
    pred = apply_classifier(pred, modelc, img, im0s)

# Process detections
for i, det in enumerate(pred):  # detections per image
    if webcam:  # batch_size >= 1
        p, s, im0 = path[i], '%g: ' % i, im0s[i].copy()
    else:
        p, s, im0 = path, '', im0s

    save_path = str(Path(out) / Path(p).name)
    txt_path = str(Path(out) / Path(p).stem) + ('_%g' % dataset.frame if dataset.mode == 
'video' else '')
    s += '%gx%g ' % img.shape[2:]  # print string
    gn = torch.tensor(im0.shape)[[1, 0, 1, 0]]  # normalization gain whwh
    if det is not None and len(det):
        # Rescale boxes from img_size to im0 size
        det[:, :4] = scale_coords(img.shape[2:], det[:, :4], im0.shape).round()

        # Print results
```

```
            for c in det[:, -1].unique():
                n = (det[:, -1] == c).sum()  # detections per class
                s += '%g %ss, ' % (n, names[int(c)])  # add to string

            # Write results
            for *xyxy, conf, cls in reversed(det):
                if save_txt:  # Write to file
                    xywh = (xyxy2xywh(torch.tensor(xyxy).view(1, 4)) / gn).view(-1).tolist()  #
normalized xywh
                    line = (cls, conf, *xywh) if opt.save_conf else (cls, *xywh)  # label format
                    with open(txt_path + '.txt', 'a') as f:
                        f.write(('%g ' * len(line) + '\n') % line)

                if save_img or view_img:  # Add bbox to image
                    label = '%s %.2f' % (names[int(cls)], conf)
                    plot_one_box(xyxy, im0, label=label, color=colors[int(cls)], line_
thickness=3)

        # Print time (inference + NMS)
        print('%sDone. (%.3fs)' % (s, t2 - t1))

        # Stream results
        if view_img:
            cv2.imshow(p, im0)
            if cv2.waitKey(1) == ord('q'):  # q to quit
                raise StopIteration

        # Save results (image with detections)
        if save_img:
            if dataset.mode == 'images':
                cv2.imwrite(save_path, im0)
            else:
                if vid_path != save_path:  # new video
                    vid_path = save_path
                    if isinstance(vid_writer, cv2.VideoWriter):
```

```
                        vid_writer.release()  # release previous video writer

                    fourcc = 'mp4v'  # output video codec
                    fps = vid_cap.get(cv2.CAP_PROP_FPS)
                    w = int(vid_cap.get(cv2.CAP_PROP_FRAME_WIDTH))
                    h = int(vid_cap.get(cv2.CAP_PROP_FRAME_HEIGHT))
                    vid_writer = cv2.VideoWriter(save_path, cv2.VideoWriter_fourcc(*fourcc),
fps, (w, h))
                vid_writer.write(im0)

    if save_txt or save_img:
        print('Results saved to %s' % Path(out))

    print('Done. (%.3fs)' % (time.time() - t0))


if __name__ == '__main__':
    parser = argparse.ArgumentParser()
    parser.add_argument('--weights', nargs='+', type=str, default='weights/last.pt',
help='model.pt path(s)')
    parser.add_argument('--source', type=str, default='video/2.mp4', help='source')  # file/
folder, 0 for webcam
    parser.add_argument('--img-size', type=int, default=640, help='inference size (pixels)')
    parser.add_argument('--conf-thres', type=float, default=0.25, help='object confidence
threshold')
    parser.add_argument('--iou-thres', type=float, default=0.45, help='IOU threshold for
NMS')
    parser.add_argument('--device', default='', help='cuda device, i.e. 0 or 0,1,2,3 or cpu')
    parser.add_argument('--view-img', action='store_true', help='display results')
    parser.add_argument('--save-txt', action='store_true', help='save results to *.txt')
    parser.add_argument('--save-conf', action='store_true', help='save confidences in --save-
txt labels')
    parser.add_argument('--save-dir', type=str, default='results', help='directory to save
results')
    parser.add_argument('--classes', nargs='+', type=int, help='filter by class: --class 0, or
```

```
--class 0 2 3')
  parser.add_argument('--agnostic-nms', action='store_true', help='class-agnostic NMS')
  parser.add_argument('--augment', action='store_true', help='augmented inference')
  parser.add_argument('--update', action='store_true', help='update all models')
  opt = parser.parse_args()
  print(opt)

  with torch.no_grad():
    if opt.update:  # update all models (to fix SourceChangeWarning)
      for opt.weights in ['yolov5s.pt', 'yolov5m.pt', 'yolov5l.pt', 'yolov5x.pt']:
        detect()
        strip_optimizer(opt.weights)
    else:
      detect()
```

（3）PyQt窗口初始化

```
# -*- coding: utf-8 -*-
# Form implementation generated from reading ui file 'detect.ui'
# Created by: PyQt5 UI code generator 5.12
# WARNING! All changes made in this file will be lost!

from PyQt5 import QtCore, QtGui, QtWidgets
class Ui_MainWindow(object):
  def setupUi(self, MainWindow):
    MainWindow.setObjectName("MainWindow")
    MainWindow.resize(800, 600)
    self.centralwidget = QtWidgets.QWidget(MainWindow)
    self.centralwidget.setObjectName("centralwidget")
    self.openimage = QtWidgets.QPushButton(self.centralwidget)
    self.openimage.setGeometry(QtCore.QRect(20, 180, 75, 23))
    self.openimage.setObjectName("openimage")
    self.showimage = QtWidgets.QLabel(self.centralwidget)
    self.showimage.setGeometry(QtCore.QRect(100, 20, 401, 451))
    self.showimage.setObjectName("showimage")
    self.pushButton = QtWidgets.QPushButton(self.centralwidget)
```

```
        self.pushButton.setGeometry(QtCore.QRect(20, 280, 75, 23))
        self.pushButton.setObjectName("pushButton")
        self.pushButton_2 = QtWidgets.QPushButton(self.centralwidget)
        self.pushButton_2.setGeometry(QtCore.QRect(20, 400, 75, 23))
        self.pushButton_2.setObjectName("pushButton_2")
        MainWindow.setCentralWidget(self.centralwidget)
        self.menubar = QtWidgets.QMenuBar(MainWindow)
        self.menubar.setGeometry(QtCore.QRect(0, 0, 800, 23))
        self.menubar.setObjectName("menubar")
        MainWindow.setMenuBar(self.menubar)
        self.statusbar = QtWidgets.QStatusBar(MainWindow)
        self.statusbar.setObjectName("statusbar")
        MainWindow.setStatusBar(self.statusbar)

        self.retranslateUi(MainWindow)
        QtCore.QMetaObject.connectSlotsByName(MainWindow)

    def retranslateUi(self, MainWindow):
        _translate = QtCore.QCoreApplication.translate
        MainWindow.setWindowTitle(_translate("MainWindow", "MainWindow"))
        self.openimage.setText(_translate("MainWindow", "打开图片"))
        self.showimage.setText(_translate("MainWindow", "TextLabel"))
        self.pushButton.setText(_translate("MainWindow", "打开摄像头"))
        self.train.setText(_translate("MainWindow", "训练"))
```

参考文献

[1] 王慧. 全球持续变暖，海平面上升不可逆转——《气候变化2021：自然科学基础》解读[EB/OL]. 中国海洋信息网，2021-09-06.

[2] 《中国气候变化蓝皮书（2021）》重磅发布[EB/OL]. 光明网，2021-08-04.

[3] 国家林业和草原局经济发展研究中心对策研究组/气候变化研究室. IPCC发布《全球升温1.5℃特别报告》[J]. 气候变化、生物多样性和荒漠化问题动态参考，2018（12）：1-4.

[4] Lynn K P, Nina K, Zhou N, et al. Reinventing fire: China – the role of energy efficiency in China's roadmap to 2050[C]. ECEEE Summer Study 2017, Presqu'ile Giens, Hyeres, France, 2017.

[5] Zhang Y, He C Q, Tang B J, et al. China's energy consumption in the building sector: A life cycle approach[J]. Energy and Buildings, 2015, 94: 240-251.

[6] Huo T F, Ren H, Cai W G. Estimating urban residential building-related energy consumption and energy intensity in China based on improved building stock turnover model[J]. Science of the Total Environment, 2019, 650: 427-437.

[7] 王清勤. 绿色建筑助力碳达峰与碳中和[EB/OL]. 中国建设新闻网，2021-05-24.

[8] 董赛. 全国绿色建筑创新奖[J]. 中国建筑金属结构，2013（17）：18.

[9] Li Y N, Yang L, He B J. Green building in China: Needs great promotion[J]. Sustainable Cities and Society, 2014, 11: 1-6.

[10] 赵玉红，闫文哲，穆恩怡. 绿色建筑运营管理的现状及对策分析[J]. 建筑节能，2017，45（11）：123-127.

[11] Bernardi E, Carlucci S, Cornaro C, et al. An analysis of the most adopted rating systems for assessing the environmental impact of buildings[J]. Sustainability, 2017, 9(7): 1226.

[12] 黄海静，宋扬帆. 绿色建筑评价体系比较研究综述[J]. 建筑师，

2019(3):100-106.

[13] Mattoni B, Guattari C, Evangelisti L, et al. Critical review and methodological approach to evaluate the differences among international green building rating tools[J]. Renewable and Sustainable Energy Reviews, 2018, 82: 950-960.

[14] Zhang Y Q, Wang H, Gao W J, et al. A survey of the status and challenges of green building development in various countries[J]. Sustainability, 2019, 11(19): 5385.

[15] Doan D T, Ghaffarianhoseini A, Naismith N, et al. A critical comparison of green building rating systems[J]. Building and Environment, 2017, 123: 243-260.

[16] Illankoon I M C S, Tam V W Y, Le K N. Environmental, economic, and social parameters in international green building rating tools[J]. Journal of Professional Issues in Engineering Education and Practice, 2017, 143(2): 05016010.

[17] Awadh O. Sustainability and green building rating systems: LEED, BREEAM, GSAS and Estidama critical analysis[J]. Journal of Building Engineering, 2017, 11: 25-29.

[18] Li Q W, Long R Y, Chen H, et al. Visualized analysis of global green buildings: Development, barriers and future directions[J]. Journal of Cleaner Production, 2020, 245: 118775.

[19] Diaz-Lopez C, Carpio M, Martin-Morales M, et al. Analysis of the scientific evolution of sustainable building assessment methods[J]. Sustainable Cities and Society, 2019, 49: 101610.

[20] Akhanova G, Nadeem A, Kim J R, et al. A framework of building sustainability assessment system for the commercial buildings in Kazakhstan[J]. Sustainability, 2019, 11(17): 4754.

[21] Shan M, Hwang B G. Green building rating systems: Global reviews of practices and research efforts[J]. Sustainable Cities and Society, 2018, 39: 172-180.

[22] Suzer O. Analyzing the compliance and correlation of LEED and BREEAM by conducting a criteria-based comparative analysis and evaluating dual-certified projects[J]. Building and Environment, 2019, 147: 158-170.

[23] Liu T Y, Chen P H, Chou N N S. Comparison of assessment systems for green building and green civil infrastructure[J]. Sustainability, 2019, 11(7): 2117.

[24] Reed R, Bilos A, Wilkinson S, et al. International comparison of sustainable rating tools[J]. The Journal of Sustainable Real Estate, 2010, 1: 1-22.

[25] 宫玮，张川，酒淼，等. 加强绿色建筑评价管理的思考与建议[J]. 建设科技，2019（20）：18-22.

[26] 王清勤，叶凌.《绿色建筑评价标准》GB/T 50378—2019的编制概况、总则和基本规定[J]. 建设科技，2019（20）：31-34.

[27] 叶青.《绿色建筑评价标准》GB/T 50378—2019“安全耐久”章节解读[J]. 建设科技，2019（20）：35-38.

[28] 鹿勤，李宏军，谢琳娜，等.《绿色建筑评价标准》GB/T 50378—2019“生活便利”章前两节与“资源节约”章“节地与土地利用”节的说明[J]. 建设科技，2019（20）：42-46+50.

[29] 李宏军，谢琳娜，宋凌，等.《绿色建筑评价标准》GB/T 50378—2019“生活便利”章“智慧运行”及“物业管理”节的介绍[J]. 建设科技，2019（20）：47-50.

[30] 吕石磊，曾捷.《绿色建筑评价标准》GB/T 50378—2019水专业评价指标介绍[J]. 建设科技，2019（20）：54-58.

[31] 韩继红，廖琳.《绿色建筑评价标准》GB/T 50378—2019之“节材与绿色建材”[J]. 建设科技，2019（20）：59-64.

[32] 王清勤，王军亮，范东叶，等. 我国既有建筑绿色改造技术研究与应用现状[J]. 工程质量，2016，34（8）：12-16.

[33] Shafique M, Azam A, Rafiq M, et al. An overview of life cycle assessment of green roofs[J]. Journal of Cleaner Production, 2020, 250: 119471.

[34] Wang Y F, Ni Z B, Hu M M, et al. Environmental performances and energy efficiencies of various urban green infrastructures: A life-cycle assessment[J]. Journal of Cleaner Production, 2020, 248: 119244.

[35] Sanchez B, Rausch C, Haas C, et al. A selective disassembly multi-objective optimization approach for adaptive reuse of building components[J]. Resources, Conservation and Recycling, 2020, 154: 104605.

[36] 姚瑶. 基于全生命期的绿色建筑增量成本与增量效益研究[J]. 城市建设理论研究（电子版），2016（22）：84-86.

[37] 朱昭，李艳蓉，陈辰. 绿色建筑全生命周期节能增量成本与增量效益分析评价[J]. 建筑经济，2018，39（4）：113-116.

[38] 董继伟，刘玉明，曹志成. 基于效费比理论的绿色建筑方案比选研究[J]. 工程管理学报，2018，32（5）：12-17.

[39] Berto R, Stival C A, Rosato P. Enhancing the environmental performance of industrial settlements: An economic evaluation of extensive green roof competitiveness[J]. Building and Environment, 2018, 127: 58-68.

[40] Hajare A, Elwakil E. Integration of life cycle cost analysis and energy simulation for building energy-efficient strategies assessment[J]. Sustainable Cities and Society, 2020, 61: 102293.

[41] Fan K, Wu Z Z. Incentive mechanism design for promoting high-level green buildings[J]. Building and Environment, 2020, 184: 107230.

[42] Tabatabaee S, Mahdiyar A, Durdyev S, et al. An assessment model of benefits, opportunities, costs, and risks of green roof installation: A multi criteria decision making approach[J]. Journal of Cleaner Production, 2019, 238: 117956.

[43] Onuoha I J, Aliagha G U, Rahman M S A. Modelling the effects of green building incentives and green building skills on supply factors affecting green commercial property investment[J]. Renewable and Sustainable Energy Reviews, 2018, 90: 814-823.

[44] Zhang L, Wu J, Liu H Y. Turning green into gold: A review on the economics of green buildings[J]. Journal of Cleaner Production, 2018, 172: 2234-2245.

[45] Kim J L, Greene M, Kim S. Cost comparative analysis of a new green building code for residential project development[J]. Journal of Construction Engineering and Management, 2014, 140(5): 05014002.

[46] Sun C Y, Chen Y G, Wang R J, et al. Construction cost of green building certified residence: A case study in Taiwan[J]. Sustainability, 2019, 11(8): 2195.

[47] Ugur L O, Leblebici N. An examination of the LEED green building certification system in terms of construction costs[J]. Renewable and Sustainable Energy Reviews, 2018, 81: 1476-1483.

[48] 徐伟，刘姗姗. 绿色钢结构住宅增量成本与效益研究[J]. 建筑钢结构进展，2018，20（1）：119-124.

[49] Yeganeh A J, McCoy A P, Hankey S. Green affordable housing: Cost-benefit analysis for zoning incentives[J]. Sustainability, 2019, 11(22): 6269.

[50] 叶祖达. 中国绿色住宅建筑成本效益与经济效率分析[J]. 住宅产业，2014（1）：10-14.

[51] 住房和城乡建设部《绿色建筑效果后评估与调研分析》课题组. 我国绿色建筑使用后评价方法研究及实践[J]. 建设科技，2014（16）：28-32.

[52] Teotonio I, Silva C M, Cruz C O. Eco-solutions for urban environments regeneration: The economic value of green roofs[J]. Journal of Cleaner Production, 2018, 199: 121-135.

[53] 孙鸣春. 全寿命周期成本理念下绿色建筑经济效益分析[J]. 城市发展研究，2015，22（9）：25-28.

[54] Yao L, Chini A, Zeng R C. Integrating cost-benefits analysis and life cycle assessment of green roofs: A case study in Florida[J]. Human and Ecological Risk Assessment, 2020, 26(2): 443-458.

[55] Ascione F, De Masi R F, Mastellone M, et al. Green walls, a critical review: Knowledge gaps, design parameters, thermal performances and multi-criteria design

approaches[J]. Energies, 2020, 13(9): 2296.

[56] Hsieh H C, Claresta V, Bui T M N. Green building, cost of equity capital and corporate governance: Evidence from US real estate investment trusts[J]. Sustainability, 2020, 12 (9): 3680.

[57] Kim K H, Jeon S S, Irakoze A, et al. A study of the green building benefits in apartment buildings according to real estate prices: Case of non-capital areas in South Korea[J]. Sustainability, 2020, 12 (6): 2206.

[58] MacNaughton P, Cao X, Buonocore J, et al. Energy savings, emission reductions, and health co-benefits of the green building movement[J]. Journal of Exposure Science and Environmental Epidemiology, 2018, 28(4): 307-318.

[59] Li Q W, Long R Y, Chen H. Differences and influencing factors for Chinese urban resident willingness to pay for green housings: Evidence from five first-tier cities in China[J]. Applied Energy, 2018, 229: 299-313.

[60] Gwak J H, Lee B K, Lee W K, et al. Optimal location selection for the installation of urban green roofs considering honeybee habitats along with socio-economic and environmental effects[J]. Journal of Environmental Management, 2017, 189: 125-133.

[61] Manso M, Teotonio I, Silva C M, et al. Green roof and green wall benefits and costs: A review of the quantitative evidence[J]. Renewable and Sustainable Energy Reviews, 2021, 135: 110111.

[62] Teotonio I, Silva C M, Cruz C O. Economics of green roofs and green walls: A literature review[J]. Sustainable Cities and Society, 2021, 69: 102781.

[63] Rosasco P, Perini K. Evaluating the economic sustainability of a vertical greening system: A cost-benefit analysis of a pilot project in mediterranean area[J]. Building and Environment, 2018, 142: 524-533.

[64] Al-Ghamdi S G, Bilec M M. On-site renewable energy and green buildings: A system-level analysis[J]. Environmental Science and Technology, 2016, 50(9): 4606-4614.

[65] Ade R, Rehm M. Buying limes but getting lemons: Cost-benefit analysis of residential green buildings -a New Zealand case study[J]. Energy and Buildings, 2019, 186: 284-296.

[66] de Wilde P. The gap between predicted and measured energy performance of buildings: A framework for investigation[J]. Automation in Construction, 2014, 41: 40-49.

[67] Levinson A. How much energy do building energy codes save? Evidence from California houses[J]. American Economic Review, 2016, 106: 2867-2894.

[68] Zhang X. Green real estate development in China: State of art and prospect agenda - a review[J]. Renewable and Sustainable Energy Reviews, 2015, 47: 1-13.

[69] Portnov B A, Ofek S, Akron S. Stimulating green construction by influencing the decision-making of main players[J]. Sustainable Cities and Society, 2018, 40: 165-173.

[70] Ofek S, Portnov B A. Differential effect of knowledge on stakeholders' willingness to pay green building price premium: Implications for cleaner production[J]. Journal of Cleaner Production, 2020, 251: 119575.

[71] Fu Y T, Dong N, Ge Q, et al. Driving-paths of green buildings industry (GBI) from stakeholders' green behavior based on the network analysis[J]. Journal of Cleaner Production, 2020, 273: 122883.

[72] Chegut A, Eichholtz P, Holtermans R. Energy efficiency and economic value in affordable housing[J]. Energy Policy, 2016, 97: 39-49.

[73] Zhang L, Liu H, Wu J. The price premium for green-labelled housing: Evidence from China[J]. Urban Studies, 2017, 54(15): 3524-3541.

[74] Li L Y, Sun W M, Hu W, et al. Impact of natural and social environmental factors on building energy consumption: Based on bibliometrics[J]. Journal of building engineering, 2021, 37: 102136.

[75] Zhang Y, Bai X M, Franklin P M, et al. Rethinking the role of occupant behavior in building energy performance: A review.[J] Energy and buildings, 2018, 172: 279-294.

[76] 张鑫宇. 基于ZIGBEE技术建筑能耗监测系统的设计与实现[D]. 北京：北京工业大学，2016.

[77] 曹礼勇，钟永彦，陈娟，等. 基于BLE和Wi-Fi的建筑能耗监测系统设计[J]. 工程设计学报，2021，28（5）：8.

[78] 刘雨洋，汪家权，许建. 基于无线数据传输技术的智能云制控能耗监测平台[J]. 通讯世界，2014（22）：15-17.

[79] 曾振宇. 建筑能耗监测系统的研究与设计[D]. 武汉：华中科技大学，2012.

[80] Soares N, Bastos J, Pereira L D, et al. A review on current advances in the energy and environmental performance of buildings towards a more sustainable built environment[J]. Renewable and Sustainable Energy Reviews, 2017, 77: 845-860.

[81] Yu Z, Fung B C M , Haghighat F, et al. A systematic procedure to study the influence of occupant behavior on building energy consumption[J]. Energy and buildings, 2011, 43(6): 1409-1417.

[82] Cao X D, Dai X L, Liu J J. Building energy-consumption status worldwide and the

state-of-the-art technologies for zero-energy buildings during the past decade[J]. Energy and buildings, 2016, 128: 198-213.

[83] Best R., Burke P J. Adoption of solar and wind energy: The roles of carbon pricing and aggregate policy support[J]. Energy Policy, 2018, 118: 404-417.

[84] Chen C, Xu X, Frey S. Who wants solar water heaters and alternative fuel vehicles? Assessing social–psychological predictors of adoption intention and policy support in China[J]. Energy Research and Social Science 2016, 15: 1-11.

[85] Kranzl L, Hummel M, Müller A, et al. Renewable heating: perspectives and the impact of policy instruments[J]. Energy Policy, 2013, 59: 44-58.

[86] Stucki T, Woerter M. Intra-firm diffusion of green energy technologies and the choice of policy instruments[J]. Journal of Cleaner Production, 2016, 131: 545-560.

[87] Yin S, Li B Z. Transferring green building technologies from academic research institutes to building enterprises in the development of urban green building: A stochastic different game approach[J]. Sustainable Cities and Society, 2018, 39: 631-638.

[88] Xing Z Y, Cao X. Promoting strategy of Chinese green building industry: An evolutionary analysis based on the social network theory[J]. IEEE Access, 2019, 7: 67213-67221.

[89] 冯辉红，薛怡，胡胜杰. 供需视角下绿色建材演化路径及激励机制研究[J]. 科技促进发展，2020，16（5）：576-584.

[90] 王淋，马力，宁金华. 绿色建筑项目风险协同治理的演化博弈研究[J]. 工程管理学报，2019，33（1）：90-94.

[91] 王波. 政府补贴条件下绿色建筑发展关键主体博弈研究[J]. 技术经济与管理研究，2018（4）：17-21.

[92] 凤亚红，王社良. 建筑业绿色供应链构建中的博弈分析[J]. 西安建筑科技大学学报（自然科学版），2010，42（5）：674-678.

[93] Chen L Y, Gao X, Hua C X, et al. Evolutionary process of promoting green building technologies adoption in China: A perspective of government[J]. Journal of Cleaner Production, 2021, 279: 123607.

[94] Fan K, Hui E C M. Evolutionary game theory analysis for understanding the decision-making mechanisms of governments and developers on green building incentives[J]. Building and Environment, 2020, 179(15): 106972.

[95] Wang M. Evolutionary game theory based evaluation system of green building scheme design[J]. Cognitive Systems Research, 2018, 52: 622-628.

[96] 梁喜，付阳. 政府动态奖惩机制下绿色建筑供给侧演化博弈研究[J]. 中国管理

科学，2021，29（2）：184-194.

[97] 陈双，庞宏威. 基于增量成本的绿色地产市场演化博弈研究[J]. 湖北大学学报（哲学社会科学版），2013，40（5）：97-101.

[98] 刘佳，刘伊生，施颖. 基于演化博弈的绿色建筑规模化发展激励与约束机制研究[J]. 科技管理研究，2016，36（4）：239-243+257.

[99] 丛为一，苏义坤. 基于演化博弈分析的被动式住宅开发激励研究[J]. 土木工程与管理学报，2017，34（5）：133-139.

[100] 黄定轩，陈梦娇，黎昌贵. 绿色建筑项目供给侧主体行为演化博弈分析[J]. 桂林理工大学学报，2019，39（2）：482-491.

[101] Meng Q F, Liu Y Y, Li Z, et al. Dynamic reward and penalty strategies of green building construction incentive: An evolutionary game theory-based analysis[J]. Environmental Science and Pollution Research, 2021, 28(33): 44902-44915.

[102] Qian Q K, Chan E H W, Visscher H, et al. Modeling the green building(GB) investment decisions of developers and end-users with transaction costs(TCs) considerations[J]. Journal of Cleaner Production, 2015, 109: 315-325.

[103] 黄定轩. 基于收益-风险的绿色建筑需求侧演化博弈分析[J]. 土木工程学报，2017，50（2）：110-118.

[104] 王波，廖方伟，张敬钦. 绿色建筑发展关键主体演化博弈模型与仿真[J]. 技术经济与管理研究，2021（7）：109-114.

[105] 卢梅，武宇翔. 我国绿色建筑评价指标的分类分析及相应对策研究[J]. 西安建筑科技大学学报（自然科学版），2017，49（6）：895-902.

[106] 安娜. 绿色建筑需求端经济激励政策的博弈分析[J]. 生态经济，2012（2）：107-110.

[107] Liu X J, Liu X D. Analysis of the evolution game of stakeholders’ behaviour in the operation stage of green buildings[J]. Current Science, 2019, 117(5): 821-829.

[108] 王颖林，刘继才. 基于公平偏好理论的绿色建筑激励模型与策略选择[J]. 统计与决策，2019，35（19）：42-45.

[109] 陈叶烽，叶航，汪丁丁. 超越经济人的社会偏好理论：一个基于实验经济学的综述[J]. 南开经济研究，2012（1）：63-100.

[110] 吴思材，郭汉丁，郑悦红. 基于SEM的既有建筑节能改造项目收益分配影响因素[J]. 土木工程与管理学报，2018，35（1）：130-137.

[111] 刘惠敏，檀灵慧，胡梦月. 既有建筑合同能源管理中的政府角色——基于模糊Shapley值的研究[J]. 运筹与管理，2020，29（8）：213-221.

[112] 刘晓君，胡伟. 合同能源管理模式下既有住宅节能改造收益分配研究——基于

华北地区的分析[J]. 建筑经济，2015，36（8）：92-96.

[113] 项勇，任宏，黄佳祯. 节能效益分享型合同能源管理合作博弈分析——基于shapley值方法[J]. 建筑经济，2015，36（08）：80-83.

[114] 孙长健，张悦. 基于修正Shapley值的既有建筑节能改造利益分配研究[J]. 节能，2021，40（11）：8-11.

[115] Zhang B J. The income distribution of the energy performance contracting projects under uncertain conditions--on the analysis of fuzzy cooperative game[J]. Journal of Beijing Institute of Economics and Management, 2016 (1): 53-69.

[116] 凌阳明月，凌阳明星，赵帆. 基于EPC模式的节能改造项目利益分配[J]. 土木工程与管理学报，2016，33（6）：115-120.

[117] 张文杰，袁红平. 合同能源管理中超额节能收益分配问题研究[J]. 运筹与管理，2019，28（1）：187-193.

[118] 李怡飞，刘伊生. 节能效益分享型合同能源管理项目收益分配研究[J]. 建筑节能，2019，47（10）：162-167.

[119] Darko A, Chan A P C, Ameyaw E E, et al. Examining issues influencing green building technologies adoption: The United States green building experts' perspectives[J]. Energy and Buildings, 2017, 144: 320-332.

[120] Chan A P C, Darko A, Ameyaw E E. Strategies for promoting green building technologies adoption in the construction industry-An international study[J]. Sustainability, 2017, 9(6): 969.

[121] Song Y L, Cao P, Zhang J Q. Reference and enlightenment of incentive policies of international green construction[J]. Agro Food Industry Hi-Tech, 2017, 28(1): 3382-3385.

[122] Olubunmi O A, Xia P B, Skitmore M. Green building incentives: A review[J]. Renewable and Sustainable Energy Reviews, 2016, 59: 1611-1621.

[123] Gibbs D, O Neill K. Building a green economy? Sustainability transitions in the UK building sector[J]. Geoforum, 2015, 59: 133-141.

[124] Illankoon I M C S, Tam V W Y, Le K N, et al. Review on green building rating tools worldwide: Recommendations for Australia[J]. Journal of Civil Engineering and Management, 2019, 25(8): 831-847.

[125] Garg N, Kumar A, Pipralia S, et al. Initiatives to achieve energy efficiency for residential buildings in India: A review[J]. Indoor and Built Environment, 2019, 28(6): 731-743.

[126] Rana A, Sadiq R, Alam M S, et al. Evaluation of financial incentives for green buildings in Canadian landscape[J]. Renewable and Sustainable Energy Reviews,

2021, 135: 110199.

[127] Shi Q, Lai X D, Xie X. Assessment of green building policies-A fuzzy impact matrix approach[J]. Renewable and Sustainable Energy Reviews, 2014, 36: 203-211.

[128] Shazmin S A A, Sipan I, Sapril M, et al. Property tax assessment incentive for green building: Energy saving based-model[J]. Energy, 2017, 122: 329-339.

[129] Li Y, Wang G, Zuo J. Assessing green-building policies with structural consistency and behavioral coherence: A framework of effectiveness and efficiency[J]. Journal of Construction Engineering and Management, 2021, 147(11): 04021149.

[130] Kim H, Park W. A Study of the energy efficiency management in green standard for energy and environmental design (G-SEED)-certified apartments in South Korea[J]. Sustainability, 2018, 10(10): 3402.

[131] Shazmin S A A, Sipan I, Sapri M. Property tax assessment incentives for green building: A review[J]. Renewable and Sustainable Energy Reviews, 2016, 60: 536-548.

[132] Zepeda-Gil C, Natarajan S. A review of "green building" regulations, laws, and standards in Latin America[J]. Buildings, 2020, 10(10): 188.

[133] Nurul Diyana A, Zainul Abidin N. Motivation and expectation of developers on green construction: A conceptual view[J]. World Academy of Science, Engineering and Technology, 2013, 7(4): 914-918.

[134] Hendricks J S, Calkins M. The adoption of an innovation: Barriers to use of green roofs experienced by midwest architects and building owners[J]. Journal of Green Building, 2006, 1(3):148-168.

[135] Qian Q K, Fan K, Chan E H W. Regulatory incentives for green buildings: Gross floor area concession[J]. Building Research and Information, 2016, 44(5-6): 675-693.

[136] Liebe U, Gewinner J, Diekmann A. What is missing in research on non-monetary incentives in the household energy sector?[J]. Energy Policy, 2018, 123: 180-183.

[137] Kuo C F J, Lin C H, Hsu M W, et al. Evaluation of intelligent green building policies in Taiwan - using fuzzy analytic hierarchical process and fuzzy transformation matrix[J]. Energy and Buildings, 2017, 139: 146-159.

[138] Fan K, Chan E H W, Qian Q K. Transaction costs (TCs) in green building (GB) incentive schemes: Gross Floor Area (GFA) Concession Scheme in Hong Kong[J]. Energy Policy, 2018, 119: 563-573.

[139] Fan K, Chan E H W, Chau C K. Costs and benefits of implementing green building economic incentives: Case study of a gross floor area concession scheme in Hong Kong[J]. Sustainability, 2018, 10(8): 2814.

[140] 胡咏君，吴剑，胡瑞山．生态文明建设“两山”理论的内在逻辑与发展路径[J]. 中国工程科学，2019，21（5）：151-158.

[141] Tsai W H, Yang C H, Huang C T, et al. The impact of the carbon tax policy on green building strategy[J]. Journal of Environmental Planning and Management, 2017, 60(8): 1412-1438.

[142] Song Y, Li C S, Zhou L, et al. Factors affecting green building development at the municipal level: A cross-sectional study in China[J]. Energy and Buildings, 2021, 231: 110560.

[143] Choi C. Removing market barriers to green development: Principles and action projects to promote widespread adoption of green development practices[J]. Journal of Sustainable Real Estate, 2009, 1(1): 107-138.

[144] Kuo C F J, Lin C H, Hsu M W. Analysis of intelligent green building policy and developing status in Taiwan[J]. Energy Policy, 2016, 95: 291-303.

[145] Portnov B A, Trop T, Svechkina A, et al. Factors affecting homebuyers' willingness to pay green building price premium: Evidence from a nationwide survey in Israel[J]. Building and Environment, 2018, 137: 280-291.

[146] 吴相科，张洋，韩建军．我国健康建筑评价标准体系现状分析[J]. 质量与认证，2021（3）：59-61.

[147] Berawi M A, Miraj P, Windrayani R, et al. Stakeholders' perspectives on green building rating: A case study in Indonesia[J]. Heliyon, 2019, 5(3): e01328.

[148] Li H Y, Ng S T, Skitmore M. Stakeholder impact analysis during post-occupancy evaluation of green buildings – a Chinese context[J]. Building and Environment, 2018, 128: 89-95.

[149] Wu X Y, Peng B, Lin B R. A dynamic life cycle carbon emission assessment on green and non-green buildings in China[J]. Energy and Buildings, 2017, 149: 272-281.

[150] Harrington E, Hsu D. Roles for government and other sectors in the governance of green infrastructure in the U.S.[J]. Environmental Science and Policy, 2018, 88: 104-115.

[151] Low S P, Gao S, See Y L. Strategies and measures for implementing eco-labelling schemes in Singapore's construction industry[J]. Resources Conversation and Recycling, 2014, 89: 31-40.

[152] 王肖文，刘伊生．绿色住宅市场化发展驱动机理及其实证研究[J]. 系统工程理论与实践，2014，34（9）：2274-2282.

[153] Liang X, Peng Y, Shen G Q. A game theory based analysis of decision making for green retrofit under different occupancy types[J]. Journal of Cleaner Production,

2016, 137: 1300-1312.

[154] He C C, Yu S W, Hou Y Y. Exploring factors in the diffusion of different levels of green housing in China: Perspective of stakeholders[J]. Energy and Buildings, 2021, 240: 110895.

[155] Van der Grijp N, Van der Woerd F, Gaiddon B, et al. Demonstration projects of nearly zero energy buildings: Lessons from end-user experiences in Amsterdam, Helsingborg, and Lyon[J]. Energy Research and Social Science, 2019, 49: 10-15.

[156] Liang X, Hong T, Shen G Q. Occupancy data analytics and prediction: A case study[J]. Building and Environment, 2016, 102: 179-192.

[157] 俞一之，麦应华. 外部性理论下产权问题的研究——围绕国务院开放式小区政策展开讨论[J]. 东南大学学报（哲学社会科学版），2016，18（S2）：120-123.

[158] 高文文，张占录，张远索. 外部性理论下的国土空间规划价值探讨[J]. 当代经济管理，2021，43（5）：80-85.

[159] Yang X, Liao S, Li R M. The evolution of new ventures' behavioral strategies and the role played by governments in the green entrepreneurship context: An evolutionary game theory perspective[J]. Environment Science and Pollution Research, 2021, 28(24): 31479-31496 .

[160] Shen J Q, Gao X, He W J, et al. Prospect theory in an evolutionary game: Construction of watershed ecological compensation system in Taihu Lake Basin[J]. Journal of Cleaner Production, 2021, 291: 125929.

[161] Chen X H, Cao J, Kumar S. Government regulation and enterprise decision in China remanufacturing industry: Evidence from evolutionary game theory[J]. Energy, Ecology and Environment, 2021, 6(2): 148-159.

[162] Zhao X M, Bai X L. How to motivate the producers' green innovation in WEEE recycling in China? – an analysis based on evolutionary game theory[J]. Waste Management, 2021, 122: 26-35.

[163] Ottone S. Fairness: A survey[R]. Department of Public Policy and Public Choice, University of Eastern Piedmont "Amedeo Avogadro" , 2006.

[164] Zhang L H, Zhou H, Liu Y Y, et al. Optimal environmental quality and price with consumer environmental awareness and retailer's fairness concerns in supply chain[J]. Journal of Cleaner Production, 2019, 213: 1063-1079.

[165] 胡凤英，周艳菊. 双公平偏好下零售商主导低碳供应链的最优决策研究[J]. 系统科学学报，2018，26（4）：124-130.

[166] 覃燕红，魏光兴. 考虑公平关切的供应链效率与公平度动态演进[J]. 预测，2019，38（6）：74-82.

[167] Fan R G, Lin J C, Zhu K W. Study of game models and the complex dynamics of a low-carbon supply chain with an altruistic retailer under consumers' low-carbon preference[J]. Physica A-Statistical Mechanics and its Applications, 2019, 528: 121460.

[168] 陈哲，陈国宏．建设项目绿色创新努力及利他偏好诱导[J]．中国管理科学，2018，26（7）：187-196.

[169] 王冬冬，刘勇．考虑利他偏好和碳减排努力绩效的供应链决策[J]．工业工程与管理，2020，25（6）：116-125.

[170] Soundararajan V, Brammer S. Developing country sub-supplier responses to social sustainability requirements of intermediaries: Exploring the influence of framing on fairness perceptions and reciprocity[J]. Journal of Operations Management, 2018, 58-59: 42-58.

[171] 占永志，陈金龙，邹小红．基于互惠动机的平台型供应链金融利益权衡机制[J]．系统科学学报，2018，26（2）：131-136.

[172] 徐鹏，王磊，伏红勇，等．互惠性偏好视角下农产品供应链金融的4PL对3PL的激励策略研究[J]．管理评论，2019，31（1）：62-70.

[173] 舒亚东，代颖，马祖军．基于Shapley值公平参考框架的回收商竞争逆向供应链定价决策[J]．工业工程与管理，2017，22（6）：121-127.

[174] Jiang W, Yuan L. Profit distribution model of green building supply chain with fairness preferences and cap-and-trade policy[J]. IOP Conference Series: Earth and Environmental Science, 2019, 237: 052043.

[175] 徐翔斌，李恒，史峰．多重社会偏好下供应链协调研究[J]．系统管理学报，2017，26（1）：154-162.

[176] 翟佳，于辉，王宇，等．互惠利他偏好下的供应链鲁棒协调策略[J]．系统工程理论与实践，2019，39（8）：2070-2079.

[177] 纪春艳，张学浪．新型城镇化中农业转移人口市民化的成本分担机制建构——以利益相关者、协同理论为分析框架[J]．农村经济，2016（11）：104-109.

[178] 许光建，卢允子．论“五水共治”的治理经验与未来——基于协同治理理论的视角[J]．行政管理改革，2019（2）：33-40.

[179] 刘珂含．基于协同治理理论的共享经济治理对策研究——以共享单车为例[J]．统计与管理，2021，36（1）：65-70.

[180] 徐嫣，宋世明．协同治理理论在中国的具体适用研究[J]．天津社会科学，2016（2）：74-78.

[181] 刘伟忠．我国协同治理理论研究的现状与趋向[J]．城市问题，2012（5）：81-85.

[182] 李汉卿．协同治理理论探析[J]．理论月刊，2014（1）：138-142.

[183] 陶鹏鹏. 绿色建筑全寿命周期的费用效益分析研究[J]. 建筑经济，2018，39（3）：99-104.

[184] Liu Y M, Guo X, Hu F L. Cost-benefit analysis on green building energy efficiency technology application[J]. Energy and Buildings, 2014, 82: 37-46.

[185] 曹申，董聪. 绿色建筑全生命周期成本效益评价[J]. 清华大学学报（自然科学版），2012，52（6）：843-847.

[186] 像“搭积木”一样造房子将成为现实[EB/OL]. 大连日报，2016-07-01.

[187] 殷文枫，冯小平，贾哲敏，等. 夏热冬冷地区绿化屋顶节能与生态效益研究[J]. 南京林业大学学报（自然科学版），2018，42（6）：159-164.

[188] 陈雪. 电力投资需求侧管理的经济价值和社会价值[J]. 商场现代化，2012（22）：179-181.

[189] 柴宏祥，胡学斌，彭述娟. 绿色建筑节水项目全生命周期综合效益经济模型[J]. 华南理工大学学报（自然科学版），2010，38（9）：113-117.

[190] 刘晓君，赵琰，赵延军，等. 基于外部性量化的中国采暖区居住建筑节能改造费用分摊研究[M]. 北京：科学出版社，2016：77-84.

[191] 河南郑州遭遇历史最强降雨已致12人死亡[EB/OL]. 人民资讯，2021-07-21.

[192] 郑州暴雨引发的洪涝和次生灾害已致51人遇难[EB/OL]. 光明网，2021-07-23.

[193] 陈仁杰，陈秉衡，阚海东. 我国113个城市大气颗粒物污染的健康经济学评价[J]. 中国环境科学，2010，30（3）：410-415.

[194] 李想，雷硕，冯骥，等. 北京市绿地生态系统文化服务功能价值评估[J]. 干旱区资源与环境，2019，33（6）：33-39.

[195] OECD. Managing the Environment: The Role of Economic Instruments[R]. Washington DC: OECD Publications and Information Center,1994.

[196] Iraldo F, Testy F, Melis M, et al. A literature review on the links between environmental regulation and competitiveness[J]. Environment Policy and Governance, 2011, 21 (3): 210.

[197] Huang B, Mauerhofer V, Geng Y. Analysis of existing building energy saving policies in Japan and China[J]. Journal of Cleaner Production, 2015, 112: 1510-1518.

[198] William R A. Generalized ordered logit/partial proportional odds models for ordinal dependent variables[J]. Stata Journal, 2006, 6: 58-82.

[199] Kohler S. Difference aversion and surplus concern-an integrated approach[R]. European University Institute, Florence, 2003.

[200] 清华大学绿色金融发展研究中心，住建部科技与产业化发展中心联合课题组. 绿色金融支持绿色建筑发展的障碍分析[R]. 清华大学国家金融研究院，2019-12-17.

[201] Shi Q, Zuo J, Huang R, et al. Identifying the critical factors for green construction – an empirical study in China[J]. Habitat International, 2013, 40: 1-8.

[202] Ahmad T, Aibinu A A, Stephan A. Managing green building development - a review of current state of research and future directions[J]. Building and Environment, 2019, 155: 83-104.

[203] Li F, Yan T, Liu J Y, et al. Research on social and humanistic needs in planning and construction of green buildings[J]. Sustainable Cities and Society, 2014, 12: 102-109.

[204] Wu Z Z, Jiang M Y, Cai Y Z, et al. What hinders the development of green building? An investigation of China[J]. International Journal of Environmental Research and Public Health, 2019, 16(17): 3140.

[205] Huang N, Bai L B, Wang H L, et al. Social network analysis of factors influencing green building development in China[J]. International Journal of Environmental Research and Public Health, 2018, 15(12): 2684.

[206] Qin X, Mo Y Y, Jing L. Risk perceptions of the life-cycle of green buildings in China[J]. Journal of Cleaner Production, 2016, 126: 148-158.

[207] Qin J Y. Green building development in China from the perspective of energy conservation and emission reduction and the corresponding environmental protection measures[J]. Nature Environment and Polution Technology, 2018, 17(4): 1373-1378.

[208] Li B Z, Yao R M. Building energy efficiency for sustainable development in China: Challenges and opportunities[J]. Building Research and Information, 2012, 40(4): 417-431.

[209] Zhang L, Sun C, Liu H Y, et al. The role of public information in increasing homebuyers' willingness-to-pay for green housing: Evidence from Beijing[J]. Ecological Economics, 2016, 129: 40-49.

[210] 黄莉，王建廷. 绿色建筑运营管理研究进展述评[J]. 建筑经济，2015，36（11）：25-28.

[211] Deng W, Yang T, Tang L, et al. Barriers and policy recommendations for developing green buildings from local government perspective: A case study of Ningbo China[J]. Intelligent Buildings International, 2018, 10 (2): 61-77.

[212] Zhang L, Zhou J. Drivers and barriers of developing low-carbon buildings in China: Real estate developers' perspectives[J]. International Journal of Environmental Technology and Management, 2015, 18(3): 254-272.

[213] Ding Z K, Fan Z, Tam V W Y, et al. Green building evaluation system implementation[J]. Building and Environment, 2018, 133: 32-40.

[214] Qian S, Jian Z, George Z. Exploring the management of sustainable construction

at the programme level: A Chinese case study[J]. Construction Management and Economics, 2012, 30(6): 425-440.

[215] Yau Y. Eco-labels and willingness-to-pay: A Hong Kong study[J]. Smart and Sustainable Built Environment, 2012, 1(3): 277-290.

[216] Darko A, Chan A P C. Review of barriers to green building adoption[J]. Sustainable Development, 2017, 25 (3): 167-179.

[217] 中国绿色金融体系雏形初现[EB/OL]. 中国政府网，2016-09-02.

[218] Wang W, Tian Z, Xi W J, et al. The influencing factors of China's green building development: An analysis using RBF-WINGS method[J]. Building and Environment, 2021, 188: 107425.

[219] 宋波，刘晶，张景. 居住建筑供热计量分配装置应用现状与共性问题分析[J]. 建设科技，2015（2）：29-31.

[220] 罗奥，夏建军. 供热计量实施条件与路线探究[J]. 区域供热，2019（1）：16-25.

[221] 2012年北方采暖地区供热计量改革工作电视电话会议召开 供热计量改革：四大障碍·四项工作[J]. 建设科技，2012（18）：11+13.

[222] 蓝枫. 破除障碍政策配套 提升城市供热水平[J]. 城乡建设，2013（11）：20-23.

[223] 罗奥，夏建军，梁炜，等. 供热计量收费定价原理与方法的探讨[J]. 区域供热，2019（6）：41-47.

[224] 韩继红，张颖. 绿色建筑运营管理关键问题和BIM应用价值探讨[J]. 建设科技，2019（12）：12-16.

[225] Afshari A, Friedrich L. A proposal to introduce tradable energy savings certificates in the emirate of Abu Dhabi[J]. Renewable and Sustainable Energy Reviews, 2016, 55: 1342-1351.

[226] Yeganeh A, Agee P R, Gao X H, et al. Feasibility of zero-energy affordable housing[J]. Energy and Buildings, 2021, 241: 110919.

[227] 李宏军，宋凌，张颖，等. 适合我国国情的绿色建筑运营后评估标准研究与应用分析[J]. 建筑科学，2020，36（8）：131-136+151.

[228] 孙静，石银凤. 社会网络分析视角下我国PPP项目治理机制及其要素间关系研究[J]. 求是学刊，2021，48（5）：53-66.